计算机组成与结构

主编 彭小红 叶晓霞
参编 刘桃丽 陈 亮 于北瑜

北京理工大学出版社
BEIJING INSTITUTE OF TECHNOLOGY PRESS

内 容 简 介

为满足应用型本科院校的计算机科学与技术、软件工程、物联网工程以及电子类等专业"计算机组成与结构"课程教学需要，编写小组在吸收最新研究成果、参考国内国际一流教材的基础上，融合实践，结合自身长期于一线教学的丰富经验而编写了本书。

本书系统介绍了计算机组成和系统结构的基本概念、工作原理、设计方法及当前的新技术与发展趋势。全书分 10 章，第 1 章为计算机系统概论，主要介绍计算机系统的发展与应用、基本硬件组成和软件体系以及计算机系统的层次结构划分；第 2~7 章详细介绍运算器、存储器、控制器、输入和输出设备等各部件的构成、功能及相互连接的基本原理；第 8 和第 9 章主要介绍流水线技术和高性能计算机，引入计算机硬件技术发展的最新成果；第 10 章主要针对 TEC-9 实验平台，给出一些基本实验方法，并设计了一些拓展实验任务。

本书可作为高等学校计算机专业教材，也可以作为计算机技术人员的参考书。

图书在版编目（CIP）数据

计算机组成与结构 / 彭小红，叶晓霞主编. --北京：
北京理工大学出版社，2023.4
ISBN 978-7-5763-2282-8

Ⅰ. ①计… Ⅱ. ①彭… ②叶… Ⅲ. ①计算机体系结构 Ⅳ. ①TP303

中国国家版本馆 CIP 数据核字（2023）第 062541 号

责任编辑：多海鹏　　文案编辑：多海鹏
责任校对：周瑞红　　责任印制：李志强

出版发行 /	北京理工大学出版社有限责任公司
社　　址 /	北京市丰台区四合庄路 6 号
邮　　编 /	100070
电　　话 /	（010）68914026（教材售后服务热线）
	（010）68944437（课件资源服务热线）
网　　址 /	http://www.bitpress.com.cn

版 印 次 /	2023 年 4 月第 1 版第 1 次印刷
印　　刷 /	三河市天利华印刷装订有限公司
开　　本 /	787 mm×1092 mm　1/16
印　　张 /	18.5
字　　数 /	432 千字
定　　价 /	98.00 元

FOREWORD 前言

　　"计算机组成与结构"是计算机类、自动化控制类和电子技术类相关专业的核心基础课程，融合了"计算机组成原理""微型计算机原理""计算机系统结构"的主要教学内容。

　　目前，重软轻硬的思想在各类院校都比较严重，尤其是应用型高等院校，教学更多地投向了应用方向课程，硬件基础理论课程很少受到学生重视，其中一个主要原因是硬件课程涉及知识面广、内容多、难度大，导致学生毕业后最终选择投身硬件设计行业的人非常少。现在，国际形势对国内影响很大，尤其是芯片"卡脖子"事件以后，我国大力发展芯片事业，芯片行业受到各级政府的高度重视和国家产业政策的重点支持，计算机硬件类课程也越来越得到重视。为此，本书的编写目标是，力争为应用型高等院校的学生打造一本内容较完整、重点突出、通俗易懂的《计算机组成与结构》教材，方便帮助学生构建知识体系，形成软硬协同的整机理念，培养科技强国意识和工匠精神，引导更多的学生将来进入硬件设计或中间件开发行业。

　　本书以当前主流微机技术为背景，全面介绍了计算机各功能子系统的逻辑组成和工作机制。全书分为10章，第1章概述了计算机系统的基本概念和系统结构，分析了影响计算机系统的主要性能指标；第2章以定点运算逻辑和浮点运算逻辑为重点，深入讨论运算器的设计与组织方法；第3章针对现代多层次存储系统进行详细阐述，重点介绍了SRAM、DRAM 和 Cache、虚拟存储器的组织结构以及存储系统的扩展方法，讨论提高Cache 性能的技术途径；第4章介绍了指令系统及其设计方法，分别给出 RISC 和 CISC两种指令系统的实例；第5章讨论了 CPU 的基本组成以及控制指令的执行流程，阐述了微程序控制器与硬连线控制器的工作原理和设计方法；第6章介绍了系统总线及其工作方式，以及常用的总线标准；第7章主要介绍了 I/O 设备和 I/O 控制方式，重点讨论了磁盘存储器的组成结构和工作原理以及中断控制方式和 DMA 方式；第8章讨论了流水线技术的相关概念及实现思路，同时介绍了浮点运算流水的实现和 RISC 流水处理机的结构与特点；第9章介绍在并行技术应用的基础上发展出来的高性能计算机，重点介绍了多核处理器的结构和实现难点；第10章介绍了 TEC－9实验系统的结构和特点，并给出实验方法和实验任务。

　　本书结合普通高等院校计算机应用型人才培养的实际情况，合理编排教学内容，全

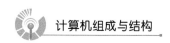

面阐述在"计算机组成与结构"课程中必须掌握的基本知识和技能，实例丰富，各章配有习题。本书可作为计算机及相关专业本科生"计算机组成原理"或"计算机组成与结构"课程的教科书，也可作为计算机学科及相关领域工程技术人员的参考书。

本书由彭小红、叶晓霞担任主编，刘桃丽、陈亮、于北瑜参与了编写工作。

由于时间仓促，视角有限，书中难免有不妥之处，希望读者朋友能提供中肯的意见，以帮助修改其中的不足，把更好的图书呈现给大家！

编　者

CONTENTS 目录

第*1*章

计算机系统概论

计算机（Computer）是一种能够按照事先存储的程序，自动、高速地进行大量数值计算和各种信息处理的现代化智能电子设备，计算机系统由硬件和软件组成。本章先简述计算机的发展与应用，通过介绍我国超级计算机在全球的排位激发学生的爱国热情，并引导学生树立科技强国意识。然后结合冯·诺依曼计算机体系结构，简要地介绍计算机的组成和工作原理，使读者先有一个粗略的总体概念，以便展开后续各章内容。

1.1 计算机的发展与应用

1.1.1 计算机的五代发展

1946 年，世界上第一台电子数字计算机诞生于在美国宾夕法尼亚大学。这台机器用了18 000 多个电子管，占地 170 m^2，重量达 30 t，而运算速度只有每秒 5 000 次。现在看来，这台计算机耗费巨大且不完善，但却是科学史上一次划时代的创新，它奠定了电子计算机的基础。自从这台计算机问世 70 多年来，从使用器件的角度来说，计算机的发展大致经历了五代变化。

第一代为 1946—1957 年，电子管计算机。主要特点是采用电子管作为基本电子元器件，体积大、耗电量大、寿命短，存储器采用水银延迟线，计算机运算速度为每秒几千次至几万次。在此期间形成了计算机的基本体系，确定了程序设计的基本方法，但还没有系统软件，直接用机器语言和汇编语言编程，只能在少数尖端领域中得到运用，一般用于科学、军事和财务等方面的计算，称为数据处理机。

第二代为 1958—1964 年，晶体管计算机。主要采用晶体管等半导体器件作为基本元件，晶体管被认为是现代历史中最伟大的发明之一，称为电子恐龙的缩骨法。与电子管相比，具有体积小（对比图见图 1.1）、功耗低、性能稳固等优点；运算速度提高到每秒几万次至几十万次，以磁鼓和磁盘为辅助存储器，采用算法语言编程，开始出现操作系统概念。其应用从军事及尖端技术扩展到数据处理和工业控制方面，出现了工业控制机。

图 1.1　晶体管与电子管对比

第三代为 1965—1970 年，中小规模集成电路计算机。随着晶体管的制造工艺技术提高，晶体管可以集成到一小片电路板上，计算机变得更小、功耗更低、可靠性更高，运算速度提高到每秒几十万次至几百万次。采用半导体存储器，在此期间产生了标准化程序设计语言和人机会话式的 BASIC 语言，出现了操作系统，计算机应用扩展到企业管理、自动控制、辅助设计和辅助制造等多个领域，小型计算机和大型计算机开始出现。

第四代为 1971—1990 年，大规模（LSI）和超大规模（VLSI）集成电路计算机。随着大规模集成电路的成功制作并用于计算机硬件生产过程，计算机的体积进一步缩小，可靠性更进一步提高，运算速度提高到每秒 1 000 万～1 亿次，集成了更大容量的半导体存储器，出现了精简指令集计算机（RISC），软件系统工程化、理论化，程序设计自动化，微处理器和微型计算机产生，计算机应用几乎涉及所有领域。

第五代为 1991 年开始的巨大规模集成电路（ULSI）计算机。其运算速度提高到每秒 10 亿次以上，且由一片巨大规模集成电路构成的单片计算机开始出现。

计算机从第三代起，随着集成电路技术的发展，一块硅片上能集成的晶体管数量不断增多。英特尔（Intel）创始人之一戈登·摩尔（Gordon Moore）在 1965 年就观察到芯片上的晶体管数量每年翻一番，他由此提出摩尔定律，其内容为："当价格不变时，集成电路上可容纳的元器件的数目，每隔 18～24 个月便会增加一倍，性能也将提升一倍。"这个定律称为计算机第一定律，它在一定程度上揭示了信息技术进步的速度。半个多世纪以来，半导体芯片的集成化趋势一如摩尔的预测，推动了整个信息技术产业的发展，但随着晶体管电路逐渐接近性能极限，这一定律终将走到尽头。摩尔定律的消亡意味着计算机硬件发展的时代已经结束，这会加强云计算中心化的思维方式，计算的未来将由以下三个领域的发展来定义：第一个领域是软件，硬件的缓速发展将会大大刺激软件的智能化研发；第二个领域是"云"，即互联网上提供服务的数据中心网络；第三个改进方面在于新的计算架构——比如量子计算机。

1.1.2　中国计算机的发展

中国计算机的研制起步较晚，源于 20 世纪 50 年代。1952 年，华罗庚在中国科学院数学研究所内建立了中国第一个电子计算机科研小组。1953 年计算机科研小组制造出一台电子管串行计算机，1958 年和 1959 年分别研制成功中国第一台小型电子管数字计算机（103 计算机）和第一台大型通用电子管数字计算机（104 计算机）。1964 年，哈军工（解放军军事工程学院，现为国防科技大学）研制成功了 441-B 机，该机是用国产半导体元器件研制成功的中国第一台晶体管通用电子计算机。1965 年，中国科学院研制成功了 109 乙晶体管大型通用数字计算机。经历了 20 世纪 50 年代至 70 年代的发展，中国建立了从芯片设计制造到计算机系统设计等完整的工业体系。

我国第三代计算机的研制受到"文化大革命"的冲击。IBM 公司于 1964 年推出的 360 系列大型机是美国进入第三代计算机时代的标志，而我国到 1970 年初期才陆续推出大、中、小型采用集成电路的计算机。虽然起步晚，但我国在高性能计算机领域发展非常迅速。

1983 年，国防科技大学研制成功银河Ⅰ号巨型计算机，是中国自行研制的第一台亿次计算机系统。2009 年诞生的天河 1 号是我国首台千万亿次超级计算机，在 2010 年全球超级计算机 500 强（TOP 500）排序中，位居第一；2015 年之前，我国的天河 2 号在全球 TOP500 中连续 5 年排名第一，2016 年我国再次研发出世界上最快的超级计算机神威·太湖之光，其一分钟的计算能力相当于全球 72 亿人口同时用计算器连续不间断计算 32 年。

2019 年，神威·太湖之光被美国超算顶点和山脊超越。2021 年公布的超算排名中，我国的神威·太湖之光和天河 2 号分别位居第 4 和第 7，见表 1.1。但在超算数量上，我国入围 TOP500 榜的超级计算机数量为 186 台，还是位居世界第一。

表 1.1　2021 年 6 月全球 TOP10 超级计算机排名

排名	系统	核心数	测试性能 TFlop/s	峰值性能 TFlop/s
1 日本	富岳	7 630 848	442 010.0	537 212.0
2 美国	顶点	2 414 592	148 600.0	200 794.9
3 美国	山脊	1 572 480	94 640.0	125 712.0
4 中国	神威·太湖之光	10 649 600	93 014.6	125 435.9
5 美国	Perlmutter	706 304	64 590.0	89 794.5
6 美国	月之女神 Selene	555 520	63 460.0	79 215.0
7 中国	天河 2 号	4 981 760	61 444.5	100 678.7
8 德国	JUWELS Booster Module	449 280	44 120.0	70 980.0
9 意大利	HPC5	669 760	35 450.0	51 720.8
10 美国	Frontera	448 448	23 516.4	38 745.9

高性能计算机是一个计算机集群系统，它是衡量一个国家综合国力的重要标志，是国家信息化建设的根本保证。超级计算机总算力是指各国所拥有的超级计算机算力之和。如果以总算力排名，目前日本排名第三，我国排名第二，美国排名第一。

1.1.3　计算机的性能指标

衡量计算机系统性能可采用各种尺度，但最为可靠的衡量尺度是时间。时间可根据计算方法给以不同的定义，如响应时间、CPU 时间等。常用的性能指标有以下几个。

1. 处理机字长

处理机字长指计算机进行一次运算所能处理的二进制数据的位数，处理机字长一般等于 CPU 内部寄存器的大小，字长越长，数的表示范围越大，计算精度越高。

2. 总线宽度

总线宽度指 CPU 与存储器之间数据总线一次所能并行传送信息的位数。

3. 主存容量

主存储器所能存储信息的最大容量。

4. 吞吐量

系统在单位时间内能够处理的信息量。

5. 响应时间

响应时间指用户向计算机系统送入一个任务后，直到系统向它返回结果所需的时间。其中包括了访问磁盘和访问主存器时间、CPU 运算时间、I/O 动作时间以及操作系统工作的时间开销等。

6. 主频/时钟周期

绝大多数计算机都使用以固定速率运行的时钟，它的运行周期称为时钟周期 T_c（clocks），度量单位是 μs、ns，其倒数（f）就是 CPU 的主频。主频的度量单位是 MHz（兆赫兹）、GHz（吉赫兹），即 $f = 1/T_c$。

7. CPU 执行时间

CPU 时间也称为用户 CPU 时间，表示 CPU 执行一段程序所占用的 CPU 时间，可用下式计算：

$$T_{CPU} = I_N CPI \times T_c$$

式中，I_N——要执行程序中的指令总数；

$\quad$ T_c——时钟周期的时间长度；

$\quad$ CPI——每条指令所需的平均时钟周期数。

I_N 主要取决于机器指令系统和编译技术，CPI 主要与计算机组成和指令系统有关，而 T_c 则主要由硬件工艺和计算机组成决定。

每条指令所需的平均时钟周期数 CPI，可由下式计算：

$$CPI = \frac{\sum_{i=1}^{n}(CPI_i \times I_i)}{I_N}$$

式中，I_i——第 i 类指令在程序中执行条数；

CPI_i——执行一条第 i 类指令所需要的平均周期数；

n——程序中所有指令条数。

上述公式还可以改写成：

$$CPI = \sum_{i=1}^{n}\left(CPI_i \times \frac{I_i}{I_N}\right)$$

式中，$\dfrac{I_i}{I_N}$——第 i 类指令在程序中所占的比例。

8. MIPS

MIPS 是 Million Instructions Per Second 的缩写，表示每秒百万条指令数，只适宜评估标量机的性能，用下式计算：

$$MIPS = 指令数 / （程序执行时间 \times 10^6） = I_N / T_{CPU} = I_N / (I_N \times CPI \times T_c \times 10^6)$$

MFLOPS 是 Million Floating-point Operations Per Second 的缩写，表示每秒百万次浮点操作次数，用来衡量机器浮点操作的性能。用下式计算：

$$MFLOPS = 程序中的浮点操作次数 / （程序执行时间 \times 10^6）$$

普通计算机用指令运算速度衡量计算性能，而超级计算机通常用浮点运算速度来衡量其性能，比如神威·太湖之光的峰值性能是 125 435.9 TFlop/s，TFlop/s 是指每秒千亿次浮点运算。

【例 1.1】对于一个给定的程序，I_N 表示执行程序中的指令总数，t_{cpu} 表示执行该程序所需的 CPU 时间，T 为时钟周期，f 为时钟频率（T 的倒数），N_C 为 CPU 时钟周期数。设 CPI 表示每条指令的平均时钟周期数，MIPS 表示每秒钟执行的百万条指令数，请写出以下四种参数的表达式：

（1）t_{cpu}　　　（2）CPI　　　（3）MIPS　　　（4）N_C

解：

（1）
$$t_{cpu} = N_C \times T = N_C / f = I_N \times CPI \times T = \left(\sum_{i=1}^{n} CPI_i \times I_i\right) \times T$$

（2）
$$CPI = \frac{N_C}{I_N} = \sum_{i=1}^{n}\left(CPI_i \times \frac{I_i}{I_N}\right) \quad \left(\frac{I_i}{I_N} 表示 i 指令在程序中所占比例\right)$$

（3）
$$MIPS = \frac{I_N}{t_{CPU} \times 10^6} = \frac{f}{CPI \times 10^6}$$

（4）
$$N_C = \sum_{i=1}^{n}(CPI_i \times I_i)$$

式中，I_i——i 指令在程序中执行的次数；

CPI_i——i 指令所需的平均时钟周期数；

n——指令种类。

【例 1.2】用一台 50 MHz 处理机执行标准测试程序，它包含的混合指令数目和相应所需的平均时钟周期数见表 1.2。

表 1.2　混合指令数目和相应所需的平均时钟周期数

指令类型	指令数目	平均时钟周期数
整数运算	45 000	1
数据传送	32 000	2
浮点运算	15 000	2
控制传送	8 000	2

求有效的 CPI、MIPS 速率及处理机程序执行时间 t_{CPU}。

解： $CPI = N_C / I_N = \sum_{i=1}^{n}\left(CPI_i \times \dfrac{I_i}{I_N}\right)$　　$\left(\dfrac{I_i}{I_N}\text{表示 i 指令在程序中所占比}\right)$

$$= \frac{45\,000\times1 + 32\,000\times2 + 15\,000\times2 + 8\,000\times2}{45\,000 + 32\,000 + 15\,000 + 8\,000} = 1.55\ (\text{周期/指令})$$

$$MIPS = \frac{f}{CPI\times10^6} = \frac{50\times10^6}{1.55\times10^6} = 32.26\ (\text{百万条指令/秒})$$

$$t_{CPU} = N_C / f = \frac{45\,000\times1 + 32\,000\times2 + 15\,000\times2 + 8\,000\times2}{50\times10^6} = 31\times10^{-4}\ (\text{s})$$

1.1.4　计算机的应用

自第三代计算机以来，计算机的应用也来越广泛，其应用领域涉及各行各业，下面列出 6 个方面的应用。

1. 科学计算

早期的计算机主要用于科学计算。现在，科学计算仍然是计算机应用的一个重要领域，如高能物理、工程设计、地震预测、气象预报和航天技术等。由于计算机具有高运算速度和精度以及逻辑判断能力，因此出现了计算力学、计算物理、计算化学、生物控制论等新的学科。

2. 过程控制

过程控制是对操作数据进行实时采集、检测、处理和判断，按最佳值进行调节的过程，目前被广泛用于操作复杂的钢铁企业、石油化工业、医药工业等生产中。使用计算机进行过程控制可大大提高控制的实时性与准确性，改善劳动条件、提高劳动效率、缩短生产周期。计算机过程控制还在国防和航空航天领域中起决定性作用。例如，无人驾驶飞机、导弹、人造卫星和宇宙飞船等飞行器的控制，都是靠计算机实现的。

3. 信息处理

信息处理是计算机应用最广泛的一个领域，即利用计算机来加工、管理与操作任何形式的数据资料，包括大量图片、文字、声音等，如人事管理、库存管理、财务管理、图书资料管理、情报检索等。据统计，全世界计算机用于数据处理的工作量占全部计算机应用的百分之八十以上，大大提高了工作效率和管理水平。

4. 辅助系统

辅助系统指用计算机辅助进行工程设计、产品制造、性能测试等，包括计算机辅助设计、制造、测试（CAD/CAM/CAT）。目前 CAD 技术已应用于飞机设计、船舶设计、建筑设计、机械设计、大规模集成电路设计等。使用计算机辅助系统可以缩短工程周期、提高工作效率和工程质量。

5. 人工智能

人工智能（AI）是指计算机模拟人类某些智力行为的理论、技术和应用，开发一些具有人类某些智能的应用系统，用计算机来模拟人的思维判断、推理等智能活动，使计算机具有自学习适应和逻辑推理的功能，如计算机推理、智能学习系统、专家系统、机器人等，帮助人们学习和完成某些推理工作。机器人还能代替人在危险环境中进行工作。人工智能（AI）是计算机应用的一个新的领域。

6. 虚拟现实

当代的虚拟现实技术是利用计算机生成一种模拟环境，通过多种传感器设备使用户"投入"到该环境中，实现用户与环境直接进行交互的目的。模拟环境是由计算机创作的具有表面色彩的立体图形，可以是某一特定现实世界的真实写照，也可以是纯粹构想出来的世界。

例如，利用"虚拟机舱"训练飞行员，利用"虚拟人体"进行手术，还有"虚拟工厂""数字汽车""虚拟主持人"等。

近年来，计算机在海洋领域的应用越来越得到国家的重视，比如海洋遥感、海洋环境监测、海洋资源建模等，为我们进行海洋环境保护、海洋资源开发、海洋气候观测等提供了强有力的技术保障。

1.2 计算机硬件

现代计算机的基本结构是由美籍匈牙利科学家冯·诺依曼（Johnvon Neumann）于 1946年提出的。迄今为止所有进入实用的电子计算机都是按冯·诺依曼提出的结构体系和工作原理设计制造的，故又统称为冯·诺依曼型计算机。冯·诺依曼计算机的基本工作原理主要分为存储程序和程序控制。

存储程序：将解题的步骤编成程序（通常由若干指令组成），并把程序存放在计算机的存储器中（指主存或内存）。

程序控制：从计算机主存中读出指令并送到计算机的控制器，控制器根据当前指令的功能控制全机执行指令规定的操作，完成指令的功能。重复这一操作，直到程序中指令执行完毕。

1.2.1 计算机硬件的组成

冯·诺依曼型计算机的五大组成部分是：运算器、存储器、控制器、输入设备和输出设备。图 1.2 所示为典型的冯·诺依曼型计算机结构框图。

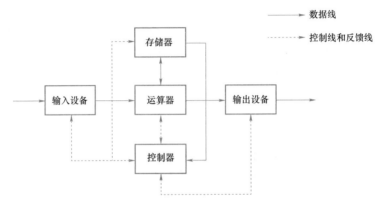

图 1.2 典型的冯·诺依曼型计算机结构框图

1. 运算器

运算器负责进行数据处理，它的主要功能是进行加、减、乘、除等算术运算，还可以进行基本逻辑运算，因此通常称为 ALU（Arithmetic and Logic Unit，算术逻辑运算部件）。运算器结构示意图如图 1.3 所示。

由于二进制数只有 1 和 0 两个数码，可以用电压的高低、脉冲的有无来表示，运算规则是"逢二进一"，在电子器件中比较容易实现，所以计算机中通常采用二进制数。

计算机的运算器长度即处理机字长，字长指处理机运算器中一次能够完成二进制数运算的位数。字长决定 CPU 内部寄存器、逻辑运算单元（ALU）和数据总线的位数，直接反映计算机的计算精度，一般是 16 位、32 位、64 位。位数越多，所需的电子器件也就越多。

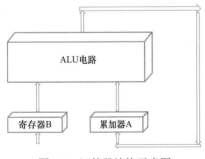

图 1.3 运算器结构示意图

寄存器是一个高速存储部件，容量很小，只能存放一个字长的数据。ALU 将寄存器中的数据进行运算，运算结果存储在寄存器中。

2. 存储器

存储器的功能是保存数据和程序指令，是计算机的记忆部件。目前采用的都是半导体存储器。

一个半导体触发器有 0 和 1 两个状态，可以记忆一个二进制代码，我们称其为一个存储元。假定一个数用 8 位二进制代码来表示，那么就需要有 8 个触发器来保存这些代码，即需要 8 个存储元。通常，把保存一个数的 8 个存储元称为一个存储单元。存储器是由许多存储单元组成的，每个存储单元都有编号，称为存储单元地址。打个比方，假设一栋教学楼就是一个存储器，那每个教室就是一个存储单元，教室编号就是存储单元地址，教室内的一个位置就是一个存储元。图 1.4 所示为存储器的结构示意图。

通常，我们把连续的 8 位（bit）二进制数称为一个字节（Byte），处理机字长的位数称为一个字（Word），比如 16 位或 32 位。存储器可以按字节或字进行编址，每个编址单元称为字节单元或字单元。所以向存储器中存数或者从存储器中取数，都要按给定的地址来寻找所选的存储单元。

图 1.4 存储器的结构示意图

存储器存储的所有信息总量称为存储器的存储容量，通常用单位 KB（千字节）、MB（兆字节）来表示，如 64 KB、128 MB。存储容量越大，表示计算机记忆储存的信息越多。半导体存储器的存储容量毕竟有限，为了存放大量信息，计算机中又配备了存储容量更大的磁盘存储器和光盘存储器，称为外存储器或辅助存储器。相对而言，半导体存储器称为内存储器，简称内存或主存，用来存放程序运行所需的指令和数据。

3. 控制器

控制器是计算机中发号施令的部件，它控制计算机的各部件有条不紊地进行工作。更具体地讲，控制器的任务是从内存中取出操作步骤加以分析，然后控制运算器执行某种操作。

运算器只能完成加、减、乘、除四则运算及基本逻辑运算。对于比较复杂的计算题目，计算机在运算前必须化成一步一步简单的基本操作。每一个基本操作就叫作一条指令，而解算某一问题的一串指令序列叫作该问题的计算程序，简称为程序。一个程序的所有指令必须顺序存放在主存储器中。控制器的基本任务就是先从存储器取出一条指令放到控制器中，对该指令进行分析判别，然后根据指令性质执行这条指令，让运算器进行相应的操作。接着从存储器取出第二条指令，再执行这条指令。以此类推，直到程序最后一条指令。如图 1.5 所示。

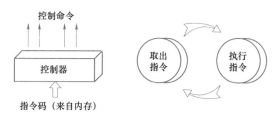

图 1.5 控制器功能示意图

1）指令和程序

指令是指挥和控制计算机执行某种操作的命令，是一串能被计算机直接识别并执行的二进制代码。每条指令应当明确告诉控制器，从存储器的哪个单元取数，并进行何种操作。所以一条指令通常由操作码和地址码两部分组成，指令格式如图 1.6 所示，其中操作码指出指令所进行的操作，如加、减、乘、除、取数、存数等；而地址码表示参加运算的数据应从存储器的哪个单元中取来，或运算的结果应该存到哪个单元中去。

操作码	地址码

图 1.6　指令格式

指令的操作码和地址码均用二进制代码来表示，其中地址码部分和数据一样，是二进制数的数码；而操作码部分则是二进制代码的编码。n 位二进制编码可以定义 2^n 种基本操作。假定只有 8 种基本指令，那么这 8 种指令的操作码可用 3 位二进制代码来定义，每一个编码对应一种操作，如表 1.3 所示。比如指令 1011001，前三位 101 是操作码，表示取数操作；后四位 1001 是地址码，指明从 9 号存储单元取数。指令 0101011 表示从 11 号单元取数做减法操作。

一台计算机通常有几十种由基本指令构成的指令系统。指令系统不仅是硬件设计的依据，也是软件设计的基础。因此，指令系统是衡量计算机性能的一个重要标志。

表 1.3　指令的操作码定义

指令	操作码
加法	001
减法	010
乘法	011
除法	100
取数	101
存数	110
打印	111
停机	000

程序是由一系列指令组成的，程序的执行就是按顺序一条一条地执行指令。例如，我们要编写程序完成 $y = ax + b - c$ 的计算，先列出它的解题步骤，解题步骤中每一步就是一条指令，只完成一种基本操作，而整个解题步骤就是一个简单的计算程序。如表 1.4 所示。

表 1.4　计算 $y = ax + b - c$ 的程序

指令地址	指令		指令操作内容	说明
	操作码	地址码		
1	取数	9	$(9) \rightarrow A$	存储器 9 号地址的数 a 放入运算器 A
2	乘法	12	$(A) \times (12) \rightarrow A$	完成 $a \cdot x$，结果保留在运算器 A
3	加法	10	$(A) + (10) \rightarrow A$	完成 $ax + b$，结果保留在运算器 A
4	减法	11	$(A) - (11) \rightarrow A$	完成 $y = ax + b - c$，结果保留在运算器 A
5	存数	13	$A \rightarrow 13$	运算器 A 中的结果 y 送入存储器 13 号地址
6	打印		$A \rightarrow Print$	将 A 中的结果经打印机打印出来
7	停止		Stop	机器停止工作
8				

续表

数据地址	数据		说明
9	a		数据 a 存放在 9 号单元
10	b		数据 b 存放在 10 号单元
11	c		数据 c 存放在 11 号单元
12	x		数据 x 存放在 12 号单元
13	y		运算结果 y 存放在 13 号单元

我们必须事先把指令和数据进行代码化再按地址安排到存储器里去。指令和数据在存储器中的存储形式如图 1.7 所示。

2）指令流和数据流

存储程序并按地址顺序执行，这就是冯·诺依曼型计算机的设计思想，也是机器自动化工作的关键。存储在存储器中的程序，由控制器一条一条从中取出指令并执行。取指令的一段时间叫作取指周期，而执行指令的一段时间叫作执行周期，控制器反复交替地处在取指周期与执行周期之中。每取出一条指令，控制器中的指令计数器就加 1，从而为取下一条指令做好准备，这也是指令在存储器中顺序存放的原因。

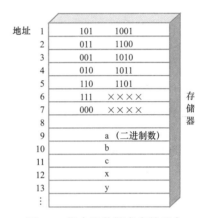

图 1.7 指令和数据在存储器中用二进制码存储

由于存储器的任何位置既可以存放数据也可以存放指令，所以一个计算机字既可以代表指令，也可以代表数据。如果某字代表要处理的数据，则称为数据字；如果某字为一条指令，则称为指令字。

我们已经看到，指令和数据统统放在内存中，从形式上看，它们都是二进制数码，似乎很难分清哪些是指令字、哪些是数据字，然而控制器完全可以区分开。一般来讲，在取指周期中从内存读出的信息流是指令流，它流向控制器；而在执行周期中从内存读出的信息流是数据流，它由内存流向运算器。例如，图 1.7 中从地址 7 号单元读出的信息流是指令流，而从地址 9～12 号单元读出的信息流是数据流。显然，某些指令执行过程中需要两次访问内存，一次是取指令，另一次是取数据，如表 1.4 中取数、乘法、加法、减法、存数等指令都是如此。

冯·诺依曼结构是指令和数据放在同一个存储器，指令执行时取指令和取数据必须分两次访问内存。如果指令和数据分别放在两个存储器，则称为哈佛结构。显然后者结构的计算机速度会更快，因为取指令和取数据可以并行进行。

在计算机系统中，运算器和控制器通常被组合在一个集成电路芯片中，合称为中央处理器（中央处理机），简称处理器，英文缩写为 CPU（Central Processing Unit）。CPU 和主存称为主机。

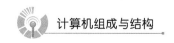
4. 输入设备和输出设备

输入设备要把人们所熟悉的某种信息形式变换为机器内部所能接收和识别的二进制信息形式。常用的输入设备有键盘、鼠标、数字扫描仪及模数转换器、摄像头、麦克风等，即"会看"或"会听"的设备，可以把人们用文字或语言所表达的问题直接送到计算机内部进行处理。

输出设备要把计算机处理的结果变换为人或其他机器设备所能接收和识别的信息形式。目前广为使用的激光打印机、绘图仪、显示器、音响等设备，有些能输出文字符号，有些能画图作曲线，有些还能输出声音，做到了"会写"或"会讲"。

计算机的输入和输出设备通常称为外围设备，简称 I/O 设备。这些外围设备有高速的也有低速的，有机电结构的，也有全电子式的，由于种类繁多且速度各异，因而它们不是直接与高速工作的主机相连接，而是通过适配器部件与主机相联系。适配器的作用相当于一个转换器，它可以保证外围设备用计算机系统特性所要求的形式发送或接收信息。

一个典型的计算机系统具有各种类型的外围设备，因而有各种类型的适配器，它使得被连接的外围设备通过系统总线与主机进行联系，以便使主机和外围设备并行协调地工作。总线是构成计算机系统的骨架，是多个系统部件之间进行数据传送的公共通路。借助系统总线，计算机在各系统部件之间实现传送地址、数据和控制信息的操作。所以系统总线包括数据总线、地址总线和控制总线。地址总线宽度是指传输地址信息的位数，它决定了 CPU 的寻址能力。比如 Intel 8086 的数据总线宽度是 16 位，地址总线宽度是 20 位，则其可寻址的存储空间大小为 $2^{20} = 1$ MB。

1.2.2 半导体存储器的发展

半导体是导电性介于导体和绝缘体中间的一类物质，主要有四个组成部分：集成电路、光电器件、分立器件和传感器。由于集成电路占了器件 80%以上的份额，因此通常将半导体和集成电路等价。半导体产品按种类分为四大类，即微处理器、存储器、逻辑器件、模拟器件，统称为芯片。

电子计算机的存储器最初是机电装置（如继电器），后为磁性介质（如磁鼓、磁带、磁芯）。但磁性介质的读出是破坏性的，工艺复杂，体积大，价格昂贵。1970 年，仙童半导体公司生产出第一个较大容量的半导体存储器，单个磁芯大小的芯片上包含了 256 位的存储器，其读出是非破坏性的，而且读写速度比磁芯快得多，但是价格比磁芯要贵。

1974 年每位半导体存储器的价格开始低于磁芯，在此以后，存储器的价格持续快速下跌，但存储密度却不断增加。半导体存储器发展经历了 12 代：单个芯片容量从 1 KB、4 KB、16 KB、64 KB、256 KB、1 MB、4 MB、16 MB、64 MB、256 MB 到现在的 GB、TB。其中 $1 K = 2^{10}$，$1 M = 2^{20}$，$1 G = 2^{30}$，$1 T = 2^{40}$（$2^{10} = 1024$），每一代对于前一代存储密度都在提高，而每位价格和存取时间却在下降，这导致了新的机器比它之前的机器更小、更快、存储容量更大、价格更便宜。

1.2.3 微处理器的发展

与存储器芯片一样，处理器芯片的单元密度也在不断增加。随着集成电路技术的发展，每块芯片上的处理单元个数越来越多，因此构建一个计算机处理器所需的芯片越来越少，存储器技术和处理器技术的发展使计算机走向了个人电脑时代。表 1.5 列出了 Intel 公司微处理器的演化。

表 1.5　Intel 公司微处理器的演化

（a）20 世纪 70 年代的处理器				
型号	4004	8008	8080	8086	8088
发布时间/年	1971	1972	1974	1978	1979
时钟频率	108 kHz	108 kHz	2 MHz	5 MHz, 8 MHz, 10 MHz	5 MH, 8 MHz
总线宽度	4 位	8 位	8 位	16 位	8 位
晶体管数	2 300	3 500	6 000	29 000	29 000
特征尺寸/pm	10		6	3	3
可寻址存储器	640 B	16 KB	64 KB	1 MB	1 MB
虚拟存储器	—	—	—	—	—

（b）20 世纪 80 年代的处理器			
型号	80286	386TM DX	386TM SX	486TM DX
发布时间/年	1982	1985	1988	1989
时钟频率/MHz	6～12.5	16～33	16～33	25～50
总线宽度	16 位	32 位	16 位	32 位
晶体管数	134 000	275 000	275 000	1 200 000
特征尺寸/pm	1.5	1	1	0.8～1
可寻址存储器	16 MB	4 GB	16 MB	4 GB
虚拟存储器	1 GB	64 TB	64 TB	64 TB

（c）20 世纪 90 年代处理器			
型号	486TM SX	Pentium	Pentium Pro	Pentium Ⅱ
发布时间/年	1991	1993	1995	1997
时钟频率/MHz	16～33	60～166	150～220	200～300
总线宽度	32 位	32 位	64 位	64 位
晶体管数/百万	1.185	3.1	5.5	7.5
特征尺寸/jim	1	0.8	0.6	0.35
可寻址存储器	4 MB	4 GB	64 GB	64 GB
虚拟存储器/TB	64	64	64	64

（d）21 世纪的处理器			
型号	Pentium Ⅲ	pentium 4	Itanium	Itanium 2
发布时间/年	1999	2000	2001	2002
时钟频率	450～600 MHz	1.3～1.8 GHz	733～800 MHz	0.9～1 GHz

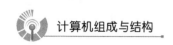

续表

（d）21 世纪的处理器			
总线宽度	64 位	64 位	64 位	64 位
晶体管数/百万	9.6	42	25	220
特征尺寸/gm	0.25	0.18	0.18	0.18
可寻址存储器/GB	64	64	64	64
虚拟存储器/TB	64	64	64	64

1971 年，英特尔（Intel）公司推出了第一款 4 位处理器（4004），仅包含 2 300 个晶体管，它的诞生标志着第一代微处理器问世。1972 年出现了第一个 8 位微处理器——Intel 8008，由于 8008 采用的是 P 沟道 MOS 微处理器，因此仍属第一代微处理器。1974 年诞生的 Intel 8080 是第一个 8 位通用微处理器，以 N 沟道 MOS 电路取代了 P 沟道，属于第二代微处理器。1978 年，英特尔推出了 16 位的通用处理器——i8086，标志着第三代微处理器问世。1979 年，又推出了 8088，这是第一个成功应用于个人电脑的 CPU。1982—1989 年期间又陆续推出了 80286、80386、80486。80386 将 PC 机从 16 位时代带入了 32 位时代，微处理器发展进入第四代。1993 年奔腾处理器横空出世，先后出现了多个版本，2000 年英特尔正式发布了下一代处理器——奔腾 4，标志着一个处理器新时代的开始。2001 年又推出了安腾（Itanium）处理器。2005 年酷睿（Core）走进大众的视野，酷睿 i3、i5、i7 成为 PC 的主流，至今为止英特尔 Core 也经历了 12 代发展。

1.3 计算机软件

1.3.1 软件的组成与分类

上面说过，现代电子计算机是由运算器、存储器、控制器、适配器、总线和输入/输出设备组成的，这些部件或设备都是由元器件构成的有形物体，因而称为硬件或硬设备。

如果只有上述硬件，计算机并不能进行运算，它仍然是一个"死"东西。那么计算机靠什么东西才能变"活"，从而高速自动地完成各种运算呢？这就是前面讲过的计算程序。因为它是无形的东西，所以称为软件或软设备。事实上，利用电子计算机进行计算、控制或做其他工作时，需要有各种用途的程序。因此，凡是用于一台计算机的各种程序，统称为这台计算机的程序或软件系统。

计算机软件系统由两部分组成：一是系统软件；二是应用软件。

系统软件是计算机系统中最靠近硬件一层的软件，用于管理计算机资源，包括硬件资源和软件资源，它是用户和计算机之间的接口，通过它可简化程序设计，方便用户使用，提高计算机的效率，发挥和扩大计算机的功能及用途。

系统软件包括以下四类：

（1）操作系统，负责管理系统的各种资源，控制程序的执行。

（2）语言程序，如汇编程序、编译程序、解释程序等。

（3）各种服务性程序，如诊断程序、排错程序、练习程序等。

（4）数据库管理系统。

应用软件是用户利用计算机来解决某些问题而编制的程序，有程序库、通用软件包、专用软件包，如工程设计程序、数据处理程序、自动控制程序、企业管理程序、情报检索程序、科学计算程序，等等。随着计算机的广泛应用，人们根据不同的需要设计相应的软件，所以应用软件的种类越来越多。

1.3.2 软件的发展演变

如同硬件一样，计算机软件也是在不断发展的。下面以语言处理程序为例，简要说明软件的发展演变过程。

在早期的计算机中，人们是直接用机器语言（即二进制机器指令代码）来编写程序的，称为目标程序，计算机完全可以"识别"并能执行目标程序。但直接用机器语言编写程序是一件很烦琐的工作，需要耗费大量的人力和时间，而且又容易出错，查错也困难。这些情况大大限制了计算机的使用。

后来，为了编写程序方便和提高机器的使用效率，人们想到了一种办法，即用一些约定的文字、符号和数字按规定的格式来表示各种不同的指令，这些特殊符号称为助记符，然后再用这些特殊符号表示的指令来编写程序。这就是所谓的汇编语言，它是一种能被转化为二进制文件的符号语言。对人类来讲，符号语言简单直观、便于记忆，但计算机不能直接"识别"，为此人们创造了一种程序，叫汇编器。汇编器的作用相当于一个"翻译员"，可以自动地把汇编语言程序翻译成目标程序，从而实现程序设计工作的部分自动化。

汇编语言指令与机器指令是一一对应的，汇编语言是一种面向具体机器的低级语言。不同的计算机其指令系统也不同，人们在编写汇编语言程序前必须先熟悉这台机器的指令系统，因此还是很不方便。为了进一步实现程序自动化和便于程序交流，使不熟悉具体计算机的人也能很方便地使用计算机，人们又创造了各种接近于数学语言的算法语言。

所谓算法语言也称高级语言，是指按实际需要规定好的一套基本符号及由这套基本符号构成程序的规则。算法语言比较接近数学语言，它直观通用，与具体机器无关，只要稍加学习就能掌握，便于计算机的推广使用。应用较广的算法语言有 BASIC、FORTRAN、C、C++、Java 等。

用算法语言编写的程序称为源程序，它不能由机器直接识别和执行，必须给计算机配备"翻译"，编译程序就负责把源程序翻译成目标程序。但是目标程序一般不能独立运行，还需要一种叫作运行系统的辅助程序。通常，把编译程序和运行系统合称为编译器。

图 1.8 描述了一个在硬盘文件中的 C 语言程序，被转换成计算机上可运行的机器语言程序的四个步骤：C 语言程序通过编译器首先被编译为汇编语言程序，然后通过汇编器汇编为机器语言的目标模块。链接器将多个目标模块与库程序组合在一起即形成可执行代码，加载器将机器代码放入合适的内存位置以便于处理器执行。

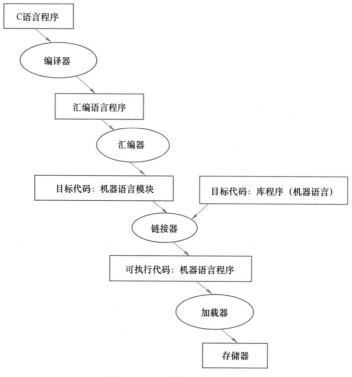

图 1.8　C 语言的转换层次

随着软件的进一步发展，将开发更高级的计算机语言。这是因为目前所有的高级语言在编写程序时，程序还是比较复杂，开发成本较高。计算机语言发展的方向是标准化、积木化、产品化，最终是向自然语言发展，它们能够自动生成程序。简单易学的 Python 语言就是一种开源免费的通用型语言。

1.4　计算机系统的层次结构

1.4.1　多级层次的计算机系统

计算机系统由硬件和软件两大部分构成，而如果按功能再细分，则可分为 6 级层次，如图 1.9 所示。

第 0 级是硬联逻辑级，这是计算机的内核，由门电路、触发器等逻辑电路组成。

第 1 级是微程序设计级，此级的机器语言是微指令集，程序员用微指令编写的微程序一般由硬件直接执行。

第 2 级是传统机器级，此级的机器语言是该机的指令集，程序员用机器指令编写的程序可以由微程序进行解释。

第 3 级是操作系统级，从操作系统的基本功能来看，

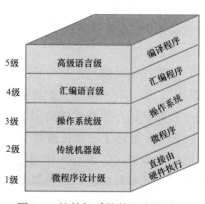

图 1.9　计算机系统的层次结构图

一方面它要直接管理传统机器中的软硬件资源，另一方面它又是传统机器的延伸。这些操作系统程序由机器指令和广义指令组成，广义指令是操作系统定义和解释的软件指令，比如"I/O 指令"。所以这一级也称为混合级。

第4级是汇编语言级，这级的机器语言是汇编语言，完成翻译的程序叫作汇编程序。

第5级是高级语言级，这级的机器语言就是各种高级语言，通常用编译程序来完成翻译工作。

每级各对应一种机器，这里"机器"被定义为能存储和执行相应语言程序的算法和数据结构的集合体。第3级以下为裸机，是硬件级，编写程序采用的语言基本是二进制数字化语言，机器执行和解释容易。第3级以上为虚拟机，编写程序所采用的语言是符号语言，用英文字母和符号来表示程序，因而便于大多数不了解硬件的人们使用计算机。

把计算机系统分为多级层次结构，有利于正确理解计算机系统的工作过程，明确软件、硬件在计算机系统中的地位和作用，对了解计算机如何组成提供了一种好的结构和体制。对用户来说，各级机器都可以看作是一台独立的机器，它只对一定的观察者而存在。在某一层次的观察者看来，他只通过该层次的语言来了解和使用计算机，不必关心再内层的那些机器是如何工作和如何实现各自功能的，而且用这种分级的观点来设计计算机，对保证产生一个良好的系统结构也是很有帮助的。

1.4.2　计算机系统结构、组成与实现

计算机系统结构是指多级层次结构中传统机器级的结构，它是软件与硬件的主要交界面。计算机系统结构作为一门学科，主要研究软、硬件功能分配及对软、硬件界面的确定，即哪些功能由软件完成、哪些功能由硬件完成，包括概念性结构和功能性特征。

计算机组成是计算机系统结构的逻辑实现，包括物理机器级中的数据流和控制流组成及逻辑设计等，直接影响系统的速度和价格。

计算机实现是计算机组成的物理实现，它着眼于用什么样的器件技术和微组装技术。

相同结构的计算机可以采用不同的组成，相同的组成也可以有多种不同的实现。所谓系列机就是指在一个厂家生产的具有相同的系统结构，但具有不同组成与实现的一系列不同型号的机器，比如最先出现的IBM360系列机。

随着大规模集成电路技术的发展和软件硬化的趋势，计算机系统的软、硬件界限已经变得模糊了。因为任何操作可以由软件来实现，也可以由硬件来实现；任何指令的执行可以由硬件完成，也可以由软件来完成。对于某一机器功能采用硬件方案还是软件方案，取决于器件价格、速度、可靠性、存储容量和变更周期等因素。

当研制一台计算机时，设计者必须明确分配每一级的任务，确定哪些情况使用硬件、哪些情况使用软件，而硬件始终放在最低级。就目前而言，一些计算机的特点是，把原来明显在一般机器级通过编制程序实现的操作，如整数乘除法指令、浮点运算指令、处理字符串指令等，改为直接由硬件完成。总之，随着大规模集成电路和计算机系统结构的发展，实体硬件机的功能范围在不断扩大。换句话说，第一级和第二级的边界范围，要向第三级乃至更高级扩展。这是因为容量大、价格低、体积小、可以改写的只读存储器提供了软件固化的良好物质手段。现在已经可以把许多复杂的、常用的程序制作成所谓的固件，就它的功能来说，

是软件，但从形态上来说，又是硬件。其次，目前在一片硅单晶芯片上制作复杂的逻辑电路已经是实际可行的，这就为扩大指令的功能提供了物质基础，因此本来通过软件手段来实现的某种功能，现在可以通过硬件来直接解释执行。

进一步的发展，就是设计所谓面向高级语言的计算机，这样的计算机可以通过硬件直接解释执行高级语言的语句而不需要先经过编译程序的处理。因此传统的软件部分完全有可能"固化"甚至"硬化"。

● 本章小结

1. 计算机经历了五代发展，其应用范围几乎涉及人类社会的所有领域。我国计算机研制虽起步较晚，但在高性能计算机领域发展迅速。

2. 计算机的性能指标主要包括 CPU 性能指标、存储器性能指标和 I/O 吞吐率。

3. 计算机的硬件是指构成计算机的各类有形的电子器件，包括运算器、存储器、控制器、适配器和输入输出设备等。传统上将运算器+控制器称为 CPU（中央处理器），而将 CPU+主存储器称为主机。存储程序并按地址顺序执行，是冯·诺依曼型计算机的工作原理，也是 CPU 自动工作的关键。

4. 计算机的软件是计算机系统的重要组成部分，也是计算机不同于一般电子设备的本质所在。计算机软件一般分为系统软件和应用软件两大类。

5. 计算机系统是一个由硬件、软件组成的多级层次结构，它通常由微程序级、一般机器级、操作系统级、汇编语言级、高级语言级组成，每一级上都能进行程序设计，且都能得到下面各级的支持。将计算机系统划分层次，有利于正确理解计算机系统的工作过程，有助于产生一个良好的系统结构。

● 习 题

1. 什么是计算机系统？
2. 数字计算机如何分类？分类的依据是什么？
3. 冯·诺依曼型计算机的主要设计思想是什么？
4. 什么是存储容量？什么是单元地址？什么是数据字？什么是指令字？
5. 什么是指令？什么是程序？为什么指令要顺序存放在存储器中？
6. 指令和数据均存放在内存中，计算机如何区分它们是指令还是数据？
7. 计算机的系统软件包括哪几类？说明它们的用途。
8. 现代计算机系统如何进行多级划分？这种层次划分有何意义？
9. 控制器的功能是什么？
10. 计算机的性能指标主要有哪些？
11. 讨论：国家为什么要大力研发超级计算机？超级计算机有哪些主要应用领域？
12. 讨论：计算机提供了无限的机会和挑战，利用它可以更快更好地完成许多事情，可以方便地与全世界的人们联系和通信。但是，是否想过事情的反面呢？所有的变化都是积极的吗？计算机的广泛使用会产生什么负面的影响吗？

第 2 章

运算方法和运算器

计算机的组织结构在很大程度上取决于它如何表示数字、字符和控制信息，为了了解运算器的组成和工作原理，本章首先介绍了计算机中数据的表示方法，然后分别讲述定点运算方法、定点运算器的组成和浮点运算方法、浮点运算器的组成。通过引导学生设计运算器的过程，培养学生的创新能力和工匠精神。

2.1　数据与文字的表示方法

按进位计数的方法称为进制，常用的进制有十进制、二进制和十六进制，它们各自的特点非常明显。人们习惯使用十进制，但在微机中直接运算困难；二进制数码只有 0 和 1，运算规律简单，符合电子元件特性，硬件上容易实现；十六进制数位较短，方便对数据进行观察和使用。所以，在输入和输出时常用十进制数，而在计算机内部存储和处理的都是二进制数，人们在对计算机内部数据进行讨论和表示时常用十六进制数。在计算机中，数值型数据用二进制数码表示，非数值型数据用二进制编码表示。

2.1.1　数据格式

计算机中数值数据的表示采用数码方式，即二进制数值代表大小。在选择表示方式时应该考虑以下几个因素：

（1）表示的数据类型（小数、整数、实数和复数）；

（2）数值范围；

（3）数值精度；

（4）数据存储和处理所需要的硬件代价。

常用的数据表示格式有两种：一种是定点格式，即小数点位置固定，要求的处理硬件比较简单，但数值范围有限；第二种是浮点格式，即小数点位置不固定，要求的处理硬件比较复杂，但数值范围很大。

2.1.1.1 定点数的表示方法

所谓定点格式，即约定机器中所有数据的小数点位置是固定不变的。由于约定在固定的位置，故小数点就不再使用记号"."来表示。在计算机中通常采用两种简单的约定：将小数点的位置固定在数据的最高位之前，或固定在最低位之后。一般常称前者为纯小数，后者为纯整数。

计算机中的数按能否表示负数分为无符号数和有符号数。无符号数指整个机器字长的全部二进制位均为数值位，没有符号位，只能表示正数；有符号数有正负之分，最高位为符号位，0代表正号，1代表负号，其余位表示数值。下面针对有符号数进行讨论。

假设用一个 $n+1$ 位字来表示一个定点数 X（$X_n X_{n-1} \cdots X_1 X_0$），其中最高位 X_n 用来表示数的符号，其余位数代表它的量值。对于任意定点数 X，在定点机中可表示为如下形式：

X_n	X_{n-1}	X_{n-2}	$\cdots$	X_1	X_0
符号	量值（尾数）				

数值范围：指一种数据类型所能表示的最大值和最小值。

如果数 X 表示的是纯小数，那么小数点位于 X_n 和 X_{n-1} 之间。当各位均为 0 时，数 X 的绝对值最小，即 $|X|_{min}=0$；当各位均为 1 时，数 X 的绝对值最大，即 $|X|_{max}=1-2^{-n}$。故数 X 的表示范围为

$$0 \leqslant |X| \leqslant 1-2^{-n} \tag{2.1}$$

如果数 X 表示的是纯整数，那么小数点位于最低位 X_0 的右边，此时数 X 的表示范围为

$$0 \leqslant |X| \leqslant 2^n-1 \tag{2.2}$$

目前计算机中多采用定点纯整数表示，因此将定点数表示的运算简称为整数运算。

2.1.1.2 浮点数的表示方法

在定点表示法中只能表示纯小数和纯整数，那如何表示实数（包括小数和整数）呢？

我们知道，科学家会用科学计数法来表示很大或很小的数据，把一个十进制数表示成 a 与 10 的 n 次幂相乘的形式（$1 \leqslant |a| < 10$，n 为整数），例如 6 230 000 000 000，我们可以用 6.23×10^{12} 表示，记作 6.23E12，称为科学计数法，其中尾数 6.23 是有效数字，指数 12 确定了小数点的位置，即数值范围。那么我们可以把一个数的有效数字和数的范围在计算机的一个存储单元中分别予以表示。

这种把数的范围和精度分别表示的方法，相当于数的小数点位置随比例因子的不同而在一定范围内可以自由浮动，所以称为浮点表示法，即在计算机中一个任意二进制数 N 可以写成：

$$N = 2^e \cdot M \tag{2.3}$$

式中，M——浮点数的尾数，是一个纯小数；

e——比例因子的指数，称为浮点数的指数，是一个整数。

比例因子的基数 2 相对于二进计数制的机器是一个常数。

所以在机器中表示一个浮点数时，要给出尾数，决定浮点数的表示精度；还要给出指数常称为阶码，指明小数点在数据中的位置，因而决定了浮点数的表示范围。浮点数也要有符号位。早期计算机中，一个机器浮点数由阶码（E）和尾数（M）及其符号位（s）组成，即：

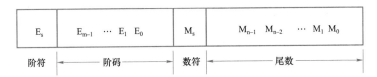

2.1.1.3　十进制数串的表示方法

大多数通用性较强的计算机都能直接处理十进制形式表示的数据。十进制数串在计算机内主要有两种表示形式：

（1）字符串形式，即用 1 个字节存放一个十进制的数位或符号位，称为非压缩 BCD 码。在主存中，这样的一个十进制数将占用连续的多个字节，比如十进制数 25，表示为 00000010 00000101。故为了指明这样一个数，需要给出该数在主存中的起始地址和位数（串的长度）。这种方式表示的十进制字符串主要用在非数值计算的应用领域中。

（2）压缩的十进制数串形式，即 1 个字节存放两个十进制的数位。它比前一种形式节省存储空间，又便于直接完成十进制数的算术运算，是广泛采用的较为理想的方法。比如十进制数 25，表示为 00100101。

用压缩的十进制数串表示一个数，也要占用主存连续的多个字节。每个数位占用半字节（即 4 个二进制位），其值可用二一十编码（BCD 码）或数字符的 ASCII 码的低 4 位表示。符号位也占半字节并放在最低数字位之后，其值选用四位编码中的六种冗余状态中的有关值，如用 1100（C）表示正号，用 1101（D）表示负号。在这种表示中，规定数位加符号位的个数之和必须为偶数，当和不为偶数时，应在最高数字位之前补一个 0。例如，+123 和 −12 分别被表示成：

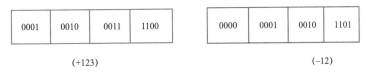

与第一种表示形式类似，要指明一个压缩的十进制数串，也需给出它在主存中的首地址和数字位个数（不含符号位），又称位长，位长为 0 的数其值为 0。十进制数串表示法的优点是位长可变，许多机器中规定该长度为 0～31，有的甚至更长。

2.1.2　数的机器码表示

一般来说，计算机中的数值类型分为定点整型或浮点实型，其中整型又分为无符号类型或有符号类型，而实型则只有有符号类型。为了解决符号表示问题，方便运算操作，下面专门讨论有符号数。

把符号位和数值位一起编码来表示相应的数的表示方法有原码、反码、补码和移码。为了区别一般书写表示的数和机器中这些编码表示的数，通常将前者称为真值（带符号"＋"

或"－"），后者称为机器数或机器码。

2.1.2.1 原码表示法

原码就是符号位加上真值的绝对值。定点整数的原码形式为 $X_n X_{n-1} \cdots X_1 X_0$，其中 X_n 为符号位，$n+1$ 为机器字长。一般情况下，对于正数 $X = +X_{n-1} X_{n-2} \cdots X_1 X_0$（真值），则有

$$[X]_\text{原} = 0 X_{n-1} X_{n-2} \cdots X_1 X_0 = X \qquad\qquad 2^n > X \geqslant 0$$

对于负数 $X = -X_{n-1} X_{n-2} \cdots X_1 X_0$，则有

$$[X]_\text{原} = 1 X_{n-1} X_{n-2} \cdots X_1 X_0 = 2^n + |X| \qquad\qquad 0 \geqslant X > -2^n$$

比如，如果机器字长为 8 位，则 $+1$ 和 -1 在机器中的二进制原码表示分别为

$$[+1]_\text{原} = 0000\ 0001$$
$$[-1]_\text{原} = 1000\ 0001$$

因为最高位是符号位，所以 8 位二进制数的表示数范围为

$$[1111\ 1111, 0111\ 1111]$$

即

$$[-127, +127]$$

推而广之，字长 $n+1$ 位二进制数原码的表示数范围为

$$[-(2^n-1), +(2^n-1)]$$

但对于 0，原码机器中有"$+0$""-0"之分，即有两种形式：

$$[+0]_\text{原} = 0000 \cdots 0$$
$$[-0]_\text{原} = 1000 \cdots 0$$

采用原码表示法简单易懂，但存在"$+0$""-0"之分，而且它的最大缺点是加法运算复杂。这是因为当两数相加时，如果是同号，则数值相加；如果是异号，则直接运算结果会发生错误。比如计算十进制的表达式：$1-1=0$，如果用原码表示，让符号位也参与计算，则

$$1-1 = 1+(-1) = [00000001]_\text{原} + [10000001]_\text{原}$$
$$= [10000010]_\text{原}$$
$$= -2$$

显然对于减法来说，结果是不正确的。为了解决原码做减法的问题，即出现了反码。

2.1.2.2 反码表示法

在定点数的反码表示法中，正数的机器码仍然等于其真值，而负数的机器码符号位为 1，尾数则将真值的各个二进制位取反，即正数的反码与原码相同，负数的反码是在其原码的基础上，符号位不变，其余各个位取反。比如，在 8 位机上，有：

$$[+1] = [00000001]_\text{原} = [00000001]_\text{反}$$
$$[-1] = [10000001]_\text{原} = [11111110]_\text{反}$$

则

$$1-1 = 1+(-1) = [00000001]_\text{反} + [11111110]_\text{反}$$
$$= [11111111]_\text{反}$$
$$= [10000000]_\text{原}$$
$$= -0$$

可见用反码计算减法，结果的真值部分是正确的，而唯一的问题就出现在"0"这个特殊

的数值上。虽然人们理解上"+0"和"−0"是一样的，但是0带符号是没有任何意义的，而且会占用两个编码。为了解决0的符号以及两个编码的问题，于是出现了补码。

2.1.2.3 补码表示法

对定点整数，正数的补码就是其原码本身，负数的补码是在其原码的基础上，符号位不变，其余各位取反，最后+1（即在反码的基础上+1）。同样8位机上有：

$$[+1]=[00000001]_原=[00000001]_反=[00000001]_补$$
$$[-1]=[10000001]_原=[11111110]_反=[11111111]_补$$

对于负数，补码表示方式是无法直观看出其数值的，通常需要转换成原码再计算其数值。转换方法是符号位不变，其他位再取反，最后+1。

如：
$$1-1=1+(-1)=[00000001]_补+[11111111]_补$$
$$=[00000000]_补$$
$$=0$$

计算过程中最高位向前的进位被丢弃，这样0用[0000 0000]表示，而以前出现问题的−0则不存在了，而且可以多出一个编码[1000 0000]，约定用来表示−128的补码。

因为
$$-128=(-1)+(-127)=[11111111]_补+[10000001]_补=[10000000]_补$$

即−128的补码表示为1000 0000，只是−128并没有用原码和反码表示，故对于8位二进制，使用原码或反码表示的范围均为[−127, +127]，而使用补码表示的范围为[−128, +127]。可见，采用补码表示法，不仅修复了0的符号以及0存在两个编码的问题，而且还能够多表示一个最低数。另外用补码进行减法运算比原码方便多了，因为不论数是正还是负，机器总是做加法，减法运算也可变成加法运算。

【例2.1】机器字长为8位，x = +123，y = −123，求[x]原、[x]反、[x]补、[y]原、[y]反、[y]补。

解： $\quad x=(+123)_{10}=(+111\ 1011)_2,\qquad y=(-123)_{10}=(-111\ 1011)_2$
$$[x]_原=0111\ 1011,\ [x]_反=0111\ 1011,\ [x]_补=0111\ 1011$$
$$[y]_原=1111\ 1011,\ [y]_反=1000\ 0100,\ [y]_补=1000\ 0101$$

那么，补码是如何定义的呢？在介绍补码概念之前，先介绍一下"模"的概念。

"模"是指一个计量系统的计数范围，如过去计量粮食用的斗、计量时间用的时钟等。计算机也可以看成一个计量机器，因为计算机的字长是定长的，即存储和处理的位数是有限的，因此它也有一个计量范围，即都存在一个"模"。如：时钟的计量范围是0~11，则模为12；表示n位的计算机计量范围是0~2^n-1，则模为2^n。"模"实质上是计量器产生"溢出"的量，它的值在计量器上表示不出来，在计量器上只能表示出模的余数。任何有模的计量器，均可化减法为加法运算。

假设当前时针指向8点，而准确时间是6点，则调整时间可有以下两种拨法：一种是倒拨2小时，即8−2=6；另一种是顺拨10小时，8+10=12+6=6，即8−2=8+10=8+12−2 (mod 12)。在以12为模的系统里，加10和减2效果是一样的，因此凡是减2运算，都可以用加10来代替。若用一般公式，则可表示为：a−b=a−b+mod=a+mod−b。对"模"而言，2和10互为补数。实际上，以12为模的系统中，11和1，8和4，9和3，7和5，6和6都有这个特性，共同的特点是两者相加等于模。对于计算机，其概念和方法完全一样。n 位计算机，设 n＝8，所能表示的最大数是 11111111，若再加 1，则成为 100000000（9 位），但因只有 8 位字长，最高位 1 自然丢失（相当于丢失一个模），又回到了 00000000，所以 8 位二进制系统的模为 2^8。在这样的系统中减法问题也可以化成加法问题，只需把减数用相应的补数表示就可以了。把补数用到计算机对数的处理上，就是补码。

在 n＋1 位机上（2^{n+1} 为模），当 X（$X_n X_{n-1} \cdots X_1 X_0$）为负数时，有：

$$[X]_{补} = 2^{n+1} + X = 2^{n+1} - |X|$$

根据反码定义可计算出：

$$[X]_{反} + [X]_{原} = 2^{n+1} + 2^n - 1$$

所以
$$[X]_{反} + 1 = 2^{n+1} + 2^n - [X]_{原}$$

而
$$[X]_{原} = 2^n + |X|$$

可见
$$[X]_{反} + 1 = 2^{n+1} + 2^n - (2^n + |X|) = 2^{n+1} - |X|$$

即 $[X]_{补}$ 正好是反码加 1 的结果。由于原码变反码容易实现，所以用反码过渡可以很容易得到补码。

2.1.2.4 移码表示法

移码表示法是在数 X 上增加一个偏移量来定义的，常用来表示浮点数中的阶码，所以是整数。在传统定义中，如果机器字长为 k＋1，规定偏移量为 2^k，若 X 是整数，则有：

$$[X]_{移} = 2^k + [X]_{补}$$

即移码是将补码的符号位取反（不区分正负）。假如字长为 8，则有：

$$[+1]_{移} = 2^7 + 0000\ 0001 = 1000\ 0001$$
$$[-1]_{移} = 2^7 + 1111\ 1111 = 0111\ 1111（最高进位被丢弃）$$

移码表示法对两个指数大小的比较和对阶操作都比较方便，因为将符号位作为数码计算的无符号数值进行比较即可，阶码域值大者其指数值也大。

2.1.3　字符与字符串的表示方法

现代计算机不仅要处理数值信息，还要处理大量文字、字母及某些专用符号等非数值信息，这些信息都必须编写成二进制格式的代码，也就是字符信息用数据表示，即符号数据。

目前国际上普遍采用的是 ASCII 码（美国国家信息交换标准字符码），它用 1 个字节存储 1 个符号信息。ASCII 码规定最高位为 0，余下的 7 位用来编码，可以给出 128 个编码，即能表示 128 个不同的字符。其中 95 个编码对应着计算机终端能敲入并且可以显示的 95 个字符，如大小写各 26 个英文字母，0～9 这 10 个数字符，通用的运算符和标点符号＋、－、*、\、＞、＝、＜等；另外的 33 个字符，其编码值为 0～31 和 127，被用作控制码，控制计算机某些外围设备的工作特性和某些计算机软件的运行情况，如 CR（回车符）、LF（换行符）的编码值分别为 13、10。

ASCII 编码和 128 个字符的对应关系见表 2.1。表中编码符号的排列次序为 $b_7 b_6 b_5 b_4 b_3 b_2 b_1 b_0$，其中，$b_7$ 恒为 0，表中未给出；$b_6 b_5 b_4$ 为高三位；$b_3 b_2 b_1 b_0$ 为低四位。

表 2.1 ASCII 字符编码表

$b_3b_2b_1b_0$ \ $b_6b_5b_4$	000	001	010	011	100	101	110	111
0 0 0 0	NUL	DLE	SP	0	@	p	'	p
0 0 0 1	SOH	DC_1	!	1	A	Q	a	q
0 0 1 0	STX	dc_2	"	2	B	R	b	r
0 0 1 1	ETX	dc_3	#	3	C	S	c	s
0 1 0 0	EOT	dc_4	$	4	D	T	d	t
0 1 0 1	ENQ	NAK	%	5	E	U	e	u
0 1 1 0	ACK	SYN	&	6	F	V	f	v
0 1 1 1	BEL	ETB	'	7	G	W	g	w
1 0 0 0	BS	CAN	(	8	H	X	h	x
1 0 0 1	HT	EM	)	9	I	Y	i	y
1 0 1 0	LF	SUB	*	:	J	Z	j	z
1 0 1 1	VT	ESC	+	;	K	[	k	{
1 1 0 0	FF	FS	,	<	L	\	l	|
1 1 0 1	CR	GS	−	=	M	]	m	}
1 1 1 0	SO	RS	•	>	N	^	n	~
1 1 1 1	SI	US	/	?	O	___	o	DEL

　　字符串是指连续的一串字符，通常方式下，它们占用主存中连续的多字节，每字节存一个字符。当主存字由 2 或 4 字节组成时，在同一个主存字中，既可按从低位字节向高位字节的顺序存放字符串内容，也可按从高位字节向低位字节的顺序存放字符串内容。这两种存放方式都是常用方式，不同的计算机可以选用其中任何一种。例如下列字符串：

IF　A＞B　THEN　READ(C)

就可以按图 2.1 所示从高位字节到低位字节依次存放在主存中。其中主存单元长度由 4 字节组成，每字节中存放相应字符的 ASCII 值，文字表达式中的空格在主存中也占 1 字节的位置，因而每字节分别存放二进制 73，70，32，65，62，66，32，84，72，69，78，32，82，69，65，68，40，67，41，32。

　　课外拓展：什么是小端存储和大端存储模式？各有何特点？

图 2.1 字符串在主存中的存放

2.1.4 汉字的表示方法

　　汉字处理相对比较复杂，在计算机中输入、内部处理和输出汉字常使用三种不同的编码，分别是汉字的输入编码、汉字内码和字模码。

2.1.5 校验码

最简单且应用广泛的检错码是采用一位校验位的奇校验或偶校验。

由于篇幅有限，请扫码查看内容。

2.1.4 汉字的表示方法

2.1.5 校验码

2.2 定点数运算

2.2.1 补码加减法运算

2.2.1.1 定点加减法补码运算

计算机中采用补码表示数据可以将减法运算变为加法运算，这样运算器中只需要一个加法器，不必再配一个减法器，从而简化运算器的设计。

补码加法的公式：

$$[x+y]_{补}=[x]_{补}+[y]_{补} \tag{2.4}$$

补码减法的公式：

$$[x-y]_{补}=[x]_{补}+[-y]_{补} \tag{2.5}$$

式（2.4）说明，在模 2^{n+1} 的意义下，任意两数的补码之和等于该两数之和的补码，这是补码加法的理论基础。式（2.5）说明 $[-y]_{补}=-[y]_{补}$，从 $[y]_{补}$ 求 $[-y]_{补}$ 的法则是：将 $[y]_{补}$ 包括符号位一起"全部取反且最末位加 1"，这个过程称为求补运算，即 $[y]_{补}$ 经求补运算得 $[-y]_{补}$，这样就可以将减法运算变为加法运算。$[-y]_{补}$ 再做一次求补运算可得到 $[y]_{补}$，即在确定符号后，对一个负数的补码进行求补运算可得到这个数的绝对值。

【例 2.2】 $x=+1001$，$y=+0101$，求 $x+y$。

解：$[x]_{补}=0\ 1001$，$[y]_{补}=0\ 0101$

	$[x]_{补}$	**0 1001**
+	$[y]_{补}$	**0 0101**
	$[x+y]_{补}$	**0 1110**

因为结果符号位为 0，说明是正数，正数的补码与原码相同，所以 $x+y=+1110$。

【例 2.3】 $x=-0.1011$，$y=0.0111$，求 $x+y$。

解：$[x]_{补} = \mathbf{1.0101}$，$[y]_{补} = \mathbf{0.0111}$

	$[x]_{补}$	**1.**0101
+	$[y]_{补}$	0.0111
	$[x+y]_{补}$	**1.**1100

由于结果符号位是 1，即结果为负数，故 $x+y = -0.0100$。

【例 2.4】已知 $x_1 = -1110$，$x_2 = +1101$，求 $[x_1]_{补}$，$[-x_1]_{补}$，$[x_2]_{补}$，$[-x_2]_{补}$。

解：$[x_1]_{补} = \mathbf{1}0010$ $[-x_1]_{补} = \neg([x_1]_{补}) + 1 = 01101 + 00001 = 01110$

$[x_2]_{补} = \mathbf{0}1101$ $[-x_2]_{补} = \neg([x_2]_{补}) + 1 = 10010 + 00001 = 10011$

这里符号"$\neg$"表示取反运算，"取反加 1"就是求补运算。

【例 2.5】$x = +1101$，$y = +0110$，求 $x-y$。

解：$[x]_{补} = 01101$，$[y]_{补} = 00110$，$[-y]_{补} = 11010$

	$[x]_{补}$	**0** 1 1 0 1
+	$[-y]_{补}$	**1** 1 0 1 0
	$[x-y]_{补}$	⌐1⌐ 0 0 1 1 1

最高位向前的进位丢弃，符号位为 0，所以结果是正数，即 $x-y = +0111$。

从以上例子可以看到，补码加法的特点：一是符号位要作为数的一部分一起参加运算；二是要在模 2^{n+1} 的意义下相加，即超过 2^{n+1} 的进位要丢掉。

2.2.1.2 溢出的检测方法

在定点整数机器中，由于定点数的表示范围有限，故在运算过程中如果出现超出表示数范围的现象，则称为"溢出"。在定点机中，正常情况下溢出是不允许的，因为运算过程中出现溢出时其结果是不正确的，故运算器必须能检测出溢出。

只有当两个正数相加，结果大于机器字长所能表示的最大正数时，称为正溢。而两个负数相加，结果小于机器所能表示的最小负数，称为负溢，如图 2.2 所示。

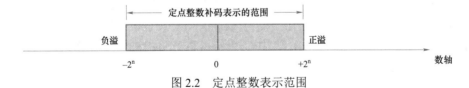

图 2.2 定点整数表示范围

【例 2.6】$x = +1011$，$y = +1001$，求 $x+y$。

解：$[x]_{补} = 01011$，$[y]_{补} = 01001$

	$[x]_{补}$	**0** 1 0 1 1
+	$[y]_{补}$	**0** 1 0 0 1
	$[x+y]_{补}$	**1** 0 1 0 0

结果最高位符号位为 1，说明两个正数相加的结果为负数，这显然是错误的。这是因为这两个数相加已经超出了 4 位数表示的范围。

【例 2.7】$x = -1101$，$y = -1011$，求 $x+y$。

解：$[x]_{补} = \mathbf{1}\,0011$，$[y]_{补} = \mathbf{1}\,0101$

$$[x]_补 \quad 1\,0\,0\,1\,1$$
$$+ \quad [y]_补 \quad 1\,0\,1\,0\,1$$
$$[x+y]_补 \quad 0\,1\,0\,0\,0$$

结果最高位符号位为 0，说明两个负数相加的结果成为正数，这同样是错误的。

为了判断"溢出"是否发生，可采用两种检测方法。

第一种方法是采用双符号位法，这称为"变形补码"。采用变形补码后，任何正数，两个符号位都是"0"，即 $00x_{n-1}x_{n-2}\cdots x_1x_0$；任何负数，两个符号位都是"1"，即 $11x_{n-1}x_{n-2}\cdots x_1x_0$。如果两个数相加后，其结果的符号位出现"01"或"10"两种组合，则表示发生溢出。最高符号位永远表示结果的正确符号。

【例 2.8】x = +0.1011，y = +0.1001，求 x+y。

解：采用变形补码表示$[x]_补 = 00.1011$，$[y]_补 = 00.1001$

$$[x]_补 \quad 00.1011$$
$$+ \quad [y]_补 \quad 00.1001$$
$$01.0100$$

结果两个符号位出现"01"，表示正溢出，即结果大于 $+(1-2^{-n})$。

【例 2.9】x = −1100，y = −1000，求 x+y。

解：采用变形补码表示$[x]_补 = 11\,0100$，$[y]_补 = 11\,1000$

$$[x]_补 \quad 11\,0100$$
$$+ \quad [y]_补 \quad 11\,1000$$
$$[x+y]_补 \quad 10\,1100$$

结果两个符号位出现"10"，表示负溢出，即结果小于 -2^n。

由此，我们可以得出以下结论：当以变形补码运算，运算结果的两个符号位相异时，表示溢出；相同时，表示未溢出。故溢出逻辑表达式为 $V = S_{f1} \oplus S_{f2}$，$V=1$ 表示溢出，其中 S_{f1} 和 S_{f2} 分别为最高符号位和第二符号位。此逻辑表达式可用异或门实现。

第二种溢出检测方法是采用单符号位法。从【例 2.6】和【例 2.7】中看到，当最高有效位产生进位而符号位无进位时，产生正溢；当最高有效位无进位而符号位有进位时，产生负溢。故溢出逻辑表达式为 $V = C_f \oplus C_0$，其中 C_f 为符号位产生的进位，C_0 为最高有效位产生的进位。此逻辑表达式也可用异或门实现。

所以，在定点机中，当运算结果发生溢出时表示出错，机器通过异或门逻辑电路自动检查出这种溢出，并进行中断处理。

2.2.1.3 一位全加器 FA

两个二进制数字做加法运算，如果考虑向高位的进位，则二进制数字 A_i、B_i 和进位 C_i 输入相加，产生一个和输出 S_i 以及一个进位输出 C_{i+1}。其真值表如表 2.2 所示。

表 2.2　一位全加器真值表

输入			输出	
A_i	B_i	C_i	S_i	C_{i+1}
0	0	0	0	0

输入			输出	
A_i	B_i	C_i	S_i	C_{i+1}
0	0	1	1	0
0	1	0	1	0
0	1	1	0	1
1	0	0	1	0
1	0	1	0	1
1	1	0	0	1
1	1	1	1	1

根据表 2.2 所示的真值表，三个输入端和两个输出端可按以下逻辑方程进行联系：

$$S_i = A_i \oplus B_i \oplus C_i \tag{2.6}$$

$$C_{i+1} = A_iB_i + B_iC_i + A_iC_i = A_iB_i + (A_i \oplus B_i)C_i$$
$$= \overline{\overline{A_iB_i} \cdot \overline{(A_i \oplus B_i)C_i}} \tag{2.7}$$

按此表达式组成的逻辑电路称为一位全加器 FA，如图 2.3 所示。

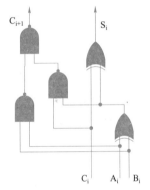

数字系统的速度取决于其最长路径（关键路径）上所有逻辑门延迟时间的总和。假设单级逻辑电路的单位门延迟为 T，则通常采用一个"与"门或一个"或"门的时间延迟来作为度量单位，因此多级进位链的时间延迟可以用与–或门的级数或者 T 的数目来计算得到。异或门的门延迟为 3T。对一位全加器（FA）来说，先经过一级异或门延迟（3T），得到 $A_i \oplus B_i$ 的值，再经过一级异或门（3T）输出和结果，而传递进位的时间延迟是 2T（二级基本门电路），即产生和的同时已经产生了向更高位的进位。所以一位全加器的时间延迟为 6T。

图 2.3　一位全加器（FA）的逻辑电路图

2.2.1.4　基本的二进制加法/减法器组成

在现代计算机中，运算器基本上都采用并行加法器，即多位全加器一步实现多位数同时相加，所用全加器的位数与操作数位数相同。由 n 个一位全加器（FA）可级联成一个 n 位的行波进位加减器。图 2.4 示出了补码运算的二进制加法/减法器逻辑结构图。其中 M 为方式控制输入线，当 M＝0 时，做加法 A＋B 的运算；当 M＝1 时，做减法 A－B 的运算，在后一种情况下，A－B 运算转化成[A]$_补$＋[－B]$_补$ 运算，求补过程由 ¬B＋1 来实现。因此，图 2.4 中最右边全加器的起始进位输入端被连接到功能方式线 M 上，做减法时，M＝1 相当于在加法器的最低位上加 1，B 与 M＝1 进行异或运算得到 ¬B 作为加法器的输入。另外，图 2.4 中左边还表示出单符号位法的溢出检测逻辑：当 $C_n = C_{n-1}$ 时，运算无溢出；而当 $C_n \neq C_{n-1}$ 时，运算有溢出，经异或门产生溢出信号。

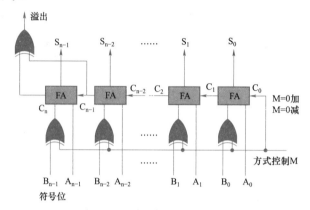

图 2.4　行波进位的补码加减器

从图 2.4 中可以看出：用串行进位方式的 n 位并行加法器的主体是 n 个全加器，其进位信号 C_i 从低位向高位逐位串行传送，输出端最高位是符号位 S_{n-1}，低端的 n-1 位是其数码位。图 2.4 中左上方的异或门是溢出判定电路，采用的是单符号位判断法，C_n 是符号位向前的进位，C_{n-1} 是最高有效位产生的进位。

如图 2.4 所示，加法器开启之后先经过一级异或门（3T），确定是 B 还是 $[B]_反$ 参与运算，即确定是做加法还是减法运算；再经过全加器的最低级异或门（3T），得到 $A_i \oplus B_i$ 的值；然后在产生 S_i 和输出的同时进行进位传递，进位传递需经过二级基本门电路延迟，即每传递一位进位需延迟时间 2T，串行经过 2nT 得到最高进位 C_n，最后再经过最左一级异或门（3T）完成溢出检测，其间各 S_i 已得到。

所以 n 位行波进位加法器的延迟时间 t_a 为

$$t_a = 3T + 3T + 2nT + 3T = 2nT + 9T$$
$$= (2n+9)T \tag{2.8}$$

式中，9T——最低位上的两级异或门再加上溢出异或门的总时间；

2T——每级进位链的延迟时间。

t_a 意味着加法器的输入端输入加数和被加数后，在最坏情况下加法器输出端得到稳定的求和输出所需的最长时间，显然这个时间越小越好。注意，加数、被加数、进位与和数都是用电平来表示的，因此，所谓稳定的求和输出就是指稳定的电平输出。

从式（2.8）中可以看出，加法器的延时与字长 n 呈线性关系，那么在设计加法器时，优化进位传递的时间比优化求和的时间重要得多。

2.2.2　定点乘法运算

乘法运算可以利用加法运算指令，编写循环子程序来实现，这种软件实现方法速度最慢。用硬件实现乘法需要专门的乘法指令，硬件乘法器有以下两种：

（1）串行乘法器：乘数每次和一位被乘数相乘；

（2）并行乘法器：乘数同时和被乘数所有二进制位相乘。

串行乘法器多次执行"加法—移位"操作，并不需要很多器件，但由于速度太慢已被淘汰，下面只介绍并行乘法器。

在定点计算机中，两个原码表示的数相乘的运算规则是：乘积的符号位由两数的符号位按异或运算得到，而乘积的数值部分则是两个正数相乘之积。

2.2.2.1　不带符号的阵列乘法器

两个无符号数相乘，所有数码都参与运算。设有两个无符号二进制整数分别为 A 和 B：

$$A = a_{m-1} \cdots a_1 a_0$$
$$B = b_{n-1} \cdots b_1 b_0$$

则在二进制乘法中，m 位被乘数 A 与 n 位乘数 B 相乘，产生 m+n 位乘积 P，即

$$P = p_{m+n-1} \cdots p_1 p_0$$

实现这个乘法过程所需要的操作和人们的习惯方法非常相似，下列过程说明了在（m 位×n 位）不带符号整数的阵列乘法中加法—移位操作的被加数矩阵。每一个部分乘积项（位积）$a_i b_j$ 叫作一个被加数。但串行计算毕竟太慢，自从大规模集成电路问世以来，高速的单元阵列乘法器应运而生，出现了各种形式的流水式阵列乘法器，它们均属于并行乘法器。

		a_{m-1}	a_{m-2}	$\cdots$	a_1	a_0	$= A$
×）			b_{n-1}	$\cdots$	b_1	b_0	$= B$
		$a_{m-1}b_0$	$a_{m-2}b_0$	$\cdots$	$a_1 b_0$	$a_0 b_0$	
	$a_{m-1}b_1$	$a_{m-2}b_1$	$\cdots$	$a_1 b_1$	$a_0 b_1$		
+）	$a_{m-1}b_{n-1}$	$a_{m-2}b_{n-1}$	$\cdots$	$a_1 b_{n-1}$	$a_0 b_{n-1}$		
p_{m+n-1}	p_{m+n-2}	p_{m+n-3}	$\cdots$	p_{n-1}	$\cdots$	p_1	p_0	$= P$

这 m×n 个被加数 $\{a_i b_j \mid 0 \leqslant i \leqslant m-1$ 和 $0 \leqslant j \leqslant n-1\}$ 可以用 m×n 个与门并行地产生，如图 2.5 的上半部分所示。显然，设计高速并行乘法器的基本问题就在于缩短被加数矩阵中每列所包含的 1 的加法时间。

现以 5 位×5 位不带符号的阵列乘法器（m=n=5）为例来说明并行阵列乘法器的基本原理。图 2.6 示出了5 位×5 位阵列乘法器的逻辑电路图，其中 FA 是前面讲过的一位全加器，为了提高并行处理能力和速度，减少进位延迟时间，每行相加产生的进位移到下一行前一位的全加器处理，所以 FA 的斜线方向为进位输出，竖线方向为和输出，而所有被加数项的排列和前述 A×B=P 乘法过程中的被加数矩阵相同。图 2.6 中用虚线围住的

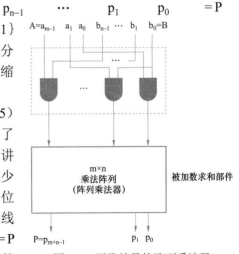

图 2.5　不带符号的阵列乘法器

阵列中最后一行构成了一个行波进位加法器，其求和时间延迟为 $(n-1)2T + 3T$（异或门）。

这种乘法器要实现 n 位×n 位，需要 $n(n-1)$ 个全加器和 n^2 个与门。该乘法器的总的乘法时间可以估算如下：

令 T_a 为与门的传输延迟时间，T_f 为全加器（FA）的进位传输延迟时间，假定用 2 级与或逻辑来实现 FA 的进位链功能，则有

$$T_a = T, \quad T_f = 2T$$

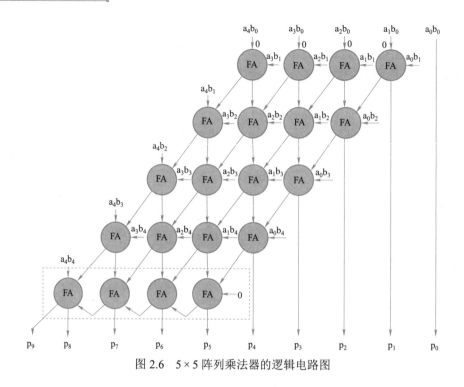

图 2.6　5×5 阵列乘法器的逻辑电路图

由图 2.6 可见，最坏情况下的延迟途径是沿着矩阵中 p_4 的垂直线和最下面的一行进位及 p_8 求和。

n 位×n 位不带符号的阵列乘法器总的乘法时间估算为

$$t_m = T_a + (n-1) \times 6T + (n-1) \times T_f + 3T$$
$$= T + (n-1) \times 6T + (n-1) \times 2T + 3T$$
$$= (8n-4)T \qquad (2.9)$$

（1）T 为图 2.5 中上半部分产生被加数所需的时间。

（2）FA 得到和输出的时间是 6T（2 级异或门），n−1 级 FA 串行得到和输出的时间就是 $(n-1) \times 6T$。

（3）图 2.6 下面虚线部分进行进位传递的时间是 $(n-1) \times 2T$。

（4）p_8 求和的最后一个异或门时间为 3T。

【例 2.10】参见图 2.6，已知两个不带符号的二进制整数 A＝11011，B＝10101，求每一部分乘积项 a_ib_j 的值与 $p_9 p_8 \cdots p_0$ 的值。

解：

$$
\begin{array}{r}
1\,1\,0\,1\,1 = A(27_{10}) \\
\times \quad\; 1\,0\,1\,0\,1 = B(21_{10}) \\
\hline
1\,1\,0\,1\,1 \\
0\,0\,0\,0\,0 \\
1\,1\,0\,1\,1 \\
0\,0\,0\,0\,0 \\
1\,1\,0\,1\,1 \\
\hline
1\,0\,0\,0\,1\,1\,0\,1\,1\,1 = P
\end{array}
$$

$a_4b_0 = 1, a_3b_0 = 1, a_2b_0 = 0, a_1b_0 = 1, a_0b_0 = 1$

$a_4b_1 = 0, a_3b_1 = 0, a_2b_1 = 0, a_1b_1 = 0, a_0b_1 = 0$

$a_4b_2 = 1, a_3b_2 = 1, a_2b_2 = 0, a_1b_2 = 1, a_0b_2 = 1$

$a_4b_3 = 0, a_3b_3 = 0, a_2b_3 = 0, a_1b_3 = 0, a_0b_3 = 0$

$a_4b_4 = 1, a_3b_4 = 1, a_2b_4 = 0, a_1b_4 = 1, a_0b_4 = 1$

结果：$\qquad$ $P = p_9p_8p_7p_6p_5p_4p_3p_2p_1p_0 = 1000110111(567_{10})$

2.2.2.2　带符号的阵列乘法器

由于机器中的数据常用补码表示，故对带符号的阵列乘法器的结构来说，可以采用先补码求补得到原码，再用无符号阵列乘法器做运算，最后把结果求补得到补码表示。

在介绍带符号的阵列乘法器基本原理以前，我们先来看看算术运算部件设计中经常用到的求补电路。图 2.7 示出了一个具有使能控制的二进制对 2 求补器电路图，其逻辑表达式如下：

$$C_{-1} = 0, \quad C_i = a_i + C_{i-1}$$
$$a_i^* = a_i \oplus EC_{i-1}, \quad 0 \leqslant i \leqslant n$$

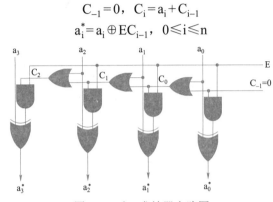

图 2.7　对 2 求补器电路图

对 2 求补器时，常采用按位扫描技术来执行所需要的求补操作。令 $A = a_n \cdots a_1 a_0$ 为给定的 $n+1$ 位带符号的数，要求确定它的补码形式。进行求补的方法就是从数的最右端 a_0 开始，由右向左，直到找出第一个"1"，例如，$a_i = 1$，这样 a_i 以右的每一个输入位，包括 a_i 自己，都保持不变，而 a_i 以左的每一个输入位都求反，即 1 变 0、0 变 1。鉴于此，横向链式线路中的第 i 扫描级的输出 C_i 为 1 的条件是：第 i 级的输入位 $a_i = 1$，或者第 i 级链式输入（来自右起前 $i-1$ 级的链式输出）$C_{i-1} = 1$。另外，最右端的起始链式输入 C_{-1} 必须永远置成"0"。当控制信号线 E 为"1"时，启动对 2 求补器的操作；当控制信号线 E 为"0"时，输出将与输入相等。显然，我们可以利用符号位来作为控制信号 E。

例如，在一个 4 位的对 2 求补器中，如果输入数为 1010，那么输出数应是 0110，其中从右算起的第 2 位，就是所遇到的第一个"1"的位置。注意，求补器不是得到补码表示，而是作求补运算，即连符号位一起进行取反加 1 的操作。

用这种对 2 求补器来转换一个 $n+1$ 位带符号的数，所需的总时间延迟为

$$t_{TC} = (n-1) \times T + T + 3T$$
$$= (n-1) \times T + 4T \tag{2.10}$$

其中每个扫描级需 T 延迟，而 4T 则是由于与门和异或门引起的。

现在让我们来讨论带符号的阵列乘法器。图 2.8 给出了 $(n+1)$ 位 $\times (n+1)$ 位求补器的阵列乘法器逻辑方框图，通常又把包含这些求补级的乘法器称为符号求补的阵列乘法器，又称为间接补码阵列乘法器。在这种逻辑结构中，共使用了三个求补器，其中两个算前求补器的作用是，将两个操作数 A 和 B 在被不带符号的乘法阵列（核心部件）相乘以前，先变成正整数；而算后求补器的作用则是，当两个输入操作数的符号不一致时，把运算结果变换成带符号的数（即补码表示）。

设 $A = a_n a_{n-1} \cdots a_1 a_0$ 和 $B = b_n b_{n-1} \cdots b_1 b_0$ 均为用定点表示的 $n+1$ 位带符号整数（补码表示），由图 2.8 看到，产生 $2n$ 位的乘积为

$$A \cdot B = P = P_{2n-1} \cdots P_1 P_0$$
$$P_{2n} = a_n \oplus b_n$$

式中，P_{2n}——符号位。

如图 2.8 所示的带求补器的阵列乘法器为了完成所必需的求补与乘法操作，时间大约比原码阵列乘法增加 1 倍。

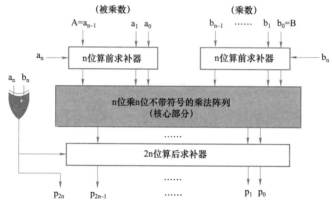

图 2.8　$(n+1) \times (n+1)$ 位带求补器的阵列乘法器框图

【例 2.11】设 $x = +15$，$y = -13$，用带求补器的带符号阵列乘法器求出乘积 $x \cdot y$。

解： 设最高位为符号位：

$$[x]_原 = 01111, \quad [y]_原 = 11101$$

输入数据为补码：

$$[x]_补 = 01111, \quad [y]_补 = 10011$$

因符号位单独考虑，故符号位运算：

$$0 \oplus 1 = 1$$

算前求补器输出：

$$|x| = 1\,111, \quad |y| = 1101$$

阵列运算：

$$
\begin{array}{r}
1\,1\,1\,1 \\
\times \quad 1\,1\,0\,1 \\
\hline
1\,1\,1\,1 \\
0\,0\,0\,0 \\
1\,1\,1\,1 \\
1\,1\,1\,1 \\
\hline
1\,1\,0\,0\,0\,0\,1\,1 \\
\end{array}
$$

即不带符号的阵列乘法器输出为 11000011。

由于乘积符号位为 1，故算后求补器输出为

$$[x \cdot y]_补 = 100111101$$

换算成二进制数真值为

$$x \cdot y = (-11000011)_2 = (-195)_{10}$$

十进制数乘法验证：

$$15 \times (-13) = -195$$

思考题：能否直接用补码进行相乘？怎么做？

2.2.3　定点除法运算

请扫码下载文件查看。

2.2.3　定点除法运算

2.3　定点运算器的组成

运算器是数据的加工处理部件，是 CPU 的重要组成部分。尽管各种计算机的运算器结构可能有这样或那样的不同，但是它们的最基本结构中必须有算术/逻辑运算单元、数据缓冲寄存器、通用寄存器、多路转换器和数据总线等逻辑构件。前面学习了最基本的四种算术运算，现在让我们将它们和逻辑运算组合起来，使用定点运算器来实现。

2.3.1　逻辑运算

计算机中除了进行加、减、乘、除等基本算术运算以外，还可对两个或一个逻辑数进行逻辑运算。所谓逻辑数，是指不带符号的二进制数。利用逻辑运算可以进行两个数的比较，或者从某个数中选取某几位等操作。例如，当利用计算机做过程控制时，可以利用逻辑运算对一组输入的开关量做出判断，以确定哪些开关是闭合的、哪些开关是断开的。总之，在非数值应用的广大领域中，逻辑运算是非常有用的。计算机中的逻辑运算，主要是指逻辑非、逻辑加、逻辑乘、逻辑异四种基本运算。

1. 逻辑非运算

逻辑非也称求反。对某数进行逻辑非运算，就是按位求它的反，常用变量上方加一横来表示。

【例 2.12】 $x_1 = 01001011$，$x_2 = 1\ 1110000$，求 $\overline{x_1}$，$\overline{x_2}$。

解：
$$\overline{x_1} = 10110100$$
$$\overline{x_2} = 00001111$$

2. 逻辑加运算

对两个数进行逻辑加，就是按位求它们的"或"，所以逻辑加又称逻辑或，常用记号"∨"

或"+"来表示。

【例2.13】 $x = 10100001$，$y = 10011011$，求 $x+y$（这是逻辑加不是算术加）。

$$
\begin{array}{r}
10100001 \\
+ \quad 10011011 \\
\hline
10111011
\end{array}
$$

即
$$x+y = 10111011$$

逻辑加的特点是"与1相或得1，与0相或不变"，可以用来将某些位置1。

3. 逻辑乘运算

对两数进行逻辑乘，就是按位求它们的"与"，所以逻辑乘又称逻辑与，常用记号"$\wedge$"或"$\cdot$"来表示。

【例2.14】 $x = 10111001$，$y = 11110011$，求 $x \cdot y$。

解：
$$
\begin{array}{r}
10111001 \\
\cdot \quad 11110011 \\
\hline
10110001
\end{array}
$$

即
$$x \cdot y = 10110001$$

逻辑乘的特点是"与0相与得0，与1相与不变"，可以用来将某些位清0。

4. 逻辑异运算

对两数进行逻辑异就是，按位求它们的模2和，所以逻辑异又称按位加，常用记号"$\oplus$"来表示。

【例2.15】 $x = 10101011$，$y = 11001100$，求 $x \oplus y$。

解：
$$
\begin{array}{rl}
1\,0\,1\,0\,1\,0\,1\,1 & x \\
\oplus \quad 1\,1\,0\,0\,1\,1\,0\,0 & y \\
\hline
0\,1\,1\,0\,0\,1\,1\,1 & z
\end{array}
$$

即
$$x \oplus y = 01100111$$

逻辑异的特点是"与1相异得反，与0相异不变"，可以用来将某些位取反。

2.3.2 多功能算术/逻辑运算单元

前面介绍了由一位全加器（FA）构成的行波进位加法器，它可以实现补码加法和减法运算。但是这种加/减法器存在两个问题：一是由于串行进位，故它的运算时间很长；二是它只能完成加法和减法两种操作而不能完成逻辑操作。为此，本部分讨论多功能算术/逻辑运算单元（ALU），它不仅具有多种算术运算和逻辑运算的功能，而且具有先行进位逻辑，从而能实现高速运算。

1. 基本思想

为了将全加器的功能进行扩展，以完成多种算术/逻辑运算，我们先不将输入 A_i、B_i 和下一位的进位数 C_i 直接进行全加，而是将 A_i 和 B_i 先组合成由控制参数 S_0、S_1、S_2、S_3 控制的

组合函数 X_i 和 Y_i（见图 2.9），然后再将 X_i、Y_i 和下一位进位数通过全加器进行全加。这样，不同的控制参数可以得到不同的组合函数，因而能够实现多种算术运算和逻辑运算。

因此，一位算术/逻辑运算单元的逻辑表达式修改为

$$F_i = X_i \oplus Y_i \oplus C_{n+i}$$
$$C_{n+i+1} = X_i Y_i + Y_i C_{n+i} + C_{n+i} X_i \quad (2.11)$$

式（2.11）中进位下标用 $n+i$ 代替原来一位全加器中的 i，i 代表集成在一片电路上的 ALU 的二进制位数，对于 4 位一片的 ALU，$i=0$，1，2，3；n 代表若干片 ALU 组成更大字长的运算器时每片电路的进位输入，如当 4 片 ALU 组成 16 位字长的运算器时，$n=0$，4，8，12。

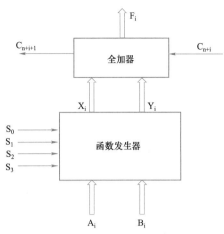

图 2.9　ALU 的逻辑结构原理框图

2. 逻辑表达式

控制参数 S_0、S_1、S_2、S_3 分别控制输入 A_i 与 B_i 产生 Y_i 和 X_i 的函数。其中 Y_i 是受 S_0、S_1 控制的 A_i 和 B_i 的组合函数，而 X_i 是受 S_2、S_3 控制的 A_i 和 B_i 的组合函数，其函数关系如表 2.3 所示。

表 2.3　X_i、Y_i 与控制参数和输入量的关系

S_0	S_1	Y_i	S_2	S_3	X_i
0	0	$\overline{A_i}$	0	0	1
0	1	$\overline{A_i} B_i$	0	1	$\overline{A_i} + \overline{B_i}$
1	0	$\overline{A_i}\ \overline{B_i}$	1	0	$\overline{A_i} + B_i$
1	1	0	1	1	$\overline{A_i}$

根据上面所列的函数关系，即可列出 X_i 和 Y_i 的逻辑表达式：

$$X_i = \overline{S_2}\,\overline{S_3} + \overline{S_2} S_3 (\overline{A_i} + \overline{B_i}) + S_2 \overline{S_3}(\overline{A_i} + B_i) + S_2 S_3 \overline{A_i}$$
$$Y_i = \overline{S_0}\,\overline{S_1}\,\overline{A_i} + \overline{S_0} S_1 \overline{A_i} B_i + S_0 \overline{S_1} \overline{A_i}\,\overline{B_i}$$

进一步化简，代入式（2.11），ALU 的某一位逻辑表达式如下：

$$X_i = \overline{S_3 A_i B_i + S_2 A_i \overline{B_i}}$$
$$Y_i = \overline{A_i + S_0 B_i + S_1 \overline{B_i}}$$
$$F_i = X_i \oplus Y_i \oplus C_{n+i}$$
$$C_{n+i+1} = Y_i + X_i C_{n+i} \quad\quad\quad (2.12)$$

由于 $S_0 S_1 S_2 S_3$ 有 16 种组合，故可以实现 16 种算术\逻辑运算。函数发生器的逻辑电路图如图 2.10 所示。

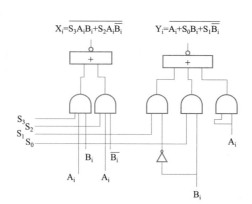

图 2.10　函数发生器的逻辑电路图

下面我们讨论如何加快进位的问题。图 2.11 所示为串行进位的一片 4 位 ALU，串行进位，速度慢，为了实现快速 ALU，需加以改进。

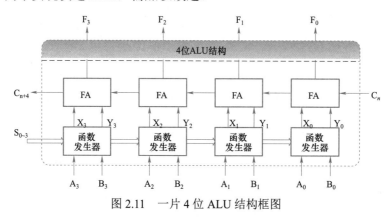

图 2.11　一片 4 位 ALU 结构框图

根据式（2.12），每一位的进位公式可递推如下：

$$C_{n+1} = Y_0 + X_0 C_n$$
$$C_{n+2} = Y_1 + X_1 C_{n+1} = Y_1 + Y_0 X_1 + X_0 X_1 C_n$$
$$C_{n+3} = Y_2 + X_2 C_{n+2} = Y_2 + Y_1 X_2 + Y_0 X_1 X_2 + X_0 X_1 X_2 C_n$$
$$C_{n+4} = Y_3 + X_3 C_{n+3} = Y_3 + Y_2 X_3 + Y_1 X_2 X_3 + Y_0 X_1 X_2 X_3 + X_0 X_1 X_2 X_3 C_n$$

设

$$G = Y_3 + Y_2 X_3 + Y_1 X_2 X_3 + Y_0 X_1 X_2 X_3$$
$$P = X_0 X_1 X_2 X_3$$

则
$$C_{n+4} = G + P C_n \tag{2.13}$$

C_{n+4} 是本片（组）的最后进位输出，因为 P 和 G 均只与 X_i 和 Y_i 有关，所以 4 位之间可采用先行进位，即第 0 位的进位输入 C_n 可以直接传送到最高进位上去，因而可以实现高速运算。这样，对一片 ALU 来说，可有三个进位输出。其中 G 称为进位发生输出，P 称为进位传送输出。在电路中多加这两个进位输出的目的是便于实现多片（组）ALU 之间的先行进位，如图 2.12 所示。不过，还需一个配合电路，即先行进位发生器（CLA），其将在后面介绍。

图 2.13 示出了用正逻辑表示的 4 位算术/逻辑运算单元（ALU）完整的逻辑电路，它是根据上面的原始推导公式用 TTL 电路实现的。这个器件的商业标号为 74LS181ALU。

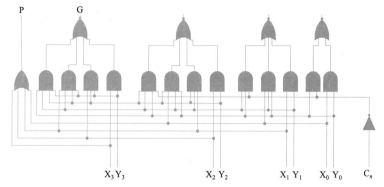

图 2.12　进位发生输出 G 与进位传送输出 P 电路图

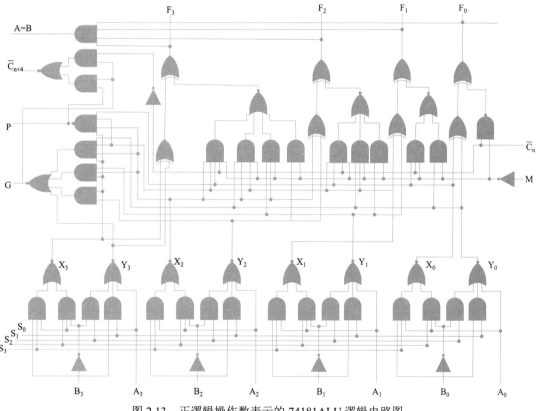

图 2.13　正逻辑操作数表示的 74181ALU 逻辑电路图

3. 算术逻辑运算的实现

图 2.13 中除了 $S_0 \sim S_3$ 四个控制端外，还有 1 个控制端 M，它用来控制 ALU 是进行算术运算还是进行逻辑运算。

当 M＝0 时，M 对进位信号没有任何影响，此时 F_i 不仅与本位的被操作数 Y_i 和操作数 X_i 有关，而且与向本位的进位值 C_{n+i} 有关，故当 M＝0 时，进行算术操作。

当 M＝1 时，封锁了各位的进位输出，即 C_{n+i}＝0，因此各位的运算结果 F_i 仅与 Y_i 和 X_i 有关，故当 M＝1 时，进行逻辑操作。

表 2.4 列出了 74181ALU 的运算功能表，它有两种工作方式。前面讨论各种逻辑门电路的逻辑功能时，约定用高电平表示逻辑 1、低电平表示逻辑 0。事实上，既可以规定用高电平表示逻辑 1、低电平表示逻辑 0，即正逻辑；也可以规定用高电平表示逻辑 0、低电平表示逻辑 1，即负逻辑。由于 $S_0 \sim S_3$ 有 16 种状态组合，因此对正逻辑或负逻辑的输入与输出而言，均有 16 种算术运算功能和 16 种逻辑运算功能。表 2.4 中只列出了正逻辑的 16 种算术运算和 16 种逻辑运算功能。

对于同一电路，既可以采用正逻辑，也可以采用负逻辑。在本课程中，若无特殊说明，约定按正逻辑讨论问题，所有门电路的符号均按正逻辑表示。

注意：表 2.4 中算术运算操作是用补码表示法来表示的。其中"加"是指算术加，运算时要考虑进位，而符号"＋"是指"逻辑加"。其次，减法是用补码方法进行的，其中数的反码是由内部产生的，而结果输出"A 减 B 减 1"，因此做减法时须在最末位产生一个强迫进位（即要加 1），以便产生"A 减 B"的结果。另外，"A＝B"输出端可指示两个数相等，因此它与其他 ALU 的"A＝B"输出端按"与"逻辑连接后，可以检测两个数的相等条件。

表 2.4　74181 ALU 算术逻辑运算功能表

工作方式选择输入				正逻辑输入与输出	
S_3	S_2	S_1	S_0	逻辑运算 M＝1	算术运算 M＝0，C_n＝1
0	0	0	0	$\overline{A}$	A
0	0	0	1	$\overline{A+B}$	A＋B
0	0	1	0	$\overline{A}B$	A＋$\overline{B}$
0	0	1	1	逻辑 0	减 1
0	1	0	0	$\overline{AB}$	A 加 A$\overline{B}$
0	1	0	1	$\overline{B}$	（A＋B）加 A$\overline{B}$
0	1	1	0	A⊕B	A 减 B 减 1
0	1	1	1	A$\overline{B}$	A$\overline{B}$ 减 1
1	0	0	0	$\overline{A}$＋B	A 加 AB
1	0	0	1	$\overline{A \oplus B}$	A 加 B
1	0	1	0	B	（A＋$\overline{B}$）加 AB
1	0	1	1	AB	AB 减 1
1	1	0	0	逻辑 1	A 加 A
1	1	0	1	A＋$\overline{B}$	（A＋B）加 A
1	1	1	0	A＋B	（A＋$\overline{B}$）加 A
1	1	1	1	A	A 减 1

4. 两级先行进位的 ALU

前面说过，74181ALU 设置了 P 和 G 两个本组先行进位输出端，如果将四片 74181 的 P、

G 输出端送入到 74182 的先行进位部件（CLA），则可实现第二级的先行进位，即组与组之间的先行进位。

假设 4 片（组）74181 的先行进位输出依次为 P_0、G_0、P_1、G_1、P_2、G_2、P_3、G_3，那么参考进位逻辑表达式（2.12），先行进位部件 74182CLA 所提供的进位逻辑关系如下：

$$C_{n+x} = G_0 + P_0C_n$$

$$C_{n+y} = G_1 + P_1C_{n+x} = G_1 + G_0P_1 + P_0P_1C_n$$

$$C_{n+z} = G_2 + P_2C_{n+y} = G_2 + G_1P_2 + G_0P_1P_2 + P_0P_1P_2C_n$$

$$C_{n+4} = G_3 + P_3C_{n+z} = G_3 + G_2P_3 + G_1P_2P_3 + G_0P_1P_2P_3 + P_0P_1P_2P_3C_n = G^* + P^*C_n \quad (2.14)$$

其中

$$P^* = P_0P_1P_2P_3$$

$$G^* = G_3 + G_2P_3 + G_1P_2P_3 + G_0P_1P_2P_3$$

根据以上表达式，用 TTL 器件实现的成组先行进位部件 74182 的逻辑电路图如图 2.14 所示，其中 G* 称为成组进位发生输出，P* 称为成组进位传送输出。

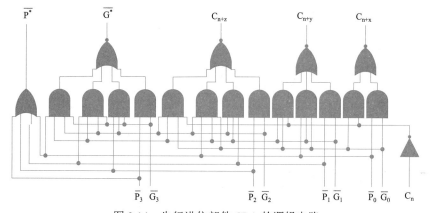

图 2.14　先行进位部件 CLA 的逻辑电路

如何用若干个 74181ALU 芯片，与配套的 74182 先行进位部件 CLA 一起，构成一个全字长的 ALU？图 2.15 示出了用两个 16 位全先行进位部件级联组成的 32 位 ALU 逻辑方框图，在这个电路中使用了 8 个 74181ALU 和 2 个 74182CLA 器件。很显然，对一个 16 位 ALU 来说，CLA 部件构成了第二级的先行进位逻辑，即实现四个小组（位片）之间的先行进位，从而使全字长 ALU 的运算时间大大缩短。

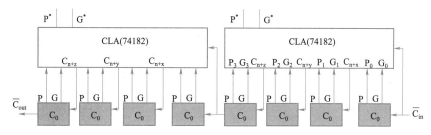

图 2.15　32 位 ALU 逻辑框图

思考题：用 74181 和 74182 构成 64 位 ALU 有哪几种组成方案？

2.3.3 定点运算器的基本结构

运算器包括 ALU、阵列乘除器、寄存器、多路开关、三态缓冲器、数据总线等逻辑部件。运算器的设计，主要是围绕着 ALU 和寄存器同数据总线之间如何传送操作数和运算结果而进行的。在决定方案时，需要考虑数据传送的方便性和操作速度，在微型机和单片机中还要考虑在硅片上制作总线的工艺。

2.3.3.1 内部总线

由于计算机内部的主要工作过程是信息传送和加工的过程，因此在机器内部，各部件之间的数据传送非常频繁。为了减少内部数据传送线并便于控制，通常将一些寄存器之间数据传送的通路加以归并，组成总线结构，使不同来源的信息在此传输线上分时传送。

根据总线所处的位置，总线分为内部总线和外部总线两类。内部总线是指 CPU 内各部件的连线，而外部总线是指系统总线，即 CPU 与存储器、I/O 系统之间的连线。本部分只讨论内部总线。

按总线的逻辑结构来说，可分为单向传送总线和双向传送总线。所谓单向总线，就是信息只能向一个方向传送；所谓双向总线，就是信息可以向两个方向传送，既可以发送数据，也可以接收数据。图 2.16 所示为带有缓冲驱动器的 4 位双向数据总线，其中所用的基本电路就是三态逻辑电路。当"发送"信号有效时，数据从左向右传送；反之，当"接收"信号有效时，数据从右向左传送。这种类型的缓冲器通常根据它们如何使用而称作总线扩展器、总线驱动器和总线接收器，等等。

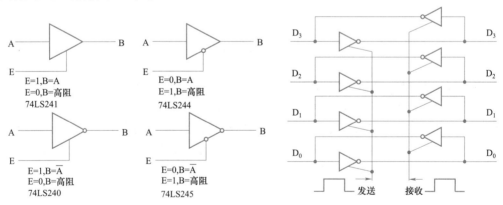

图 2.16 三态门与带有缓冲驱动器的 4 位双向数据总线

2.3.3.2 运算器的基本结构

计算机的运算器大体有以下三种结构形式：单总线结构、双总线结构和三总线结构，如图 2.17 所示。

1. 单总线结构

单总线结构的运算器如图 2.17（a）所示。由于所有部件都接到同一总线上，所以数据可以在任何两个寄存器之间，或者在任一个寄存器和 ALU 之间传送。如果具有阵列乘法器或除法器，那么它们所处的位置应与 ALU 相当。对这种结构的运算器来说，在同一时间内，只能有一个操作数放在单总线上。为了把两个操作数输入到 ALU 中，需要分两次来做，而且还需要 A、B 两个缓冲寄存器。例如，执行一个加法操作时，第一个操作数先放入 A 缓冲寄存器，然后再把第二个操作数放入 B 缓冲寄存器。只有两个操作数同时出现在 ALU 的两个输入端，ALU 才执行加法运算。当加法结果出现在单总线上时，由于输入数已保存在缓冲寄存器中，故并不会打扰输入数，而是由第三个传送动作，以便把加法的"和"选通到目的寄存器中。由此可见，这种结构的主要缺点是操作速度较慢。

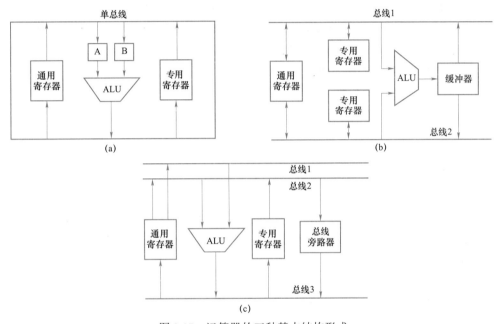

图 2.17　运算器的三种基本结构形式

（a）单总线结构的运算器；（b）双总线结构的运算器；（c）三总线结构的运算器

虽然在这种结构中输入数据和操作结果需要三次串行的选通操作，但它并不会对每种指令都增加很多执行时间。例如，如果有一个输入数是从存储器来的，且运算结果又送回存储器，那么限制数据传送速度的主要因素是存储器的访问时间。只有在对全都是 CPU 寄存器中的两个操作数进行操作时，单总线结构的运算器才会造成一定的时间损失，但是由于它只控制一条总线，故控制电路比较简单。

2. 双总线结构

双总线结构的运算器如图 2.17（b）所示。在这种结构中，两个操作数同时加到 ALU 进行运算，只需要一次操作控制，而且马上就可以得到运算结果。在图 2.17（b）中，两条总线各自将其数据送至 ALU 的输入端。专用寄存器分成两组，它们分别与一条总线交换数据，这样通用寄存器中的数据就可以进入到任一组专用寄存器中去，从而使数据传送更为灵活。

ALU 的输出不能直接加到总线上去。这是因为当形成操作结果的输出时，两条总线都被输入数占据，因而必须在 ALU 输出端设置缓冲寄存器。为此，操作的控制要分两步来完成：

第一步，在 ALU 的两个输入端输入操作数，形成结果并送入缓冲寄存器；第二步，把结果送入目的寄存器。假如在总线 1、2 和 ALU 输入端之间再各加一个输入缓冲寄存器，并把两个输入数先放至这两个缓冲寄存器，那么，ALU 输出端就可以直接把操作结果送至总线 1 或总线 2 上去。

3. 三总线结构

三总线结构的运算器如图 2.17（c）所示。在三总线结构中，ALU 的两个输入端分别由两条总线供给，而 ALU 的输出则与第三条总线相连。这样，算术逻辑操作就可以在一次的操作控制之内完成。由于 ALU 本身有时间延迟，所以打入输出结果的选通脉冲必须考虑到这个延迟。此外，其还设置了一个总线旁路器（桥），如果一个操作数不需要修改，而直接从总线 2 传送到总线 3，那么可以通过总线旁路器把数据传出；如果一个操作数传送时需要修改，那么就借助于 ALU。三总线运算器的特点是操作速度快、时间短。

2.4 浮点数运算

2.4.1 浮点数的机器表示

早期，各个计算机系统的浮点数使用不同的机器码表示阶码和尾数，给数据的交换和比较带来了很大的麻烦。当前的计算机都采用统一的格式表示浮点数。IEEE754 标准规定了 32 位短浮点数和 64 位长浮点数的标准格式为

	31	30			23	22			0
32位短浮点数	S		E					M	

	63	62			52	51			0
64位长浮点数	S		E					M	

不论是 32 位浮点数还是 64 位浮点数，由于基数 2 是固定常数，对每一个浮点数都一样，所以不必用显式方式来表示它。

32 位的浮点数中，S 是浮点数的符号位，占 1 位，安排在最高位，S＝0 表示正数，S＝1 表示负数；M 是尾数放在低位的部分，占用 23 位，小数点位置放在尾数域最左（最高）有效位的右边；E 是阶码，占用 8 位，阶符采用隐含方式，即采用移码方法来表示正负指数。采用这种方式，将浮点数的指数真值变成阶码 E 时，应将指数 e 加上一个固定的偏置常数 127，即 E＝e＋127。这里与传统的移码定义是有区别的。

若不对浮点数的表示作出明确规定，则同一个浮点数的表示就不是唯一的。例如，$(1.75)_{10}$ 可以表示成 1.11×2^0、0.111×2^1、0.0111×2^2 等多种形式。为了提高数据的表示精度，当尾数的值不为 0 时，尾数域的最高有效位应为 1，这称为浮点数规格化表示。对于非规格化浮点数，一般可以通过修改阶码同时右移小数点位置的办法，使其变成规格化数的形式。

在 IEEE754 标准中，一个规格化的 32 位浮点数 x 的真值表示为

$$x = (-1)^S \times (1.M) \times 2^{E-127}$$

$$e = E - 127 \qquad (2.15)$$

其中尾数域所表示的值是 1.M。由于规格化的浮点数的尾数域最左位（最高有效位）总是 1，故这一位无须存储，而认为隐藏在小数点的左边，于是用 23 位字段可以存储 24 位的有效数。

对 32 位浮点数 x，IEEE754 定义：

（1）当阶码 E 为全 0 且尾数 M 也为全 0 时代表真值为 0，结合符号位 S 为 0 或 1，有正零和负零之分。

（2）若 E＝0，且 M≠0，则 $x = (-1)^S \cdot 2^{-126} \cdot (0.M)$，为非规格化数，即比最小规格化数还要小的数。对于规格化无法表示的数据，可以用非规格化形式表示。

（3）当阶码 E 为全 1 且尾数 M 为全 0 时，表示 x 真值为无穷大，结合符号位 S 为 0 或 1，也有 +∞ 和 -∞ 之分。

（4）若 E＝255，且 M≠0，则 x＝NaN（'非数值'）。符号 NaN 表示无定义数据，采用这个标志的目的是让程序员能够推迟进行测试及判断的时间，以便在方便时进行。

这样 32 位规格化浮点数阶码值的范围只有 1～254，经移码后指数真值变为 -126～+127。因此 32 位浮点数表示的数的绝对值范围是 10^{-38}～10^{38}，可见浮点数所表示的范围远比定点数大。

64 位的浮点数中符号位为 1 位，阶码域为 11 位，尾数域为 52 位，指数偏移值是 1023。因此规格化的 64 位浮点数 x 的真值为

$$x = (-1)^S \times (1.M) \times 2^{E-1023} \qquad e = E - 1023 \qquad (2.16)$$

浮点数所表示的范围远比定点数大。一般在高档微机以上的计算机中同时采用定点、浮点表示，由使用者进行选择，而单片机中多采用定点表示。

【例 2.16】若浮点数 x 的 IEEE754 标准存储格式为 $(BF400000)_{16}$，求其浮点数的十进制数值。

解：将十六进制数展开后，可得二进制数格式为

$$1 \quad 011\ 1111\ 0 \quad 100\ 0000\ 0000\ 0000\ 0000\ 0000$$
$$S\ \text{------}\ E\ \text{-----}\quad \text{------------------}\ M\ \text{-------------}$$

符号　阶码（8 位）　　　　尾数（23 位）

S＝1，表示 x 为负数

阶码 $E = 01111110 = (126)_{10}$

所以，指数为

$$e = E - 127 = 126 - 127 = (-1)_{10}$$

包括隐藏位 1 的尾数：

$$1.M = 1.100\ 0000\ 0000\ 0000\ 0000\ 0000 = 1.1$$

于是有真值：

$$x = (-1)^S \times (1.M) \times 2^e$$
$$= -(1.1) \times 2^{-1}$$

即

$$x = -0.11 = (-0.75)_{10}$$

【例 2.17】将数 $(20.59375)_{10}$ 转换成 IEEE 754 标准的 32 位浮点数的二进制存储格式。

解：首先分别将整数和小数部分转换成二进制数：

$$20.59375 = (10100.10011)_2$$

然后进行规格化，移动小数点，使其在第 1、2 位之间：

$$10100.10011 = 1.010010011 \times 2^4 \qquad e = 4$$

于是得到：

$$S = 0, \qquad E = 4 + 127 = 131 = 10000011, \qquad M = 010010011$$

最后得到 32 位浮点数的二进制存储格式为

$$0\ 100\ 0001\ 1010\ 0100\ 1100\ 0000\ 0000\ 0000 = (41A4C000)_{16}$$

2.4.2 浮点加法、减法运算

设有两个浮点数 x 和 y，它们分别为

$$x = 2^{E_x} \cdot M_x$$
$$y = 2^{E_y} \cdot M_y$$

式中，E_x，E_y——数 x 和 y 的阶码；

M_x 与 M_y——数 x 和 y 的尾数（包括符号位）。

两浮点数进行加法和减法的运算规则为

$$z = x \pm y = (M_x 2^{E_x - E_y} \pm M_y)2^{E_y}, E_x \le E_y$$

完成浮点加减运算的操作过程大体分为四步：第一步，0 操作数检查；第二步，比较阶码大小并完成对阶；第三步，尾数进行加或减运算；第四步，结果规格化并进行舍入处理。图 2.18 所示为浮点加减运算的操作流程。

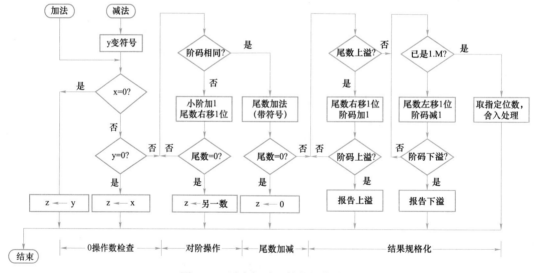

图 2.18 浮点加减运算的操作流程

1. 0 操作数检查

浮点加减运算过程比定点运算过程复杂。如果判知两个操作数 x 或 y 中有一个数为 0，即可得知运算结果而没有必要再进行后续的一系列操作，以节省运算时间。

2. 比较阶码大小并完成对阶

两浮点数进行加减，首先要看两数的阶码是否相同，即小数点位置是否对齐。若两数阶码相同，表示小数点是对齐的，就可以进行尾数的加减运算；反之，若两数阶码不同，表示小数点位置没有对齐，此时必须使两数的阶码相同，这个过程叫作对阶。

要对阶，首先应求出两数阶码之差，即

$$\Delta E = E_x - E_y$$

若 $\Delta E = 0$，表示两数阶码相等，即 $E_x = E_y$；若 $\Delta E > 0$，表示 $E_x > E_y$；若 $\Delta E < 0$，表示 $E_x < E_y$。当 $E_x \neq E_y$ 时，要通过尾数的移动来改变 E_x 或 E_y，使之相等。原则上，既可以通过 M_x 移位以改变 E_x 来达到 $E_x = E_y$，也可以通过 M_y 移位以改变 E_y 来实现 $E_x = E_y$。但是，由于浮点表示的数多是规格化的，故尾数左移会引起最高有效位的丢失，造成很大误差；而尾数右移虽引起最低有效位的丢失，但造成的误差较小。因此，对阶操作规定使尾数右移，尾数右移后使阶码做相应增加，其数值保持不变。很显然，一个增加后的阶码与另一个阶码相等，所增加的阶码一定是小阶。因此在对阶时，总是使小阶向大阶看齐，即小阶的尾数向右移位（相当于小数点左移），每右移一位，其阶码加 1，直到两数的阶码相等为止，右移的位数等于阶差 ΔE。

3. 尾数加减运算

对阶结束后，即可进行尾数的加减运算。不论是加法运算还是减法运算，都按补码加法进行操作，其方法与定点加减运算完全一样，采用变形补码运算。

4. 结果规格化

在浮点加减运算时，尾数求和的结果也可以得到 01.ϕ…ϕ 或 10.ϕ…ϕ，即两符号位不相等，这在定点加减运算中称为溢出，是不允许的。但在浮点运算中，它表明尾数求和结果的绝对值大于 1，向左则破坏了规格化，此时将尾数运算结果右移，以实现规格化表示即可，称为向右规格化，即尾数右移 1 位，最高位符号位填充，阶码加 1。若结果是 00.0ϕ…ϕ 或 11.1ϕ…ϕ，即尾数不是 1.M，则须向左规格化，尾数左移 1 位，阶码减 1，经处理后得到 00.1ϕ…ϕ 或 11.0ϕ…ϕ 的形式，即为规格化的数。

5. 舍入处理

在对阶或向右规格化时，尾数要向右移位，这样被右移的尾数的低位部分会被丢掉，从而造成一定误差，因此要进行舍入处理。

在 IEEE754 标准中，舍入处理提供了四种可选办法。

（1）就近舍入（0 舍 1 入）：类似"四舍五入"，若丢弃的最高位为 1，则进 1。例如尾数超出规定的 23 位的多余位数字是 10001，即有多余位的值超过规定的最低有效位值的一半，最低有效位应增 1。若多余位数字是 01111，则简单截尾即可。对多余的 5 位数字是 10000 这种特殊情况，若最低有效位现为 0，则截尾；若最低有效位现为 1，则增 1。

（2）朝 0 舍入：即直接截尾，无论尾数是正数还是负数。这种方法容易导致误差累积。

（3）朝 +∞ 舍入：对正数来说，多余位不全为"0"，则进 1；对负数，则直接截尾。

（4）朝 −∞ 舍入：与（3）正好相反。对负数，多余位不全为"0"，则进 1；对正数，则直接截尾。

6. 溢出处理

浮点数的溢出是以其阶码溢出表现出来的。在加、减运算过程中要检查是否产生了溢出：若阶码正常，加（减）运算正常结束；若阶码溢出，则要进行相应的处理。另外对尾数的溢出也需要处理。图 2.19 表示了 32 位格式浮点数的表示范围。

图 2.19 32 位格式浮点数的表示范围

阶码上溢：超过了阶码可能表示的最大值的正指数值，一般将其认为是 $+\infty$ 和 $-\infty$。

阶码下溢：超过了阶码可能表示的最小值的负指数值，一般将其认为是 0。

尾数上溢：两个同符号尾数相加产生了最高位向上的进位，通过将尾数右移，阶码增 1 来重新对齐。

尾数下溢：在将尾数右移时，尾数的最低有效位从尾数域右端流出，要进行舍入处理。

图 2.20 所示为浮点加减法运算电路的硬件框图。首先，两个加数的指数部分通过 ALU1 相减，从而判断出哪一个的指数较大、大多少。指数相减所得的差值控制着下面的三个多路开关，按从左到右的顺序，这三个多路开关分别挑选出较大的指数、较小加数的有效数位以

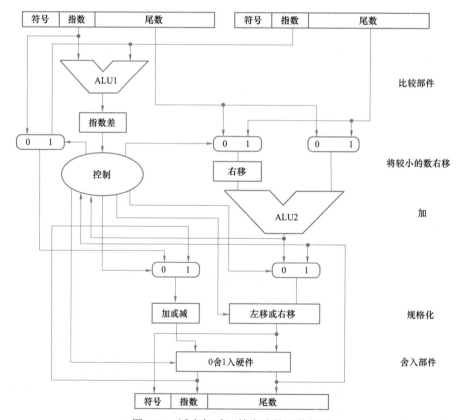

图 2.20 浮点加减运算电路的硬件框图

及较大加数的有效数位。较小加数的有效数位部分右移适当的位数，然后再在 ALU2 中与另一个加数的有效数位部分相加。接下来对结果进行规格化，这是通过将求得的和向左或向右做适当的移位操作（同时相应地增大或减小和的指数部分）来实现的。最后对结果进行舍入，舍入之后可能还需要再次进行规格化，才能得到最终的结果。

【例2.18】设 $x=2^2\times0.11011011$，$y=-2^4\times0.10101100$，求 $x+y$。

解：第1步：0操作数检查（x、y 均非0）。

第2步，对阶：因 $\Delta E=E_x-E_y=2-4=-2<0$，即 x 阶小，故调整 x 的指数向 y 阶看齐，将 M_x 右移两位，E_x 加2，即 $x=2^4\times0.00110110(11)$，$y=-2^4\times0.10101100$，阶码 $E=4$。

第3步，尾数相加：将尾数均用变形补码表示，即

$$[M_x]_\text{补}=00.00110110(11),\quad [M_y]_\text{补}=11.01010100$$

$$\begin{array}{r}00.00110110(11)\quad M_x\\+\quad11.01010100\quad M_y\\\hline11.10001010(11)\end{array}$$

即
$$[M_x+M_y]_\text{补}=11.10001010(11)$$

第4步，规格化：向左规格化为 $11.0\phi\ldots\phi$ 的形式，指数减1。
$$[M_{x+y}]_\text{补}=11.00010101(10)\qquad E_{x+y}=3$$

第5步，舍入操作：采用朝0舍入，即直接截尾。
$$[M_{x+y}]_\text{补}=11.00010101$$

则 $M_{x+y}=-0.11101011$。

第6步，检查上溢或下溢：由于指数为3，故求和结果既无上溢也无下溢。

最后结果：
$$(x+y)_\text{浮}=-0.11101011\times2^3=-111.01011$$

【例2.19】已知：$x=0.1101\times2^1$，$y=-0.1010\times2^3$，求 $x+y$，并用十进制数验证。

解：尾数和阶码都采用双符号位补码表示法。

第1步：用变形补码表示 x、y，检查0操作数（均非0）：
$$[x]_\text{浮}=0001,00.1101\qquad[y]_\text{浮}=0011,11.0110$$

第2步：对阶。

阶差：
$$\Delta E=E_x-E_y=00\ 01-0011=0001+1101=1110$$

即为 -2，尾数 M_x 应当右移2位，即 $[x]_\text{浮}=0011,00.0011(01)$。

第3步：尾数相加，即
$$00.0011(01)+11.0110=11.1001(01)$$

第4步：规格化，左规格化为 $11.0010(10)$，阶码减1变为0010。

第5步：舍入（就近舍入法），丢弃10，尾数补码为 11.0010，则真值为 -0.1110。

第6步，检查溢出，由于阶码为0010，即2，所以没有溢出。

最后结果：
$$(x+y)_\text{浮}=-0.1110\times2^2=-11.1=(-3.5)_{10}$$

十进制数验证：
$$x=0.1101\times2^1=1.101=(1.625)_{10},\quad y=-0.1010\times2^3=-101.0=-5$$
$$x+y=1.625+(-5)=-3.375$$

可见浮点运算时由于舍入操作数据会产生误差。

2.4.3 浮点乘法、除法运算

2.4.3 浮点乘法、除法运算

2.5 运算器实例

2.5.1 Intel 8086CPU

Intel 8086CPU 是 16 位微处理器，采用高速运算性能的 HMOS 工艺制造，芯片上集成了 2.9 万只晶体管，内部结构分成三部分，即运算器、控制器和寄存器组。从功能上可以划分为两个逻辑单元，即执行部件 EU（Execution Unit）和总线接口部件 BIU（Bus Interface Unit）。如图 2.21 所示。

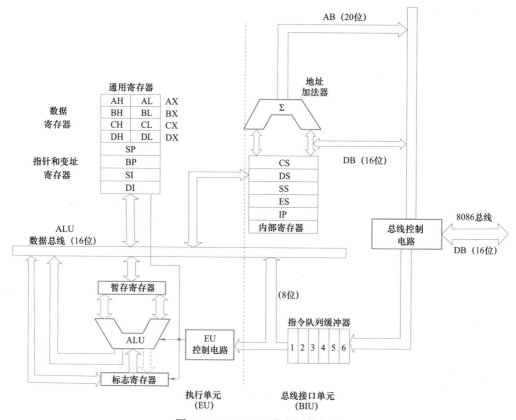

图 2.21　8086CPU 内部结构框图

其中，总线接口单元 BIU 负责完成 CPU 与存储器或 I/O 设备之间的数据传送，包括 4 个 16 位的寄存器 CS、DS、ES、SS，一个 16 位的指令指针寄存器 IP，一个 20 位地址加法器，6 字节的指令队列缓冲器和一个与 EU 通信的内部寄存器以及总线控制电路等。8086 采用段结构管理，由地址加法器形成 20 位内存地址。执行单元 EU 主要功能是执行指令、分析指令、暂存运算结果并保留结果，包括算术逻辑单元（运算器）ALU、通用寄存器、标志寄存器、数据暂存寄存器和 EU 控制电路。8086 运算器字长为 16 位，即一次可以进行 16 位的算术运算或逻辑运算。

2.5.2 Intel 8087 浮点单元芯片

浮点数对于科学编程非常有用，但微处理器只直接支持整数运算。虽然早在 20 世纪 50 年代和 20 世纪 60 年代浮点数在大型机中就很常见，但直到 1980 年英特尔才为微型计算机引入了 8087 浮点协处理器，将此芯片与 8086 结合在一起添加到 IBMPC 等微型计算机上。

8087 数字数据处理器也称为数学协处理器或数字处理器扩展和浮点单元，它是英特尔设计的第一个与 8086/8088 配对的数学协处理器。当 8086 遇到特殊的浮点指令时，处理器会忽略它，让 8087 并行执行该指令，从而可以更轻松、更快速地进行计算。

8087 是一款功能丰富的复杂芯片，包含 40 000 个晶体管，由常量 ROM、高速二进制移位器、加法器/减法器和寄存器堆栈等组成。移位器的作用是向左或向右移位二进制数，当两个浮点数相加或相减时，必须将数字移位以使小数点对齐。8087 使用快速桶形移位器，它可以在单个步骤中将一个数字移位任意位数，一次最多能移位 63 位。乘法和除法大量使用移位，乘法使用移位和加法，而除法使用移位和减法。但是，8087 不使用通用移位器进行这些操作，而是有专门的移位器为这些操作进行优化。

8087 一次操作 80 位，而不是 16 位浮点运算，遵循 IEEE 浮点标准；有 80 位宽的寄存器，减少了计算期间的内存访问；将超越操作的常量存储在 ROM 中，也避免了内存访问；由硬件检查 NaN、下溢、上溢等，避免了代码中的缓慢检查。8087 将多个硬件结合在一起，极大地提高了浮点的处理性能，浮点运算的速度最高可达 100 倍。

8087 架构分为两组，即控制单元（CU）和数字扩展单元（NEU）。控制单元 CU 处理处理器和存储器之间的所有通信，例如它接收和解码指令，读取和写入存储器操作数，维护并行队列等，所有协处理器的指令都是 ESC 指令，即它们以 "F" 开头，协处理器只执行 ESC 指令，而其他指令由微处理器执行。数字扩展单元 NEU 处理所有数字处理器指令，如算术、逻辑、超越和数据传输指令，它有 8 个寄存器堆栈，用于保存指令的操作数及其结果。

即使没有浮点硬件，早期的微型计算机也可以执行浮点运算，这些运算会被分解成许多整数运算，根据需要处理指数和分数。也就是说，浮点支持并没有使浮点运算成为可能，它只是使浮点运算变得更快。英特尔从 1989 年的 80486 开始将浮点单元集成到处理器中，现在大多数处理器都包括浮点单元。

● 本章小结

数据的表示方法有定点表示法和浮点表示法。

一个定点数由符号位和数值域两部分组成，按小数点位置不同，定点数有纯小数和纯整数两种表示方法。定点数表示范围有限。

按 IEEE754 标准，一个浮点数由符号位 S、阶码 E、尾数 M 三个域组成，其中阶码 E 的值等于指数的真值 e 加上一个固定偏移值。浮点数可表示极大和极小的数。

为了使计算机能直接处理十进制形式的数据，常采用两种表示形式：字符串形式，主要用在非数值计算的应用领域；压缩的十进制数串形式（BCD 码），用于直接完成十进制数的算术运算。

数的真值变成机器码时有四种表示方法：原码表示法、反码表示法、补码表示法、移码表示法。其中移码主要用于表示浮点数的阶码 E，以利于比较两个指数的大小和对阶操作。机器中常用补码表示，可以把减法变成加法运算，统一正 0 和负 0 的表示。

字符信息属于符号数据，是处理非数值领域的问题，国际上采用的字符系统是七单位的 ASCII 码，能对 128 个字符进行编码。

汉字的输入编码、汉字内码、字模码是三种不同用途的编码，分别用于汉字输入、机内存储和显示打印。

为简化运算器的构造，运算方法中算术运算通常采用补码加减法、原码乘除法或补码乘除法。为了运算器的高速性和控制的简单性，采用了先行进位、阵列乘除等并行技术措施。

定点运算器和浮点运算器的结构复杂程度有所不同。早期微型机中浮点运算器放在 CPU 芯片外，随着高密度集成电路技术的发展，现已移至 CPU 内部。

● 习　题

1. 已知 $x = -0.01111$，$y = +0.11001$，求 $[x]_补$、$[-x]_补$、$[y]_补$、$[-y]_补$，并用变形补码计算 $x+y$，$x-y$ 的值，同时指出结果是否溢出。

2. 有一个字长为 32 位的浮点数，符号位 1 位；阶码 8 位，用移码表示；尾数 23 位，用补码表示；基数为 2。请写出：

（1）最大数的二进制表示；

（2）最小数的二进制表示；

（3）规格化数所能表示的数的范围。

3. 将下列十进制数表示成 1EEE754 标准的 32 位浮点规格化数。

（1）+128.75　　（2）-27/64

4. 下列各数使用了 IEEE32 位浮点格式，其相等的十进制数是什么？

（1）1 10000011 110 0000 0000 0000 0000 0000

（2）0 01111110 101 0000 0000 0000 0000 0000

5. 已知 $x = 2^{-101} \times (-0.010110)$，$y = 2^{-100} \times 0.010110$，设阶码 3 位，尾数 6 位，请用浮点数加减法运算计算 $x+y$ 和 $x-y$ 的值，并用 IEEE754 标准的 32 位浮点数表示结果。

6. 用原码阵列乘法器、间接补码阵列乘法器分别计算 $x \cdot y$。

（1）$x = 11011$，$y = -11111$

（2）$x = -11111$，$y = -11011$

7. 某加法器进位链小组信号为 $C_4 C_3 C_2 C_1$，低位来的进位信号为 C_0，请分别按下述两种方式写出 C4C3C2C1 的逻辑表达式：

（1）串行进位方式；

（2）并行进位方式

8. 习题图 2.1 所示为某 ALU 部件的内部逻辑图，图中 S_0、S_1 为功能选择控制器，C_{in} 为最低位的进位输入端，A（$A_1 \sim A_4$）和 B（$B_1 \sim B_4$）是参与运算的两个数，F（$F_1 \sim F_4$）为输出结果，Σ 为一位全加器。试分析在 S_0、S_1、C_{in} 各种组合条件下，输出 F 和输入 A、B、C_{in} 的算术运算关系。

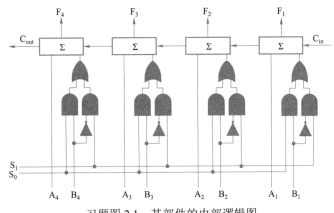

习题图 2.1　某部件的内部逻辑图

9. 余三码是在 8421 有权码的基础上加了（0011）后所得的编码（无权码）。余三码编码的十进制加法规则如下：两个十进制一位数的余三码相加，如结果无进位，则从和数中减去 3（加上 1101）；如结果有进位，则和数中加上 3（加上 0011），即得和数的余三码。试设计余三码编码的十进制加法器单元电路。

10. 利用 74181 和 74182 器件设计以下三种方案的 64 位 ALU：

（1）行波 CLA；

（2）两级行波 CLA；

（3）三级 CLA。

试比较三种方案的速度与集成电路片数。

11. 假设有以下器件：2 片 74181ALU，4 片 74LS374 寄存器（8 位），2 片 74LS373 透明锁存器（8 位），4 片上台输出缓冲器（74S240），一片 8×8 间接补码阵列乘法器（MUL），其乘积近似取双倍字长中高 8 位值，一片 8÷8 补码阵列除法器（DIV），商为 8 位字长。请设计一个 8 位字长的定点补码运算器，它既能实现补码四则算术运算，又能实现多种逻辑运算。

12. 小组讨论：如何改进芯片 74181 的芯片设计，使其能够完成 8 种算术逻辑运算功能。

第 3 章

存储器系统

存储器是计算机用来存储数据和指令的主要器件，是构成计算机的关键部件之一。存储器的容量越大，表明能存储的数据越多，现代计算机不仅要求存储器容量要大，还要求速度快、成本低，设计满足此要求的存储器系统是计算机发展追求的目标之一。本章的主要内容是存储系统的基本概念、半导体存储器的基本工作原理和接口方式、提高存储器访问性能的常用机制以及构成多级存储器系统的高速缓冲存储器和虚拟存储器。

3.1 存储器概述

3.1.1 存储器的分类

由于信息载体和电子元器件的不断发展，存储器的功能和结构都发生了很大的变化，先后出现了多种类型的存储器，从不同的角度可以划分不同的类别。

1. 按存储介质分类

构成存储器的存储介质，目前主要采用半导体器件和磁性材料。

磁存储器主要采用磁性材料作为存储介质，利用磁化单元剩磁的不同磁化方向作为存储元来存储数据，主要包括磁芯、磁盘和磁带等存储器。目前广泛使用的磁盘、磁带都包含机械装置，此类存储器的特点是体积大、存取速度慢，但其单位存储容量的成本也低。

用半导体器件组成的存储器称为半导体存储器，使用一个双稳态电路或者 CMOS 晶体管作为存储元，存放一位二进制代码。半导体存储器又可分为静态随机存储器和动态随机存储器。半导体存储器具有体积小、存储速度快，但单位容量成本较高的特点。

光存储器利用存储介质的特性读出数据，如 CD-ROM、DVD-ROM 均以刻痕的形式将数据存储在盘面上，用激光束照射盘面，依靠盘面的不同反射率来读出信息。磁光盘则是利用激光加热辅助磁化的方式写入数据，再根据反射光偏振方向的不同来读出信息。光盘存储器价格低廉、便于携带，适用于电子出版物的发行。

2. 按存取方式分类

存储器按照存取方式可以分为随机存储器和顺序存储器。

随机存储器（Random Access Memory，RAM）可以按照地址随机读写数据存储单元，且存取时间和存储单元的物理位置无关。早期的磁芯存储器和现在大量使用的半导体存储器都是随机存储器。

顺序存储器（Sequential Access Memory）是指存储单元只能按照地址顺序访问，且访问的时间与存储单元的物理位置有关，如磁带存储器就属于此类存储器。

3. 按信息的可改写性分类

有些半导体存储器在正常工作模式下，只能读出不能写入，这种存储器称为只读存储器（ROM），如 CD-ROM；正常工作模式下既能写入又能读出的存储器，称为读写存储器（RAM），如现在的内存条、移动硬盘等。

4. 按照信息的可保存性分类

按照信息保存的时间和条件的不同，存储器可分为易失性存储器和非易失性存储器。易失性存储器是指断电后，存储器保存的数据会丢失，常见的如半导体存储器 RAM；非易失性存储器是指断电后，存储器保存的数据不会丢失，如 CD-ROM、闪速存储器等。

5. 按功能和存取速度分类

按功能和存取速度分类，即根据与 CPU 的耦合程度情况不同，可以分为寄存器存储器、高速缓冲存储器、主存储器和外存储器。

寄存器存储器是由多个寄存器组成的存储器，如 CPU 内部的通用寄存器组，一般由几个或者几十个寄存器构成，其字长一般与计算机的字长相同，主要用来存放数据、地址及运算的中间结果。其速度与 CPU 匹配，容量很小。

高速缓冲存储器又称 Cache，是隐藏在寄存器和主存之间的一个高速小容量存储器，用来存放 CPU 即将或者频繁使用的数据和指令。此存储器一般采用静态随机存储器构成，用于缓冲 CPU 与主存之间的性能差异，提高存储器系统的访问速度。

主存储器简称主存，是 CPU 除寄存器外唯一能直接访问的存储器，用于存放指令和数据。CPU 通过主存地址直接、随机地读写主存储器。主存一般由半导体存储器构成，习惯上被分为 RAM 和 ROM 两类，RAM 用来存储当前运行的程序和数据，并在程序运行过程中反复更改其内容；ROM 用来存放不变或基本不变的程序和数据，如监控程序、引导加载程序和常数表格等。通常认为计算机的内存由主存和 Cache 构成，其中也包含 BIOS、硬件接口等。

外存储器通常也称为外存或辅存（辅助存储器），其容量大，读写速度相对较慢。目前广泛使用的外存包含磁盘阵列、磁盘、光盘以及网络存储系统等。外存用来存放当前暂不参与运行的程序和数据，以及一些需要永久性保存的数据信息。

3.1.2 存储器的性能指标

内存储器的性能指标主要是存储容量和存取速度，后者通常可以用存取时间、存储周期和存储器带宽描述。

存储容量指一个存储器中可存储的信息比特数，常用比特数（bit）或字节数（B）来表示，也可使用 KB、MB、GB、TB 等单位。其中 1 KB＝2^{10} B，1 MB＝2^{20} B，1 GB＝2^{30} B，1 TB＝2^{40} B。为了清楚地表示其组织结构，存储容量也可表示为：存储字数（存储单元数）×存储字长（每单元的比特数）。例如，1 Mbit 容量的存储器可以组织成 1 M×1 bit，也可组织成 128 K×8 bit，或者 256 K×4 bit。

存取时间又称存储器访问时间，是从存储器接收到读/写命令开始到信息被读出或写入完成所需的时间，取决于存储介质的物理特性和寻址部件的结构。

存储周期（存取周期）是在存储器连续读写过程中一次完整的存取操作所需的时间，即 CPU 连续两次访问存储器的最小间隔时间。通常，存储周期略大于存取时间。存储器带宽（数据传送速率，频宽）指单位时间里存储器所存取的信息量，通常以位/秒或字节/秒作度量单位。若系统的总线宽度为 W 位，则带宽＝W/存取周期（bit/s）。

3.1.3 存储器的层次结构

当某一种存储器在存储速度、存储容量、价格成本上均被另一种存储器超越，也就是该存储器被淘汰时，如传统的软磁盘就被 U 盘所替代。人们一直在追求存储速度快、存储容量大、成本低廉的理想存储器，但在现有技术条件下这些性能指标往往是相互矛盾的，还无法使单一存储器同时拥有这些特性，这也是目前同时存在多种不同类型存储器的原因。存储系统层次结构利用程序局部性的原理，从系统级角度将速度、容量、成本各异的存储器有机组合在一起，全方位优化存储系统的各项性能指标。

典型的存储系统层次结构如图 3.1 所示。这是一个典型的金字塔结构，从上到下分别是寄存器、高速缓存、主存、磁盘、磁带等，越往上离 CPU 越近，访问速度越快，单位容量成本越高，从上到下存储容量越来越大。图 3.1 中分别给出了不同层级存储设备的大概访问时间延迟和容量量级单位。

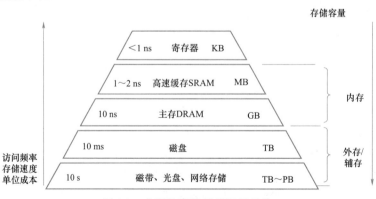

图 3.1　典型的存储系统层级结构

由于程序访问存在局部性，因此上层存储器可以为下层存储器做缓冲，将最经常使用数据的副本调度到上层，这样 CPU 只需要访问上层快速的小容量存储器即可获得大部分数据。这种方式有效提高了系统访问速度，大大缓解了 CPU 与主存、主存与辅存的性能差异，另外使用大容量辅存也大大缓解了主存容量不足的问题。基于这种层次结构，就构成了一个满足应用需求的存储速度快、存储容量大、成本价格低的理想存储系统。

3.2　主存储器结构与工作原理

3.2.1　主存储器概述

主存是机器指令直接操作的存储器，采用主存地址进行随机访问，整个主存从空间逻辑上可以看作一个一维数组 mem[]，每个数组元素存储一个 m 位的数据单元，主存地址 addr 就是数组的下标索引，数组元素的值 mem[addr]就是主存地址对应的存储内容，在 C 语言中学习过的指针本质上就是主存地址。

主存的硬件内部结构如图 3.2 所示，它由存储体加上一些外围电路构成。外围电路包括地址译码器、数据寄存器和读写控制电路。

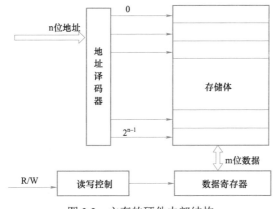

图 3.2　主存的硬件内部结构

地址译码器接收来自 CPU 的 n 位地址信号，经译码、驱动后形成 2^n 根地址译码信号，每根地址译码信号连接一个存储单元。每给出一个地址，2^n 个地址译码信号中只有与地址值对应的那个信号才有效，与之连接的存储单元被选中，输出 m 位数据。

数据寄存器暂存 CPU 送来的 m 位数据，或暂存从存储体中读出的 m 位数据。

读写控制电路接收 CPU 的读写控制信号后产生存储器内部的控制信号，将指定地址的信息从存储体中读出并送到数据寄存器中供 CPU 使用，或将来自于 CPU 并已存入数据寄存器的信息写入存储体中的指定单元。

CPU 执行某条机器指令时，若需要访问主存，则应首先生成该数据在主存中的地址。该地址经地址译码器后选中存储体中与该地址对应的存储单元，然后由读写控制电路控制读出或写入。读出时，将选中的存储单元所存的数据送入数据寄存器，存储单元中的内容不变。

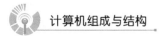

CPU 从数据寄存器中取走该数据，进行指令所要求的处理。写入时，将 CPU 送来并已存放于数据寄存器中的数据写入选中的存储单元，存储单元中的原数据被改写。

主存主要由半导体存储器构成，其存取速度快、体积小、性能可靠。半导体存储器通常分为随机存储器和只读存储器。

3.2.2　SRAM 存储器

静态随机存储器 SRAM 是一种高速存储器，其主要特点是速度快、容量小且价格昂贵，经常用作高速缓存。

1. 基本的存储元阵列

存储元是存储器中最小的存储单位，用来存放单位的数据 0 或 1。图 3.3 所示为基本的静态存储元阵列。SRAM 存储元使用了 RS 触发器作为存储元，因此只要系统能提供稳定的工作电源，存储在其上的数据将一直保持，如果断电，则数据丢失。

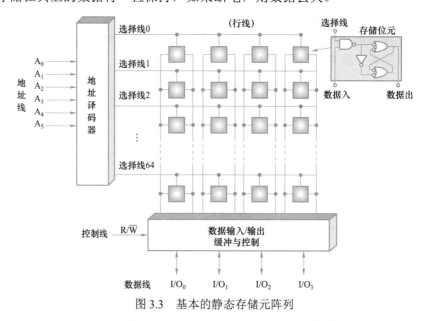

图 3.3　基本的静态存储元阵列

任何一个 SRAM，都有三组信号线与外部打交道：

（1）地址线，本例中有 6 条，即 A_0、A_1、A_2、A_3、A_4、A_5，它指定了存储器的容量是 $2^6=64$ 个存储单元。

（2）数据线，本例中有 4 条，即 I/O_0、I/O_1、I/O_2 和 I/O_3，说明存储器的字长是 4 位，因此存储位元的总数是 $64×4=256$。

（3）控制线，本例中为 R/W 控制线，它指定了对存储器进行读（R/W 高电平）还是进行写（R/W 低电平）。

注意：读、写操作不会同时发生。地址译码器输出有 64 条选择线，称为行线，其作用是打开每个存储位元的输入与非门。当外部输入数据为 1 时，锁存器便记忆了 1；当外部输入数据为 0 时，锁存器便记忆了 0。

2. SRAM 逻辑结构

目前的 SRAM 芯片采用双译码方式，以便组织更大的存储容量。这种译码方式的实质是采用了二级译码：将地址分成 x 向、y 向两部分，第一级进行 x 向（行译码）和 y 向（列译码）的独立译码，然后在存储阵列中完成第二级的交叉译码，而数据宽度有 1 位、4 位、8 位，甚至有更多的字节。

图 3.4（a）表示存储容量为 32 K×8 位的 SRAM 逻辑结构图。它的地址线共 15 条，其中 x 方向 8 条（$A_0 \sim A_7$），经行译码输出 256 行；y 方向 7 条（$A_8 \sim A_{14}$），经列译码输出 128 列。存储阵列为三维结构，即 256 行×128 列×8 位。双向数据线有 8 条，即 $I/O_0 \sim I/O_7$。向 SRAM 写入时，8 个输入缓冲器被打开，而 8 个输出缓冲器被关闭，因而 8 条 I/O 数据线上的数据写入存储阵列中。从 SRAM 读出时，8 个输出缓冲器被打开，8 个输入缓冲器被关闭，读出的数据送到 8 条 I/O 数据线上。

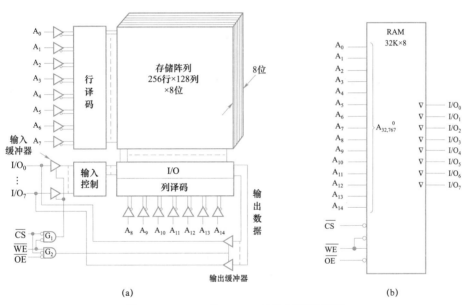

图 3.4　32 K×8 位 SRAM 结构图和逻辑图

控制信号中 CS 是片选信号，CS 有效时（低电平），门 G_1、G_2 均被打开。OE 为读出使能信号，OE 有效时（低电平），门 G_2 开启，当写命令 WE＝1 时（高电平），门 G_1 关闭，存储器进行读操作。写操作时，WE＝0，门 G_1 开启，门 G_2 关闭。

注意：门 G_1 和 G_2 是互锁的，一个开启时另一个必定关闭，这样保证了读时不写、写时不读。图 3.4（b）所示为 32 K×8 bit SRAM 的逻辑图。

3. SRAM 的读写时序

SRAM 的读/写周期时序图精确地反映了 SRAM 工作的时间关系，如图 3.5 所示。

在读周期中，地址线先有效，以便进行地址译码，选中存储单元。为了读出数据，片选信号 CS 和读出使能信号 OE 也必须有效（由高电平变为低电平）。从地址有效开始经 t_{AQ}（读出）时间，数据总线 I/O 上出现了有效的读出数据。之后 CS、OE 信号恢复高电平，t_{RC} 以后才允许地址总线发生改变。t_{RC} 时间即为读周期时间。

在写周期中，也是地址线先有效，接着片选信号 CS 有效，写命令 WE 有效（低电平），此时数据总线 I/O 上必须写入数据，即在 t_{WD} 时间段将数据写入存储器，之后撤销写命令 WE 和 CS。为了写入可靠，I/O 线的写入数据要有维持时间 t_{hD}，CS 的维持时间比读周期长。t_{WC} 时间称为写周期时间。为了控制方便，一般取 $t_{RC}=t_{WC}$，通常称为存取周期。

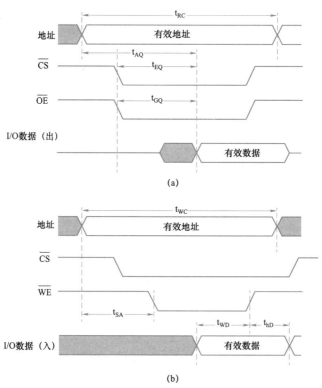

图 3.5　SRAM 的读/写周期时序图

（a）读周期（$\overline{WE}$ 高）；（b）写周期（$\overline{WE}$ 低）

3.2.3　DRAM 存储器

1. DRAM 存储元的结构与工作原理

相比于静态随机存储器，单管动态随机存储器 DRAM 的存储元仅仅由一个电容和一个 MOS 管构成，由于其结构简单，因而存储密度较高，通常用作主存。

单管 DRAM 的存储元工作原理图如图 3.6 所示，其中灰色部分为存储元。该电路利用电容是否带电来表示所存储的二进制数据，有电荷表示数据 1，无电

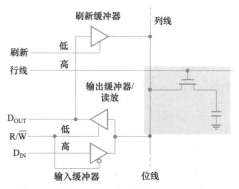

图 3.6　单管 DRAM 的存储元工作原理图

荷表示数据 0，MOS 管则用作开关。

DRAM 的写入原理：写 1 到存储元时，输出缓冲器和刷新缓冲器关闭，输入缓冲器打开（R/W 为低），输出数据 $D_{IN}=1$ 送到存储元位线上，而行选线为高，打开 MOS 管，于是位线上的高电平给电容器充电，表示存储了 1；写 0 到存储元时，输出缓冲器和刷新缓冲器关闭，输入缓冲器打开，输入数据 $D_{IN}=0$ 送到存储元位线上，行选线为高，打开 MOS 管，于是电容上的电荷通过 MOS 管和位线放电，表示存储了 0。

DRAM 读出原理：从存储元读出时，输入缓冲器和刷新缓冲器关闭，输出缓冲器/读出放大器打开（R/W 为高），行选线为高，打开 MOS 管，若当前存储的信息为 1，则电容上所存储的 1 送到位线上，通过输出缓冲器/读出放大器发送到 D_{OUT}，即 $D_{OUT}=1$。

读出过程破坏了电容上存储的信息，所以要把信息重新写入，即刷新。通常在读出的过程中即可以完成刷新。读出 1 后，输入缓冲器关闭，刷新缓冲器打开，输出缓冲器/读出放大器打开，读出的数据 $D_{OUT}=1$ 又经刷新缓冲器送到位线上，再经 MOS 管写到电容上，存储元重写 1。输入缓冲器与输出缓冲器总是互锁的，这是因为读操作和写操作是互斥的，不会同时发生。

与 SRAM 相比，DRAM 的存储元所需元件更少，所以存储密度更高。但是 DRAM 的附属电路比较复杂，访问时需要额外的电路和操作支持。

2. DRAM 芯片的逻辑结构

图 3.7 所示为 $1\,M\times4\,bit$ 的 DRAM 芯片管脚图和逻辑结构图。

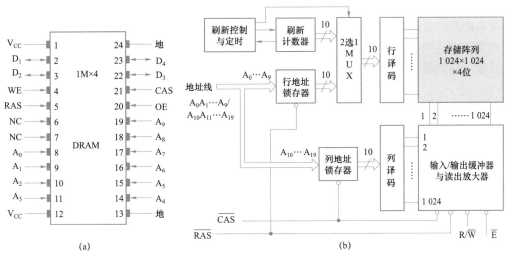

图 3.7　$1\,M\times4\,bit$ 的 DRAM 芯片管脚图和逻辑结构图

（a）管脚图；（b）逻辑结构图

与 SRAM 不同的是，图 3.7 中增加了行地址锁存器和列地址锁存器。由于 DRAM 容量很大，地址线的数目相当多，为减少芯片引脚的数量，将地址分为行、列两部分分时传送。当存储容量为 1 Mbit 字，共需 20 位地址线。此芯片地址引脚的数量为 10 位，先传送行地址码 A0～A9，由行选通信号 RAS 打入到行地址锁存器；然后传送列地址码 A10～A19，由列选通信号 CAS 打入到列地址锁存器。片选信号的功能也由增加的 RAS 和 CAS 信号实现。

3. DRAM 的刷新

关于动态存储器刷新需要注意以下几点。

（1）信息存储到数据丢失之前的这段时间称为最大刷新周期，而刷新周期是存储器实际完成两次完整刷新之间的时间间隔。通常采用不同材料及不同生产工艺生产的动态存储器的最大刷新周期可能不同，常见的有 2 ms、4 ms、8 ms 等。

（2）动态存储器的刷新按行进行，为减少刷新周期，可以减少存储矩阵的行数，增加列数。刷新地址由刷新地址计数器产生，而不是由 CPU 发出，刷新地址计数器的位数与动态存储芯片内部的行结构有关，通常刷新操作由内存控制器负责。如果某动态存储芯片内部有 256 行，则刷新地址计数器至少为 8 位，在每个刷新周期内，该计数器的值从 00000000 到 11111111 循环一次。

（3）读操作虽然具有刷新功能，但读操作与刷新操作又有所不同，刷新操作只需要给出行地址，而不需要给出列地址。

刷新时 DRAM 不能响应 CPU 的访问，所以 CPU 访问内存和内存控制器刷新操作存在内存争用问题，常见的解决方式有集中刷新、分散刷新和异步刷新 3 种。

1）集中刷新方式

设动态存储器存储体为 128 行×128 列结构，存储器的读写周期 t_c = 0.5 μs，刷新间隔为 2 ms，因此 2 ms 内应完成所有 128 行的刷新。图 3.8（a）所示为集中刷新方式的时间分配图，2 ms 内可进行 4 000 次读写或保持操作。在集中刷新方式下，2 ms 内的前 3 872 个读写周期都用来进行读写或保持，2 ms 内的最后 128 个读写周期集中用于刷新。

集中刷新的优点是读写操作期间不受刷新操作的影响，因此存储器的速度比较快；缺点是存在较长时间的"死区"，即在集中刷新的 128 个读写周期内，CPU 长时间不能访问存储器。显然，存储器芯片内部的行数越多，"死区"的时间就越长。

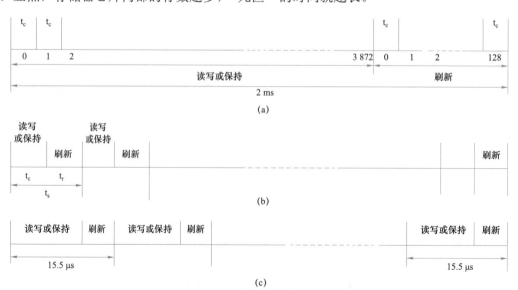

图 3.8　DRAM 刷新时间分布示意图

（a）集中刷新方式；（b）分散刷新方式；（c）异步刷新方式

2）分散刷新方式

分散刷新方式如图 3.8（b）所示。该方式把存储周期 t_s 分为 t_c 和 t_r 两个部分，前半段用来进行读写或保持操作，后半段用作刷新时间，因此 $t_s = 1$ μs。每过 128 个 t_s，整个存储器就被刷新一次。显然，在 2 ms 内可进行约 15 次刷新。虽然这种刷新方式不存在"死区"，但因刷新过于频繁，严重影响了系统的速度，故不适合应用于高速存储器。

3）异步刷新方式

异步刷新是集中刷新和分散刷新方式的结合，如图 3.8（c）所示。它将 128 次刷新平均分在 2 ms 的时间内，每隔一段时间刷新一行，这里 2 ms 被分成 128 个 15.5 μs 的时间段，将每个间段中最后的 0.5 μs 用来刷新一行，这样既充分利用了 2 ms 的时间，又能保持系统的高速特性，这种方式相对前两种效率更高且更为常用。

4. DRAM 读写时序

DRAM 的读写时序如图 3.9 所示。

图 3.9（a）所示为 DRAM 的读周期波形。当地址线上行地址有效后，用行选通信号 RAS 打入行地址锁存器；接着地址线上传送列地址，并用列选通信号 CAS 打入列地址锁存器。此时经行、列地址译码，读/写命令 R/W = 1（高电平表示读），数据线上便有输出数据。

图 3.9（b）所示为 DRAM 的写周期波形。此时读/写命令 R/W = 0（低电平表示写），在此期间，数据线上必须送入欲写入的数据 D_{IN}（1 或 0）。

从图 3.9 中可以看出，每个读周期或写周期是从行选通信号 RAS 下降沿开始，到下一个 RAS 信号的下降沿为止的时间，也就是连续两个读/写周期的时间间隔。通常为控制方便，读周期和写周期时间相等。

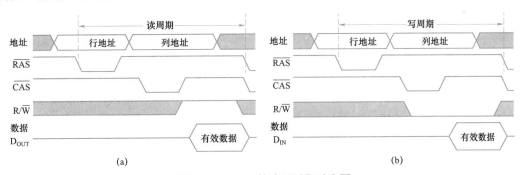

图 3.9　DRAM 的读写周期时序图

（a）读周期；（b）写周期

3.2.4　ROM 与 Flash 存储器

3.2.4　ROM 与 Flash 存储器

3.2.5　主存储器芯片与 CPU 的连接

1. 存储器与 CPU 的连接

单片存储芯片的存储容量有限，要获得一个大容量的存储器，通常需要将多片存储芯片按照一定的方式组织来实现并与 CPU 连接，这就是存储器的组织。在存储器组织过程中，要实现存储芯片与 CPU 地址线、数据线和控制线的连接，需要注意以下几点。

（1）连接地址线的数量与 CPU 要访问的主存容量有关。

（2）连接数据线的数量与计算机字长有关。

（3）SRAM 芯片的控制线包括片选信号和读写控制线。

（4）ROM 芯片的控制线只有片选信号线。

（5）DRAM 没有片选控制线，进行容量扩展时可以利用 RAS 和 CAS 控制芯片的选择。

2. 存储器的扩展

由于存储芯片的容量及字长与目标存储器的容量及字长之间可能存在差异，故应用存储芯片组织一定容量与字长的存储器时，一般可采用位扩展、字扩展、字位同时扩展等方法来组织。

1）位扩展

位扩展又称为字长扩展或数据总线扩展，当存储芯片的数据总线位宽小于 CPU 数据总线位宽时，采用位扩展的方式进行扩展。进行位扩展时，将所有存储芯片的地址线、读写控制线并联后分别与 CPU 的地址线和读写控制线连接；将存储芯片的数据线依次与 CPU 的数据线相连；将所有芯片的片选控制线并联后与 CPU 的访存请求信号 MREQ#相连。

假设存储器的数据位宽为 N，存储芯片的数据位宽为 k，若 N>k，则需要 N/k 个芯片进行存储扩展，如利用 16 K×8 位的 SRAM 存储芯片组成 16 K×32 位的存储器并与 CPU 连接，需要 32/8=4 片 SRAM 芯片。与 CPU 连接时，将 4 片存储芯片的地址线（14 根）、读写控制线各自并联，并分别与 CPU 的地址线和读写控制线相连；同时将所有存储芯片的片选端均与 CPU 的 MREQ#信号相连，只有这样才能保证 4 片芯片同时被选中，然后将 4 片存储芯片的数据线分别连到 CPU 的 32 位数据线上，具体连接如图 3.10 所示。

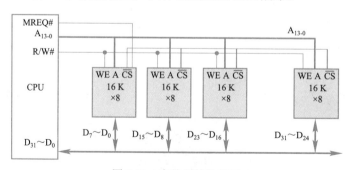

图 3.10　存储器的位扩展

在图 3.10 所示的位扩展连接中，CPU 给出一个 14 位地址，所有存储芯片并发工作，各提供 32 位数据中的 8 位。

2）字扩展

字扩展也称为容量扩展或地址总线扩展。当存储芯片的存储容量不能满足存储器对存储容量的要求时，可采用字扩展方式来扩展存储器。进行字扩展时，将所有存储芯片的数据线、读写控制线各自并联，同时分别与 CPU 的数据线和读写控制线连接；各存储芯片的片选信号可以由 CPU 多余的地址线通过译码器译码产生。

假设存储器容量为 M，存储芯片的容量为 1。若 M>1，则需要 M/1 个芯片进行存储扩展，如利用 16 K×8 位的 SRAM 存储芯片组成 128 K×8 位的存储器并与 CPU 连接，则需要 128 K/16 K＝8 个 SRAM 芯片。

与 CPU 进行连接时，16 K 的芯片对应 14 根地址线，CPU 访问 128 K 的主存容量需要 17 根地址线；可以将高 3 位地址 A14－16 送入 3:8 译码器输入端，将 3:8 译码器的 8 个输出分别连接到 8 个 SRAM 芯片的片选信号 CS 端；将 CPU 内存请求信号 MREQ#连接到译码器使能端，只有进行存储访问时，译码器才能进行工作，否则译码器输出全 0（假设高电平有效），所有存储芯片均不被选中，输出为高阻态。存储器字扩展的具体连接如图 3.11 所示。

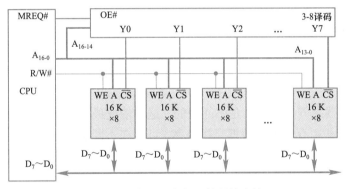

图 3.11　存储器字扩展的具体连接

图 3.11 中给出了一个存储地址，经过译码器片选后，同一时刻只有一个片选信号有效，也就是只有一个 SRAM 芯片工作，提供 8 位数据送入 CPU 数据总线；与位扩展中各存储芯片并发工作不同，这里各存储芯片是串行工作的，具体哪一个存储芯片工作取决于访问地址的高 3 位地址，所以 8 个存储芯片对应的地址范围也是不一样的。如最左侧芯片的片选信号连接 3:8 译码器的 Y0 端，其地址范围应该是 0 0000 0000 0000 0000～0 0011 1111 11111111，转换为 16 进制为 00000H～03FFFH；而最右侧芯片的地址范围则为 1 1100 0000 0000 0000～1 1111 1111 1111 1111，转换为 16 进制为 1C000H～1FFFFH。

3）字位扩展

当存储芯片的数据位宽与存储容量均不能满足存储器的数据位和存储总容量要求时，可以采用字位同时扩展的方式来组织存储器，其首先通过位扩展满足数据位的要求，再通过字扩展满足存储总容量的要求。

假设存储器容量为 M×N 位，存储芯片的容量为 1×k 位。若 M>1，N>k，则需要 M×N/

（k×1）个芯片进行存储扩展，如利用 16 K×8 位的 SRAM 存储芯片组成 128 K×32 位的存储器并与 CPU 连接，则需要 128 K×32/(16 K×8)＝32 片 SRAM 芯片。存储器字位扩展的连接方法如图 3.12 所示。

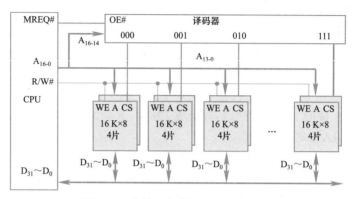

图 3.12　存储器字位扩展的连接方法

32 个芯片分成 8 组，每组 4 个芯片的片选信号 CS 并联后连接 3－8 译码器的一个输出端。这样每次选中一组芯片即可进行 32 位的读写。

3.3　并行主存器

3.3.1　并行主存器概述

CPU 和主存储器之间在速度上是不匹配的，这种情况成为限制高速计算机设计的主要问题。为了提高 CPU 和主存之间的数据交换速率，可以在不同层次采用不同的技术加速存储器的访问速度。

芯片技术：提高单个芯片的访问速度。可以选用更高速的半导体器件，或者改善存储芯片内部结构和对外接口方式。

结构技术：为了解决存储器与 CPU 速度不匹配问题，需要改进存储器与 CPU 之间的连接方式，加速 CPU 和存储器之间的有效传输。例如，采用并行技术的双口存储器甚至是多口存储器，以及多体交叉存储器，都可以让 CPU 在一个周期中访问多个存储字。

系统结构技术：这是从整个存储系统的角度采用分层存储结构解决访问速度问题。例如，增加 Cache、采用虚拟存储器等。

本部分主要介绍多体交叉存储器和双端口存储器，前者采用时间并行技术，后者采用空间并行技术。

3.3.2　多模块交叉存储器

1. 存储器的模块化组织

通常一个由若干个模块组成的主存储器是线性编址的。这些地址在各模块中如何安排，通常有两种方式：一种是顺序方式，一种是交叉方式。

在常规主存储器设计中，访问地址采用顺序方式，如图3.13（a）所示。为了说明原理，设存储器容量为32字，分成 M_0、M_1、M_2、M_3 四个模块，每个模块存储8个字。访问地址按顺序分配给一个模块后，接着又按顺序为下一个模块分配访问地址。这样，存储器的 32 个字可由5位地址寄存器指示，其中高2位选择4个模块中的一个字，低3位选择每个模块中的8个字。

可以看出，在顺序方式中的某个模块进行存取时，其他模块不工作，而某一模块出现故障时，其他模块可以照常工作，且通过增添模块来扩充存储器容量也比较方便。但顺序方式的缺点是各模块一个接一个串行工作，因此存储器的带宽受到了限制。如在计算机内存插槽中插入一个或者多个内存条的情况下，存储器也能正常工作，采用的就是这种方式。

图3.13（b）表示采用交叉方式寻址的存储器模块化组织示意图。存储器容量也是32个字，也分成4个模块，每个模块8个字，但地址的分配方法与顺序方式不同：先将4个线性地址0、1、2、3依次分配给 M_0、M_1、M_2、M_3 模块，再将线性地址4、5、6、7依次分配给 M_0、M_1、M_2、M_3 模块……直到全部线性地址分配完毕为止。当存储器寻址时，通常用地址寄存器的低2位选择4个模块中的一个字，而用高3位选择模块中的8个字。

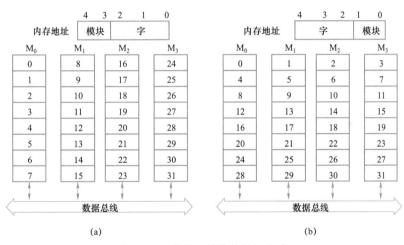

图 3.13　存储器模块的组织方式

（a）顺序方式；（b）交叉方式

可以看出，交叉方式用地址码的低位字段经过译码选择不同的模块，而高位字段指向相应模块内的存储字。这样，连续地址分布在相邻的不同模块内，而同一个模块内的地址都是不连续的。因此，从定性分析，对连续字的成块传送，交叉方式的存储器可以实现多模块流水式并行存取，大大提高了存储器的带宽。由于CPU的速度比主存快，故假如能同时从主存取出n条指令，则必然会提高机器的运行速度。多模块交叉存储器就是基于这种思想提出来的。

2. 多模块交叉存储器的基本结构

图3.14所示为四模块交叉存储器结构框图。主存被分成4个相互独立、容量相同的模块 M_0、M_1、M_2、M_3，每个模块都有自己的读写控制电路、地址寄存器和数据寄存器，各自以

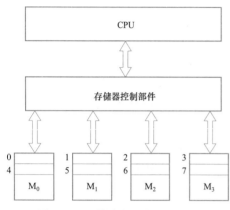

图 3.14 四模块交叉存储器结构

等同的方式与 CPU 交换信息。在理想情况下，如果程序段或数据块都是连续地在主存中存取，那么将大大提高主存的访问速度。

CPU 同时访问四个模块，由存储器控制部件控制它们分时使用数据总线进行信息传递。这样，对每一个存储模块来说，从 CPU 给出访存命令，直到读出信息仍然是使用了一个存取周期时间；而对 CPU 来说，它可以在一个存取周期内连续访问四个模块，各模块的读写过程将重叠进行，所以多模块交叉存储器是一种并行存储器结构。

设模块字长等于数据总线宽度，又假设模块存取一个字的存储周期为 T，总线传送周期为 t，存储器的交叉模块数为 m，那么为了实现流水线方式存取，应当满足：

$$T \leq mt \tag{3.1}$$

即每经 t 时间延迟后启动下一个模块。图 3.15 所示为 m＝4 的流水线方式存取示意图。

m 的最小值 $m_{min}＝T/t$ 称为交叉存取度。交叉存储器要求其模块数必须小于或等于 m，以保证启动某模块后经 mt 时间再次启动该模块时它的上次存取操作已经完成。这样，连续读取 n 个字所需的时间为

$$t_1＝T＋(n-1)t \tag{3.2}$$

而顺序方式存储器连续读取 m 个字所需时间为

$$t_2＝nT \tag{3.3}$$

通过以上分析可知，当 n 越大时，t_2/t_1 的比值越大，其加速比就越大。由此可见，交叉存储器的带宽相比于顺序存储器提高了。

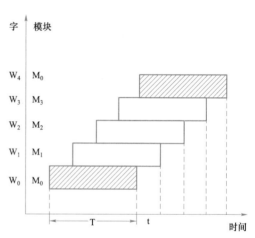

图 3.15 流水线方式存取示意图

【例 3.1】设存储器容量为 32 字，字长 32 位，模块数 m＝4，分别用顺序方式和交叉方式进行组织。存储周期 T＝200 ns，数据总线宽度为 32 位，总线传送周期 t＝50 ns。若连续读出 4 个字，问顺序存储器和交叉存储器的带宽各是多少？

解：顺序存储器和交叉存储器连续读出 n＝4 个字的信息总量都是

$$q＝32\ bit×4＝128\ bit$$

顺序存储器和交叉存储器连续读出 4 个字所需的时间分别是

$$t_1＝nT＝4×200\ ns＝800\ ns＝8×10^{-7}\ s$$

$$t_2＝T＋(n-1)t＝200\ ns＋3×50\ ns＝350\ ns＝3.5×10^{-7}\ s$$

顺序存储器和交叉存储器的带宽分别是

$$W_1＝q/t_1＝128\ bit÷(8×10^{-7})\ s＝160\ Mbit/s$$

$$W_2＝q/t_2＝128\ bit÷(3.5×10^{-7})\ s＝365.7\ Mbit/s$$

3.3.3 双端口存储器

双端口存储器是指同一个存储器具有两组相互独立的端口,每个端口均有各自独立的数据线、地址线、读写控制线、片选信号线等,每个端口可独立地进行读写操作。图 3.16 所示为一种双端口存储器结构示意图。

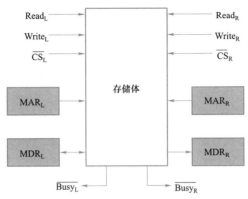

图 3.16 一种双端口存储器结构示意图

1. 并行读写

当左右两个端口的访问地址不同时,两个端口使用各自的地址线、数据线和控制线对存储器中不同的存储单元同时进行读写操作,二者不发生冲突。

2. 冲突处理

当两个端口的访问地址相同时,便会发生读写冲突。为解决冲突,每个端口各设置了一个标志 BUSY,当冲突发生时,由判断逻辑决定哪个端口优先进行读写操作,而将另一个端 BUSY 置 0(BUSY 变为低电平),以延迟其对存储器的访问。优先端口读写操作完成,被延迟端口的 BUSY 标志复位(变为高电平)后,便可进行被延迟的操作。

由于冲突访问不可避免,因此双端口存储器的速度不可能提高两倍。

3.4 Cache 存储器

3.4.1 Cache 基本原理

1. Cache 的功能

SRAM 相对 DRAM 速度更快,但其容量有限,成本也更高,功耗较大,为了进一步提升 CPU 访问主存的性能,通常会在 CPU 与主存之间增加一个隐藏的、小容量的、快速的 SRAM,称为 Cache,其将主存中经常访问或即将访问的数据的副本调度到小容量的 SRAM

中，使大部分数据访问都可以在快速的 SRAM 中进行，从而提升系统性能。CPU 与存储器系统的关系如图 3.17 所示。之所以可以采用这种方法，主要是因为 CPU 执行的程序具有较强的程序局部性，现代计算机都采用多级 Cache 结构，其 CPU 内部为一级 Cache，CPU 与主板之间可以有二级 Cache、三级 Cache。越靠近 CPU 的 Cache 速度越快、容量越小。

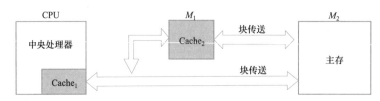

图 3.17　CPU 与存储器系统的关系

2. 程序局部性

程序局部性是指程序在执行时呈现出局部性规律，即在一段时间内，整个程序的执行仅限于程序中的某一部分，而执行程序所需的指令和数据也仅局限于某个存储区域内。具体来说，局部性又表现为时间局部性和空间局部性。

时间局部性是指当程序访问一个存储位置时，该位置在未来可能会被多次访问，程序的循环结构和调用过程就很好地体现了时间局部性。空间局部性是指一旦程序访问了某个存储单元，则其附近的存储单元也即将被访问。计算机指令代码、数组、结构体元素通常在主存中顺序存放，对应的数据访问具有较强的空间局部性。

【例 3.2】以下是一段 C 语言程序代码，尝试分析该代码的程序局部性。

```
int sumvec()
int i,sum=0;
for(i=0;i<100;i++)
sum+=v[i];
return sum;
```

解：for 循环体中的指令序列在主存中顺序存放，具有空间局部性；由程序可知，该循环将被执行 100 次，因此 for 循环中的代码还具有良好的时间局部性；变量 i、sum 是单个变量，不存在空间局部性，但由于变量在每次执行循环代码时都会被用到，因此具有良好的时间局部性；数组包含 100 个数据元素，这些数据在内存中顺序存放，具有良好的空间局部性。

3. Cache 的基本工作流程

1）Cache 的基本概念

增加了 Cache 后，CPU 不再直接访问慢速的主存，而是通过字节地址访问快速的 Cache，访问时首先需要通过一定的查找机制判断数据是否在 Cache 中。

如果数据在 Cache 中，则称为数据命中（Hit），将命中时的数据访问时间称为命中访问时间 t_c，该时间包括查找时间和 Cache 访问时间两部分。

如果数据不在 Cache 中，则称为数据缺失（Miss），此时需要将缺失数据从主存调入 Cache

中才能访问数据；数据缺失时的访问时间称为缺失补偿（Miss Penalty），缺失补偿包括数据查找时间、主存访问时间和 Cache 访问时间。相对来说访问主存的过程较为漫长，其通常用主存访问时间 t_m 表示。

为了便于比较和快速查找，Cache 和主存都被分成若干个固定大小的数据块（Block），每个数据块又包含若干个字，数据缺失时需要将访问数据所在的块从慢速主存载入高速 Cache 中，这样相邻的数据也随着数据块一起载入 Cache。这种预读策略可充分利用空间局部性，提高顺序访问的命中概率。但块的大小对 Cache 有较大影响，块过小则无法利用预读策略优化空间局部性，块过大将使得替换算法无法充分利用时间局部性。

进行数据分块后，主存地址与 Cache 地址均可以分为块地址和块内偏移地址（Offset）两部分，块内偏移地址也称块内偏移，如图 3.18 所示。由于 Cache 容量较小，因此主存块地址字段长度大于 Cache 块地址长度字段。

图 3.18　地址格式

Cache 的工作原理图如图 3.19 所示。设 Cache 读出时间为 50 ns，主存读出时间为 250 ns。存储系统是模块化的，主存中每个 8 K 模块与容量 16 字的 Cache 相联系。Cache 分为 4 行，每行 4 个字（W），分配给 Cache 的地址存放在一个相联存储器 CAM 中，它是按内容寻址的存储器。当 CPU 执行访存指令时，就把所要访问的字的地址送到 CAM；如果 W 不在 Cache 中，则将 W 从主存传送到 CPU。与此同时，把包含 W 的由前后相继的 4 个字所组成的一行数据送入 Cache，替换原来 Cache 中的一行数据。在这里，用始终管理 Cache 使用情况的硬件逻辑电路来实现替换算法。

2）Cache 的读写流程

图 3.20 所示为 Cache 的读流程基本操作。当 CPU 需要访问主存时，首先以主存地址 RA 中的主存块地址为关键字在查找表中进行数据查找，如果能查找到对应数据，则表示数据命中，否则表示数据缺失。

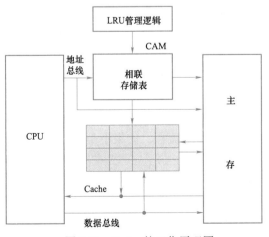

图 3.19　Cache 的工作原理图

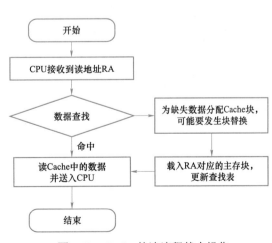

图 3.20　Cache 的读流程基本操作

71

如果数据命中，则根据查找表提供的信息访问对应的 Cache 数据块，再将读出的数据信息送入 CPU，数据命中时访问时间最短。

如果数据缺失，则需要访问慢速的主存。为了利用空间局部性，需要将 RA 地址所在的主存数据块副本载入 Cache，载入时可能存在 Cache 已满或载入位置有数据冲突的情况，此时需要利用替换算法腾空位置。载入后还需要更新查找表，以方便后续查找。

读命中访问的时间最短，在构建 Cache 时应尽可能地提高命中率，以提升读操作性能。

以上流程中主要是通过较好的替换算法将经常访问的热数据保留在 Cache 中，将不经常访问的冷数据淘汰的方式来充分利用时间局部性，以提高命中率的；另外数据缺失时会批量载入一个数据块，这种预读策略也可以充分利用空间局部性来提高顺序访问的命中率。

图 3.21 所示为 Cache 写操作的基本流程，当 CPU 需要写数据时，首先以主存字节地址 WA 中的主存块地址为关键字在查找表中进行数据查找，如果能查找到对应数据，则表示数据命中，否则表示数据缺失。

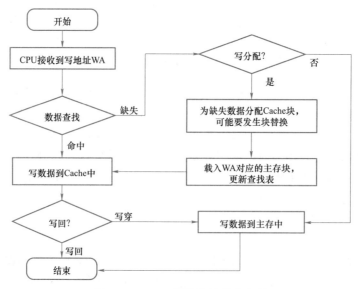

图 3.21 Cache 写操作的基本流程

数据命中时同样可以由查找表提供的地址信息将数据写入 Cache 中，新写入 Cache 中的数据与主存中的原始数据不一致，这部分数据通常被称为脏数据（Dirty Data）。数据写入完成后还需要根据不同的写入策略决定下一步操作，如果是写回策略，此时写入操作结束，这种方式响应速度最快，但会产生不一致性；如果是写穿策略，则还需要将脏数据写入慢速的主存中才能返回，这种方式响应速度较慢，但没有脏数据产生。

数据缺失时也有两种不同的处理策略，如果采用写分配法（Write-Allocate），则需要将 WA 对应的数据块载入 Cache 中，再进行和写命中一样的写入流程。如果不是写分配策略，则将数据写入慢速的主存即可返回。

对于写入操作，采用写回策略时将数据写入 Cache 即可返回，写响应时间最短；对于突发的写请求，Cache 技术能明显改善写性能。但当 Cache 写满数据后，需要将 Cache 中的脏数据淘汰，首先要将脏数据迁移到主存中，载入新数据块后才能写入新数据，此时其写性能比没有采用 Cache 的主存还要慢。

3）Cache 实现的关键技术

根据 Cache 的读、写流程，实现 Cache 时需要解决以下关键问题。

（1）数据查找（Data Identification）。如何快速判断数据是否在 Cache 中，由于命中访问时间包括数据查找时间和 Cache 访问时间，所以查找的速度非常重要，在全相联映射中是通过相联存储器实现快速查找的，下一部分将会详细介绍。

（2）地址映射（Address Mapping）。主存中的数据块应如何放置到 Cache 中，是任意放置还是按照一定的规则放置，不同的地址映射策略将对 Cache 的性能以及硬件成本产生影响。

（3）替换策略（Placement Policy）。Cache 满后如何处理，选择什么样的 Cache 数据块进行替换或淘汰，不同的替换策略对数据命中率会产生不同的影响。

（4）写入策略（Write Policy）。如何保证 Cache 与 memory 的一致性，通常分为写回和写穿两种，写回策略可以提升突发写性能，但会带来数据不一致的问题；写穿能保证数据的一致性，但响应速度较慢。

4. 相联存储器

与一般存储器按地址访问不同，相联存储器（Content Addressable Memory，CAM）是一种按内容进行访问的存储器，用于存放查找表，其内部存储的基本数据单元是键值对（key，value）。CAM 的输入不是地址，而是检索关键字 key，输出则是该关键字对应的 value 值。相联存储器的基本原理图如图 3.22 所示。

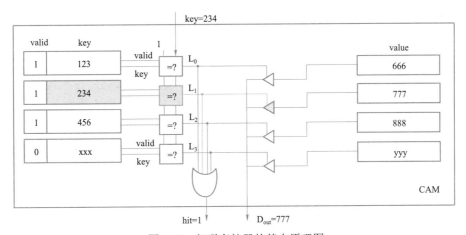

图 3.22　相联存储器的基本原理图

图 3.22 中包括 4 个键值对（key，value），每行都有一个键值对，其中一个有效位（valid）用于表示当前键值对是否有效（为 1 时有效，为 0 时无效）；所有存储单元中的 key 字段同时与 CAM 输入的检索关键字进行并发比较，4 个存储单元共需要 4 个比较器，有效位为 1 且比较结果相同，则输出为 1。图 3.22 中比较结果分别对应 $L_0 \sim L_3$，这些比较结果将连接到对应三态门的控制端，当比较结果相符时，输出当前对应的 value 字段，$L_0 \sim L_3$ 只要有一个信号为 1，则表示查找成功，所以将 $L_0 \sim L_3$ 进行逻辑或运算即可得到命中信号 hit。注意同一时刻 $L_0 \sim L_3$ 最多只能有一个信号为 1，否则会引起数据冲突。

图 3.22 中输入端 key=234，第二行比较器的比较结果 $L_1=1$，或门输出命中信号 hit=1，

同时 L_1 控制第二行的三态门输出当前行的值 value=777 至 D_{out} 输出端。

CAM 中的每个存储单元都对应一个独立的比较器，硬件成本高昂，所以通常容量不会太大。在计算机系统中，CAM 通常用于 Cache 的快速查找，也可用于在虚拟存储器中存放段表、页表和 TLB 表。

5. Cache 命中率

从 CPU 来看，增加 Cache 的目的就是在性能上使主存的平均读出时间尽可能接近 Cache 的读出时间。为了达到这个目的，在所有的存储器访问中，由 Cache 满足 CPU 需要的部分应占很高的比例，即 Cache 的命中率应接近于 1。由于程序访问的局部性，故实现这个目标是可能的。

在一个程序执行期间，设 N_c 表示 Cache 完成存取的总次数，N_m 表示主存完成存取的总次数，h 定义为命中率，则有

$$h = \frac{N_c}{N_c + N_m} \tag{3.4}$$

若 t_c 表示命中时的 Cache 访问时间，t_m 表示未命中时的主存访问时间，$1-h$ 表示未命中率（缺失率），则 Cache/主存系统的平均访问时间 t_a 为

$$t_a = ht_c + (1-h)t_m \tag{3.5}$$

存储系统追求的目标是，以较小的硬件代价使 Cache/主存系统的平均访问时间 t_a 越接近 t_c 越好。设 $r=t_m/t_c$ 表示主存与 Cache 的访问时间之比，e 表示访问效率，则有

$$e = \frac{t_c}{t_a} = \frac{t_c}{ht_c + (1-h)t_m} = \frac{1}{h+(1-h)r} = \frac{1}{r+(1-r)h} \tag{3.6}$$

由式（3.6）可以看出，为提高访问效率，命中率 h 越接近 1 越好。r 值以 5~10 为宜，不宜太大。命中率 h 与程序的行为、Cache 的容量、组织方式、块的大小有关。

【例 3.3】CPU 执行一段程序时，Cache 完成存取的次数为 950 次，主存完成存取的次数为 50 次，已知 Cache 存取周期为 50 ns，主存存取周期为 250 ns，求 Cache/主存系统的效率和平均访问时间。

$$h = \frac{N_c}{N_c + N_m} = \frac{950}{950+50} = 0.95$$

$$r = \frac{t_m}{t_c} = \frac{250}{50} = 5$$

$$e = \frac{1}{r+(1-r)h} = \frac{1}{5+(1-5)\times0.95} = 83.3\%$$

$$t_a = \frac{t_c}{e} = \frac{50}{83.3\%} = 60 \text{ ns}$$

3.4.2 地址映射

地址映射是指将主存地址空间映射到 Cache 的地址空间，即把存放在主存中的程序或数

据块载入 Cache 块的规则，地址映射主要有以下 3 种方法。

（1）全相联映射（Full Associative Mapping）：各主存块都可以映射到 Cache 的任意数据块。

（2）直接相联映射（Direct Mapping）：各主存块只能映射到 Cache 中的固定块。

（3）组相联映射（Set Associative Mapping）：各主存块只能映射到 Cache 固定组中的任意数据块。

1. 全相联映射

1）全相联映射基本原理

全相联映射方式下，主存中的每一个数据块都可以放置到 Cache 的任意一个数据块中，是一对多的映射关系。新的主存数据块可以载入 Cache 中的任何一个空位置，只有 Cache 满时才需要进行数据块置换。全相联映射时 Cache 利用率最高，但查找成本较高，需要 CAM 提供快速的查找功能。全相联映射逻辑示意如图 3.23 所示。

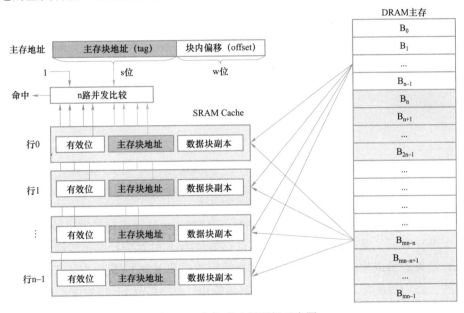

图 3.23　全相联映射逻辑示意图

由于主存块可以放置于 Cache 的任意块中，为了方便后续查找，主存数据块载入时还需要记录若干的标记标志信息，主要包括有效位、主存块地址标记、脏数据标志位、淘汰计数等信息。通常将一个 Cache 数据块和相关的标记标志信息一起称为一个 Cache 行/槽（Line/Slot），因此 Cache 有多少个数据块就对应有多少个 Cache 行。

主存地址划分为主存块地址（tag）和块内偏移（offset）两部分，两部分字段长度分别为 s、w。由图 3.23 可知，Cache 块大小 $=2^w$ 字节，Cache 副本缓冲区容量 $=n \times 2^w$ 字节，主存容量 $=2^{s+w}$ 字节。不考虑脏数据位和淘汰计数，则 Cache 的实际容量为 $n \times (1+s+8 \times 2^w)$ 位。

数据查找时直接将主存块地址和所有 Cache 行中的标记字段主存块地址进行并发比较，如果读命中，则输出对应 Cache 行数据块副本中块内地址 offset 处的数据；如果写命中，则需要写入数据，同时将脏数据标志位置为1。

2）全相联映射硬件实现

图 3.24 所示为全相联映射的硬件逻辑实现框图，假设 Cache 块大小为 4W，共 8 行，主存按字访问，主存地址长度为 9 位。主存地址被划分为（tag，offset）两部分，其中块内偏移 offset 字段为 2 位；标记字段 tag 即主存块地址，根据定义为 9－2＝7（位）。

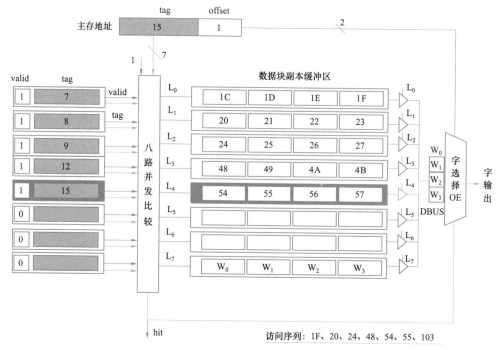

图 3.24　全相联映射的硬件逻辑实现框图

主存块地址 tag 字段将同时与所有行中的标记字段 tag 进行多路并发比较，有多少行就需要设置多少个比较器。某一行比较结果相同且有效位为 1 时对应行的比较结果输出为 1，所有行的比较结果逻辑或生成命中信号 hit。各行的比较结果 $L_0 \sim L_7$ 将作为行选通信号，并连接到输出端的三态门控制端，控制对应行的数据块输出。命中信号 hit 控制字选择多路选择器的使能端 OE，2 位块内偏移 offset 字段连接多路选择器的选择控制端，决定具体输出当前选中行 4 个字中的哪一个字，以实现数据的查找和访问。

假设 Cache 的初始状态为空，主存字地址读访问序列为 1F、20、24、48、54、55、103，根据主存地址结构，访问序列十六进制、二进制（tag，offset）Cache 行访问情况见表 3.1。

表 3.1　全相联映射访问情况

访问序列	1	2	3	4	5	6	7
十六进制	1F	20	24	48	54	55	103
二进制	000011111	000100000	000100100	001001000	001010100	001010101	100000011
(tag,offset)	(7,3)	(8,0)	(9,0)	(12,0)	(15,0)	(15,1)	(40,3)

Cache 行	0	1	2	3	4	4	5
访问情况	载入	载入	载入	载入	载入	命中	载入

第 1 次访问地址为 1F，主存块地址为 7，由于 Cache 初始状态为空，故所有 Cache 行中的有效位都为 0，访问缺失，载入 1F 所在的主存数据块（1C～1F）到 Cache 的第 0 行；同时将主存块地址 7 作为标记存放于第 0 行的标记字段中，并将有效位 valid 置 1，以方便后续查找。

第 2～5 次访问的主存块地址均不相同，所以访问均为缺失状态，分别载入对应的数据块到第 1、2、3、4 行的空行中。

第 6 次访问的主存字地址为 55，主存块地址为 15，如图 3.24 中主存地址所示，主存块地址 15 和 8 路 Cache 中所有标记字段进行并发比较，第 4 行中的标记字段与之相同且有效位为 1，所以当前访问命中，由块内偏移 ofset=1 选择 Cache 行中的 W_1 输出。

同理，第 7 次访问的主存地址为 103 为缺失状态，由于 Cache 仍然有空行，因此继续载入数据。数据写入命中时，可以将待写入数据加载到所有存储器的输入端，由行选通信号 L_0～L_7 和 offset 精准控制对应存储单元的写使能信号，实现对有效位、标记字段 tag、数据缓冲区的写入。数据载入时则由替换算法给出对应行的写使能信号，实现数据块的载入。

综上所述，全相联映射方式具有以下特点：

（1）主存数据块可以映射到 Cache 的任意一行，因此 Cache 利用率高。

（2）只要 Cache 中还有空行就不会引起冲突，因此 Cache 的冲突率低。

（3）查找时需要并发比较查找表中所有项，每一个 Cache 行对应一个比较电路。

（4）硬件成本较高，只适合于小容量 Cache 使用。

（5）Cache 满时载入新数据块需要利用替换算法进行替换，替换策略和算法较为复杂。

2. 直接相联映射

1）直接相联映射原理

直接相联映射中每一个主存块地址只能映射到 Cache 中固定的行，具体映射规则为

$$\text{Cache 行号 } i = \text{主存块号 } j \bmod (\text{Cache 行数 } n) \tag{3.7}$$

以上规则等效于将主存按照 Cache 大小进行分区，每个分区中包含的块数与 Cache 的行数相同，因此主存地址可细分为区地址（tag）、区内行索引（index）、块内偏移（offset）三部分，这里 index 字段就是数据块映射到 Cache 中的行号，和式（3.7）中的余数完全相同。各字段划分及位宽如图 3.25 所示。

由图 3.25 可知，Cache 块大小 $= 2^w$ 字节，Cache 副本缓冲区容量 $= n \times 2^w$ 字节，Cache 的行数 $n = 2^r$，主存容量 $= 2^{s+w}$ 字节。不考虑脏数据位和淘汰计数，Cache 的实际容量为 $n \times (1 + s - r + 8 \times 2^w)$ 位。

由于主存块只能放置在 index 对应的 Cache 行中，因此直接相联映射并不需要全相联查找，查找表不需要存放在相联存储器中，各 Cache 行中的元数据信息（tag，valid，dirty）与数据块副本存放在一起即可。查找时可以通过 index 字段快速访问对应 Cache 行的标记与标志字段，如果标记字段有效且与主存地址中的区地址相同，就表示命中。与全相联相比，直接相联映射只需要设置一个共享的比较器即可完成查找，硬件成本更低。

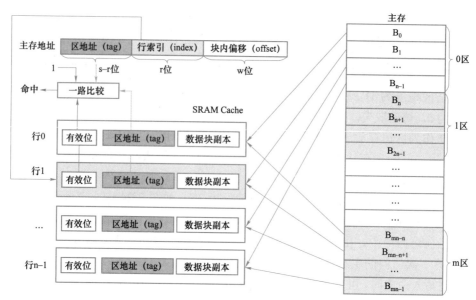

图 3.25　直接相联映射逻辑示意图

2）直接相联映射硬件实现

图 3.26 所示为直接相联映射的硬件逻辑实现框图。

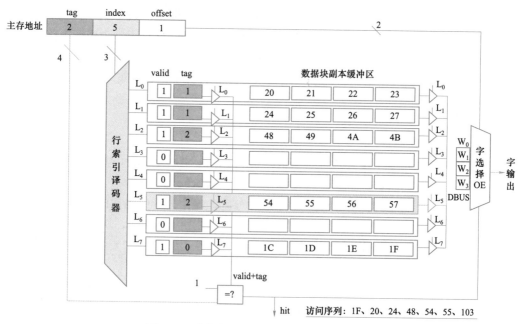

图 3.26　直接相联映射的硬件逻辑实现框图

与全相联映射的例子相同，这里也假设 Cache 块大小为 4W，共 8 行，主存按字访问，主存地址长度为 9 位。主存地址被划分为 tag、index、offset 三个部分，行索引 index 字段部分经过行索引译码器生成若干行索引译码信号，由行索引译码信号选择对应 Cache 行，控制对应行的有效位 valid、标记位 tag、数据块的输出，所有行数据均采用三态门控制输出至系统数据总线。行译码（选通）信号 $L_0 \sim L_7$ 连接至对应的三态门控制端，只有行译码信号有效的行才会进行输出，且同一时刻只有一行输出。当选中行有效位为 1 且标记位与主存地址中的 tag 相同时，数据命中。命中信号 hit 控制最终的字选择多路选择器的使能端，主存地址中的块内偏移 offset 控制字选择多路选择器的选择控制端，其共同决定具体输出选中行中哪一个字，从而实现数据的查找和访问。

假设 Cache 的初始状态为空，主存字地址读访问序列和全相联映射完全相同。根据直接相联映射主存地址结构，该访问序列对应的地址解析（tag，index，offset）以及访问情况如表 3.2 所示。

表 3.2　直接相联映射访问过程

访问序列	1	2	3	4	5	6	7
十六进制	1F	20	24	48	54	55	103
二进制	000011111	000100000	000100100	001001000	001010100	001010101	100000011
（tag，offset）	(0,7,3)	(1,0,0)	(1,1,0)	(2,2,0)	(2,5,0)	(2,5,1)	(8,0,3)
Cache 行	7	0	1	2	5	5	0
访问情况	载入	载入	载入	载入	载入	命中	替换

第 1 次主存访问地址为 1F，其行索引字段 index＝7，由于 Cache 初始状态为空，故第 7 行中有效位 valid＝0，访问缺失，载入 1F 所在的主存数据块（1C～1F）到 Cache 的第 7 行；同时将主存块地址 0 作为标记存放在第 7 行的标记字段中，并将有效位 valid 置 1，以方便后续查找。

根据直接相联映射规则，第 2～5 次访问均为缺失状态，分别将对应主存数据块载入第 0、1、2、5 行中。

第 6 次访问的主存字地址为 55，行索引 index＝5，第 5 行的标记字段与主存地址标记字段相同，且 valid＝1，访问命中，由块内偏移 offset＝1 选择 Cache 行中的 W_1 输出。

第 7 次访问的主存地址为 103，行索引 index＝0，tag＝8，而第 0 行的有效位 valid＝1，表明该行已经包含数据，但相联存储器中的标记字段 tag＝1，与当前地址的 tag 字段不相符，数据缺失，需要载入 103 所在的主存块到第 0 行中，并将原有数据替换。显然相同的访问序列，直接相联映射在 Cache 还存在空行的情况下就发生了冲突，所以其 Cache 利用率不高。

数据写入时，可以将待写入数据加载到所有存储器的输入端，由 index 字段译码生成的行选通信号 $L_0 \sim L_7$ 及 offset 精准控制对应存储单元的写使能信号，实现对有效位、标记字段 tag 数据缓冲区的写入。直接相联映射的替换算法较为简单，如果访问不命中，则直接替换行索引译码器选中的行即可；但如果选中行存在脏数据，则需要将脏数据写入二级存储器，以保证数据一致。

综上所述，直接相联映射方式具有以下特点：

（1）由于主存数据块只能映射到 Cache 中的特定行，因此 Cache 利用率低，命中率低。

（2）index 相同的所有主存块映射到 Cache 中的同一行，Cache 未满也可能发生数据冲突，Cache 的冲突率高。

（3）查找时只需根据 index 字段访问对应 Cache 行的标记字段 tag 并进行比较，即只需一个比较器，硬件成本较低，适合于大容量 Cache 的使用。

（4）无须使用复杂的替换算法，直接替换冲突数据块即可。

【例 3.4】某计算机字长为 32 位，已知主存容量为 4 MB，按字节编址，Cache 采用直接相联映射，Cache 数据存储体容量为 4 KB，Cache 块长度为 8 个字。完成下列问题。

（1）画出直接相联映射方式下主存字节地址的划分情况，并说明每个字段的位数。

（2）设 Cache 的初始状态为空，CPU 依次访问主存中 0～99 号单元，并从中读出 100 个字（假设访问主存一次读出一个字）。重复此顺序 10 次，计算 Cache 访问的命中率。

（3）如果 Cache 的存取时间为 20 ns，主存的存取时间为 200 ns，根据（2）中计算出的命中率求存储系统的平均存取时间。

（4）计算 Cache/主存系统的访问效率。

解：（1）根据直接相联映射算法，主存字节地址格式如图 3.27 所示。

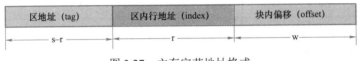

图 3.27　主存字节地址格式

一个 Cache 块包含 8×32 位 $= 32$ B，故 $w = 5$；根据题目条件，Cache 的数据存储体被分成 4096 B/32 B $= 128$（行），故 $r = 7$ 位；访问 4 MB 主存空间需要 22 位地址线，因此区地址（tag）长度 $= 22 - 5 - 7 = 10$（位）。

（2）Cache 有 128 行，每行有 8 个字，初始状态为空，因此主存从 0 开始到 99 号单元的 100 个字均会被载入 Cache 前 13 行中（最后一行只包括 96～99，共 4 个字）。第一次访问时，每个数据块的第一次读访问都不命中，会将对应数据块载入，后续相邻的 7 次访问都会命中，且后续的 9 次循环，所有数据访问都会命中。因此，命中率 $h = (100 \times 10 - 13)/(100 \times 10) = 98.7\%$。

（3）存储系统的平均访问时间：

$$T = 0.987 \times 20 \text{ ns} + (1 - 0.987) \times 200 \text{ ns} = 22.34 \text{ ns}$$

（4）存储系统的访问效率：

$$e = 20/22.34 = 89.5\%$$

【例 3.5】某计算机的主存地址空间大小为 256 MB，按字节编址。指令 Cache 和数据 Cache 分离，均有 8 个 Cache 行，每个 Cache 行大小均为 64 B，数据 Cache 采用直接相联映射方式。现有两个功能相同的程序 A 和 B，其伪代码如下。

假定 int 型数据用 32 位补码表示，程序编译时 i、j、sum 均分配在寄存器中，数组 a 按行优先方式存放，其首地址为 320（十进制数）。请回答下列问题，要求说明理由或给出计算过程。

（1）若不考虑用于 Cache 一致性维护和替换算法的控制位，则数据 Cache 的总容量为多少？

（2）数组元素 a[0][31] 和 a[1][1] 各自所在的主存块对应的 Cache 行号分别是多少（Cache 行号从 0 开始）？

（3）程序 A 和 B 的数据访问命中率各是多少？哪个程序的执行时间更短？

| 程序 A:
int a[256][256];
int sum_array1()
{
    int i, j, sum = 0;
    for(i = 0;i< = 256;i + +)
     for(j = 0;j< = 256;j + +)
    sum + = a[i][j];
    return sum;
} | 程序 B:
int a[256][256];
int sum_array1()
{
    int i, j, sum = 0;
    for(j = 0;j< = 256;j + +)
     for(i = 0;i< = 256;i + +)
    sum + = a[i][j];
    return sum;
} |

解：

（1）数据 Cache 总容量＝Cache 行数×行大小，不考虑一致性维护和替换算法的控制位，每个 Cache 行主要包括有效位 valid、区地址标记字段和数据块 3 部分。

主存地址为 256 MB，因此主存地址位宽为 28，数据 Cache 有 8 个 Cache 行。index 字段位宽 $r=3$，每个 Cache 行大小为 64 B，故块内偏移地址位宽 $w=6$。区地址 tag 字段位宽为 $28-3-6=19$ 位。因此，数据 Cache 的总容量应为

$$8×[(1+19)/8+64] B=532 B$$

（2）数组按行优先方式存放，首地址为 320，数组元素占 4 个字节，行优先和列优先时二维数组元素在内存中的分布如表 3.3 所示。

表 3.3　二维数组元素在内存中的分布

内存地址	320	324	328	……	1340	1344	1348
行优先	a[0][0]	a[0][1]	a[0][2]	……	a[0][255]	a[1][0]	a[1][1]
列优先	a[0][0]	a[1][0]	a[2][0]	……	a[255][0]	a[0][1]	a[1][1]

由表 3.3 可知：

a[0][31]所在的主存地址为（320＋31×4）=444；

a[1][1]所在的主存地址为 320＋256×4＋1×4=1348。

根据直接相联映射规则可知：

a[0][31]所在的主存块对应的 Cache 行号＝块号 mod8＝（444/64）mod8＝6；

a[1][1]所在的主存块对应的 Cache 行号＝块号 mod8＝（1348/64）mod8＝5。

（3）由于 i、j、sum 均分配在寄存器中，故数据访问命中率仅考虑数组 a 的情况。A、B 两程序的功能都是对二维数组累加求和，数组中的每一个元素仅被使用一次。数组按行优先存放，数据 Cache 的容量为 8×64 B＝512 B＝128 字，可以放下数组半行的数据。

① 程序 A 中数据的访问顺序与存储顺序相同，具有较好的空间局部性，每个 Cache 数据块可以存储 16 个 int 型数据，顺序访问时，第一次访问缺失，载入数据块，后续 15 次访问

都会命中。程序 A 中的所有数据访问都符合这一规律，故命中率为 15/16，即程序 A 的数据访问命中率是 93.75%。

② 程序 B 按照数组的列执行外层循环，在执行内层循环的过程中，将连续访问不同行但同一列的数据，由于数组中一行数据大小为 256×4B＝256 字，是 Cache 容量的 2 倍，因此不同行的同一列数组元素对应同一个 Cache 行，第一次访问不命中，载入数据块，且后续访问仍然不命中，载入新的数据块到同一行，这样所有数据都无法命中，故命中率是 0。由于从 Cache 读数据比从主存读数据快很多，因此程序 A 的执行速度比程序 B 快得多。

3. 组相联映射

1）组相联映射基本原理

全相联映射命中率高，但查找硬件成本高；而直接相联映射查找成本低，但命中率低，二者在特性上正好互补。组相联映射是直接相联映射和全相联映射两种方式的折中，既能提高命中率，又能降低查找硬件的开销。

组相联映射将 Cache 分成固定大小的组，每组有 k 行，称为 k−路组相联。主存数据块首先采用直接相联映射的方式定位到 Cache 中固定的组，然后采用全相联映射的方式映射到组内任何一个 Cache 行，组相联映射规则如下：

$$\text{Cache 组号} = \text{主存块号} \bmod (\text{Cache 组数}) \tag{3.8}$$

根据该规则，主存地址可细分为标记字段（tag）、组索引（index）、块内偏移（offset）3 部分，这里的组索引实际就是式（3.8）中的余数。

直接相联映射让数据查找的范围快速缩小到某一个 Cache 组，大大缩小了查找范围，降低了全相联并发比较的硬件开销；Cache 组内多个 Cache 行则采用全相联映射规则，有效避免了直接相联映射冲突率较高的问题，大大提高了 Cache 命中率。

图 3.28 所示为一个二路组相联映射的逻辑示意图，Cache 一共包括 n 组，同样也可以将主存地址中的主存块地址细分为标记字段 tag 和组索引 index 两部分。由图 3.28 可知，Cache 行大小＝2^w 字节，组数 $n=2^d$，主存容量＝2^{s+w} 字节，Cache 容量＝$2n(1+s-d+8×2^w)$ 位。

图 3.28 中 B_0 块的组索引字段为 0，所以只能映射到第 0 组。同理，$B_1 \sim B_{n-1}$ 块只能分别映射到第 1～第 n−1 组，而 $B_n \sim B_{2n-1}$ 分别映射到第 0～第 n−1 组。

组相联进行数据查找时，首先利用主存块地址中的组索引字段 index 定位具体 Cache 组，然后将标记字段与组内所有行的标记以及有效位进行全相联并发比较，如有相符的，则表示命中，否则表示数据缺失。注意这里全相联比较只局限于组内，所以全相联比较所需要的比较器为 k 个，大大降低了硬件开销。

1）组相联映射硬件实现

图 3.29 所示为组相联映射的硬件逻辑实现框图。这里也假设 Cache 块大小为 4W，共 8 行，主存按字访问，主存地址长度为 9 位，8 行 Cache 分成 n＝4 组，每组有 k＝2 行。主存地址中的组索引 index 字段经过组索引译码器产生组译码（组选通）信号 $S_0 \sim S_3$，控制对应组中所有 Cache 行的有效位 valid 和标记信息传输到 k 路并发比较器电路（包含 k 个比较器）。这里 k＝2，当前组中某一行的标记位与主存地址中的标记位相同且有效位为 1 时，Cache 命中，否则缺失。将 k 路并发比较结果与 n 路组索引译码信号分别进行逻辑与后得到 n×k 个 Cache 行选通信号 $L_0 \sim L_{n×k-1}$，这里为 $L_0 \sim L_7$。Cache 行选通后读写逻辑和其他映射方式基本

一致。数据淘汰时应在指定的组内选择 Cache 行进行淘汰。

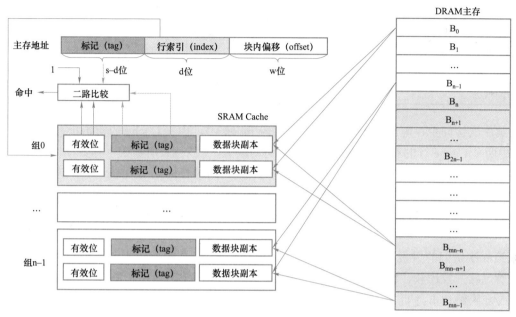

图 3.28 一个二路组相联映射逻辑示意图

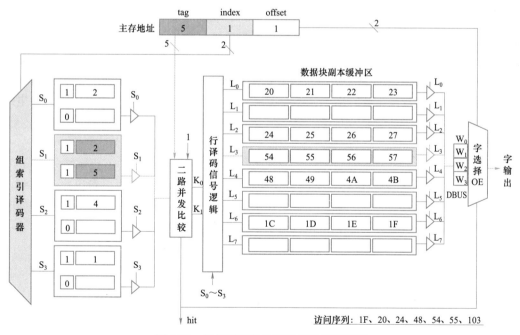

图 3.29 组相联映射的硬件逻辑实现框图

假设 Cache 的初始状态为空，访问序列和全相联映射完全相同。根据组相联映射主存地址结构，该访问序列对应的地址解析（tag，index，offset）以及访问情况如表 3.4 所示。

表 3.4　组相联映射访问过程

访问序列	1	2	3	4	5	6	7
十六进制	1F	20	24	48	54	55	103
二进制	000011111	000100000	000100100	001001000	001010100	001010101	100000011
(tag，offset)	(1,3,3)	(2,0,0)	(2,1,0)	(4,2,0)	(5,1,0)	(5,1,1)	(10,0,3)
Cache 组/行	S_3/6	S_0/0	S_1/2	S_2/4	S_1/3	S_1/3	S_0/1
访问情况	载入	载入	载入	载入	载入	命中	载入

第 1 次访问主存地址为 1F，其组索引字段 index＝3，由于 Cache 的初始状态为空，故第 3 组中两个 Cache 行的有效位 valid 均为 0，访问缺失，载入 1F 所在的主存数据块（1C～1F）到 Cache 第 3 组的第一个空行中（Cache 的第 6 行）；同时将标记字段 tag＝1 存放在第 6 行的标记字段中，并将有效位 valid 置 1，以方便后续查找。

同理，第 2～5 次访问均为缺失状态，分别将对应主存数据块载入 Cache 的第 0、2、4、3 行中。

第 6 次访问的组索引字段 index＝1，第 1 组的标记信息和有效位信息与主存地址标记字段进行二路并发比较，组内第 1 行相符，其有效位为 1，访问命中，K_1 输出为 1，经过行译码信号逻辑输出 L_3＝1，即选中第 3 行数据输出，由块内偏移 offset＝1 选择 Cache 行中的 W_1 字输出。

第 7 次访问的主存地址为 103，组索引 index＝0，第 0 组的第 0 行数据有效位 valid＝1，但标记字段和主存地址标记字段不相符；第 0 组的第 1 行有效位 valid＝0，为空行，数据缺失，故将 103 所在的主存块载入第 0 组的第 1 行中即可。相对于直接相联映射，第 7 次访问没有发生替换，显然组相联映射 Cache 的利用率相对于直接相联映射有所提高。

组相联映射与全相联映射相比，其每一组的多路比较器数目大幅减少，且为各 Cache 组共享，硬件成本更低。当每组只有一个 Cache 行，也就是只有 1 路组相联时，只需要一个比较器，即电路演变成直接相联映射。当整个 Cache 只有一组时，无须组索引译码器，电路演变成全相联映射。

4. 不同映射方式比较

图 3.30 所示为 3 种不同映射方式的主存地址划分，从图 3.30 中可以看出，s＞r＞d，当组索引字段的位宽 d＝0，也就是整个 Cache 只分为一个组时，组相联映射变成了全相联映射；而当 d 为最大值 r 时，每组只有一个 Cache 行，组相联映射变成了直接相联映射。

图 3.30　三种映射方式的主存地址划分

直接相联映射查找容易，淘汰简单，但命中率较低；全相联映射查找时并发比较的硬件成本最高，淘汰算法复杂，但其命中率最高；组相联映射则兼具二者的优势，可以说组相联映射是直接相联映射和全相联映射的折中，也可以说直接相联映射和全相联映射是组相联映射的特例。

3.4.3 替换策略

替换策略也称替换算法或者淘汰算法，是指在 Cache 中已装满数据，当新的数据块要载入时，必须从 Cache 中选择一个数据块替换，替换数据块中如果存在脏数据，还需要将淘汰数据同步到主存中。常用替换算法主要有以下 4 种。

1. 先进先出算法

先进先出（First In First Out，FIFO）算法的基本思想是按照数据块进入 Cache 的先后决定替换的顺序，即在需要进行替换时，选择最先被载入 Cache 的行进行替换。这种方法需要记录每个 Cache 行载入 Cache 的时间戳或时间计数，以方便替换时比较先后顺序。FIFO 算法系统开销较小，缺点是不考虑程序访问的局部性，可能会把一些需要经常使用的块（如循环程序块）也作为最早进入 Cache 的块而替换掉，因此，可能导致 Cache 的命中率不高。

2. 最不经常使用算法

最不经常使用（Least Frequently Used，LFU）算法将被访问次数最少的 Cache 行淘汰。为此，每行必须设置一个淘汰计数器，其硬件成本较高。新载入的 Cache 行从 0 开始计数，每命中访问一次，被访问行的计数器加 1。当需要替换时，对所有可淘汰行的计数值进行比较，将计数值最小的行淘汰。

LFU 算法的不足是淘汰计数器记录的为 Cache 上电后的历史访问统计情况，并不能严格反映近期访问情况。例如特定行中的 A、B 两行，A 行在前期多次被访问而后期未被访问，但累计访问次数值很大，B 行是前期不常用而后期被频繁访问，但可能因淘汰计数值小于 A 行而被 LFU 算法换出。

3. 近期最少使用算法

近期最少使用（Least Recently Used，LRU）算法是将近期内最久未被访问过的行淘汰。为此，每行也需要设置一个计数器，Cache 每命中一次，对应的命中行计数器清零，其他各行计数器加 1，因此它是未访问次数计数器。当需要替换时，比较各特定行的计数值，将计数值最大的行换出。这种算法显然保护了刚载入 Cache 的新数据，符合 Cache 工作原理，因此使 Cache 有较高的命中率。

LRU 算法硬件实现的难点主要是快速比较多行计数器。要找出计数值最大的 Cache 行，具体实现时需要较多的比较器进行归并比较。但如果是二路组相联的 Cache，情况则会大为简化。因为一个主存块只能在一个特定组的两行中存放，二选一完全不需要计数器，只需要一个二进制位即可。如果规定一组中当 A 行调入新数据时将此位置 1，另一行（B 行）调入新数据时将此位置零，那么当需要替换时只需检查此位的状态，若此位为 0，则说明 B 行的数据比 A 行的后调入，故将 A 行换出，反之则换出 B 行。Pentium 机芯片内的数据 Cache 是一个二路组相联结构，采用的就是这种 LRU 替换算法。

4. 随机替换算法

随机替换就是在需要进行替换时，从特定的行中随机地选取一行进行替换。这种策略硬件实现最容易，而且速度也比前几种策略快；缺点是随意换出的数据很可能马上又要用，从而降低命中率和 Cache 工作效率。但这个负面影响随着 Cache 容量的增大会减小，模拟研究表明，随机替换算法的功效只是稍逊于 LFU 算法和 LRU 算法。在虚拟存储器的 TLB 表中，为了提高替换速度，就采用了随机替换算法。

替换算法与 Cache 的组织方式紧密相关。对采用直接相联映射方式的 Cache 来说，因一个主存块只有一个特定的行位置可存放，所以不需要使用任何替换算法，只要有新的数据块调入，此特定行位置上的原数据一定会被换出。对全相联的 Cache 而言，执行替换算法时涉及全部 Cache 行；而对组相联的 Cache 来说，执行替换算法时只涉及特定组中的行。

【例 3.6】假定某程序访问 7 块信息，Cache 分为 4 行，采用全相联方式组织。程序访问的块地址流依次为 1，2，3，2，1，3，1，4，4，5，6，7，5，6，7，5。分析 LFU 和 LRU 算法的访问过程，并计算命中率。

解：LFU 算法访问过程如表 3.5 所示，LRU 算法访问过程如表 3.6 所示，表中上标表示计数值。需要替换时，若有多个行计数值相同，则可以采用 FIFO 或随机算法，本例中采用 FIFO 替换算法。

表 3.5　LFU 算法访问过程

地址流	1	2	3	2	1	3	1	4	4	5	6	7	5	6	7	5
第0行	1^0	1^0	1^0	1^0	1^1	1^1	1^2	1^2	1^2	1^2	1^2	1^2	1^2	1^2	1^2	1^2
第1行		2^0	2^0	2^1	2^1	2^1	2^1	2^1	2^1	5^0	6^0	7^0	5^0	6^0	7^0	5^0
第2行			3^0	3^0	3^0	3^1	3^1	3^1	3^1	3^1	3^1	3^1	3^1	3^1	3^1	3^1
第3行								4^0	4^1	4^0	4^0	4^0	4^0	4^0	4^0	4^0
命中情况				√	√	√	√		√							

表 3.6　LRU 算法访问过程

地址流	1	2	3	2	1	3	1	4	4	5	6	7	5	6	7	5
第0行	1^0	1^1	1^2	1^3	1^0	1^1	1^0	1^1	1^2	1^3	1^4	7^0	7^1	7^2	7^0	7^1
第1行		2^0	2^1	2^0	2^1	2^2	2^3	2^4	2^5	5^0	5^1	5^2	5^0	5^1	5^2	5^0
第2行			3^0	3^1	3^2	3^0	3^1	3^2	3^3	3^4	6^0	6^1	6^2	6^0	6^1	6^2
第3行								4^0	4^0	4^1	4^2	4^3	4^4	4^5	4^6	4^7
命中情况				√	√	√	√		√				√	√	√	√

LFU 算法的命中率＝5/16＝31.25%，LRU 算法的命中率＝9/16＝56.25%，本例中 LFU 不能反映近期访问频率，所以命中率低于 LRU 算法。

3.4.4 写策略

由于 Cache 的内容只是主存部分内容的副本，故它应当与主存内容保持一致，而 CPU 对 Cache 的写入更改了 Cache 的内容。Cache 的内容如何与主存内容保持一致，通常可选用以下三种写操作策略。

1. 写回法（Write Back，Copy Back）

使用写回法，当 CPU 对 Cache 写命中时，只修改 Cache 的内容而不立即写入主存，只有当此行被替换出 Cache 时才将脏数据写回主存。这种策略使 Cache 在读操作和写操作上都起到高速缓存作用。为支持这种策略，每个 Cache 行必须配置一个修改位，也称为脏位（Dirty Bit），以标识此行是否被改写过，若被改写过则该位为 1，反之则为 0。当某行被换出时，根据此行的脏位为 1 还是为 0，决定是将该行内容写回主存还是简单地丢弃。显然，这种写 Cache 与写主存异步进行的方式可显著减少写主存的次数，但其也带来了 Cache 与主存中数据的不一致性，可能会导致 DMA 操作获得的数据不是最新的数据。

2. 写穿法（Write-Through，WT）

写穿法也称直写法或全写法，其基本思想是当 Cache 写命中时，同时对 Cache 和主存中的同一数据块进行修改，其优点是 Cache 每行无须设置一个修改位以及相应的判别逻辑；而且发生块替换时，被换出的数据块可以直接丢弃，无须写回主存。

Intel 80486 处理器片内 Cache 采用的就是写穿法。写穿法的缺点是 Cache 对 CPU 的写操作无缓冲功能，降低了 Cache 的功效。

写穿法较好地维护了单 CPU 环境下 Cache 与主存的内容一致性。在多处理器系统中各 CPU 都有自己的 Cache，当一个主存块在多个 Cache 中都有一份副本时，即使某个 CPU 以写穿法来修改它所访问的 Cache 和主存内容，也无法保证其他 CPU 中 Cache 内容的同步更新。

3. 写一次法（Write Once）

写一次法是基于写回法并结合全写法的写策略：写命中与写未命中的处理方法和写回法基本相同，只是第一次写命中时要同时写入主存。这是因为第一次写 Cache 命中时，CPU 要在总线上启动一个存储写周期，其他 Cache 监听到此主存块地址及写信号后，即可复制该块或及时作废，以便维护系统全部 Cache 的一致性。奔腾 CPU 的片内数据 Cache 就采用了写一次法。

3.4.5 Cache 性能分析

1. 平均访存时间

失效率常用来评价存储层次的性能，它与硬件速度无关，但这个间接指标有时也会产生误导。评价存储层次更合理的指标是平均访存时间：

$$平均访存时间=命中时间+失效率×失效开销$$

式中，命中时间（Hit Time）——访问 Cache 命中时所用的时间。

平均访存时间的两个组成部分既可以用绝对时间（如命中时间为 0.25～1 ns），也可以用时钟周期数（如失效开销为 150～200 个时钟周期）来衡量。

2. CPU 时间

尽管平均访存时间是一个比失效率更好的评价存储层次的性能指标，但它只是衡量存储子系统性能的一个指标，是衡量整个 CPU 性能的一个间接指标。CPU 性能（CPU 时间）由程序执行时间衡量，而这个指标与 Cache 性能密切相关，用以下公式表示：

$$CPU 时间=（CPU 执行周期数+存储器停顿周期数）×时钟周期时间$$

"CPU 执行周期数"是假设所有访存在 Cache 中命中时程序的执行时间，这一时间中包括了 Cache 命中时间。为了简化对各种 Cache 设计方案的评价，设计者经常假设所有存储停顿都由 Cache 失效引起，此处也利用这种假设来进行分析。但实际上其他原因诸如 IO 设备等也会因访存而引起停顿，当计算最终性能时要考虑这些因素。微处理器的工作方式也会影响上述公式，如果微处理器是顺序执行的，那么处理器在失效时会停顿，存储器停顿时间直接决定着平均访存时间，也就直接影响着微处理器性能；如果是乱序执行的，则情况会有所不同。

存储器停顿周期数可以用程序的访存总次数、失效开销（单位为时钟周期）以及"读"和"写"的失效率来计算，即：

$$存储器停顿周期数="读"的次数×读失效率×读失效开销+$$
$$"写"的次数×写失效率×写失效开销$$

一般通过将"读"的次数和"写"的次数合并，并求出"读"和"写"的平均失效率和平均失效开销，将上式简化为

$$存储器停顿周期数=访存次数×失效率×失效开销$$

由于"读"和"写"的失效率和失效开销通常是不相等的，所以这只是一个近似公式。

从执行周期数和存储停顿周期数中提取公因子"指令数"（IC），得：

$$CPU 时间=IC×\left(CPI+\frac{访存次数}{指令数}×失效率×失效开销\right)×时钟周期时间$$

上述公式中，各个参数很容易量度，每条指令都需进行一次访存取指，有些指令还需进行访存取数，IC 和访存次数可以通过处理器的执行计数来计算。失效开销是个平均数，但一般简化为一个固定值。实际中，一次失效发生时，主存可能因为前面的访存请求或存储器刷新忙而不能及时服务该次失效，处理器、总线、存储器接口时钟频率的差异也会导致失效开销不同。失效率为 Cache 访问中失效的百分比（失效次数/访问次数），可以通过 Cache 模拟器监控指令和数据访问的地址踪迹来计数 Cache 命中或失效的情况，当前很多处理器均提供硬件计数来统计 Cache 命中和失效的次数，从而统计失效率。

【例 3.7】假设一台计算机在 Cache 全命中的情况下 CPI 为 1.0，只有 Load 和 Store 指令能进行访存，这两种指令占总指令的 50%，如果失效开销为 200 个时钟周期，失效率为 2%，比较全命中情况，则此计算机由于失效带来的性能损失有多少？

解：

全命中时机器的性能为

CPU 执行时间$_{全命中}$=(CPU 执行周期数+访存停顿周期数)×时钟周期时间

=(IC×CPI+0)×时钟周期时间=IC×1.0×时钟周期时间

具有真实 Cache 的机器性能为

CPU 执行时间$_{真实Cache}$=IC×（CPI+（访存次数/指令数）×失效率×失效开销）×

时钟周期时间

=(IC×1.0+IC×(1+0.5)×0.02×200)×时钟周期时间

=IC×7.0×时钟周期时间

CPU 执行时间$_{真实Cache}$/CPU 执行时间$_{全命中}$=7.0

这里失效率定义为"每次访存的平均失效次数"，而一些设计者把失效率定义为"每条指令的平均失效次数"，这两者的关系为

每条指令的平均失效次数=失效率×访存次数/指令数

=失效率×每条指令的平均访存次数

例 3.7 中，每条指令的平均失效次数=失效率×访存次数/指令数=0.02×1.5=0.03。

"每条指令的平均失效次数"这个指标的优点在于其与硬件实现无关，例如，在带有前瞻执行的处理器中，取指的数量可能是提交指令的 2 倍，这样，人为地使用"每次访存的平均失效次数"就比使用"每条指令的平均失效次数"作为失效率要小。缺点在于，"每条指令的平均失效次数"这个指标与机器体系结构有关，例如，MIPS 和 80x86 的"每条指令的平均访存次数"可能很不相同。因此，"每条指令的平均失效次数"通常用于评价系列机的性能。

当考虑了 Cache 的失效影响后，CPI 就会增大，例 3.7 中 CPI 从理想计算机的 1.0 增加到 7.0，是原来的 7 倍。由于不管有没有 Cache，时钟周期时间和指令数都保持不变，所以 CPU 的时间也将增加到原来的 7 倍。然而，若不采用 Cache，CPI 将增加为 1.0+200×1.5=301，即是 Cache 系统的 40 多倍。

正如上面例子所说的，Cache 的行为可能会对系统性能产生巨大的影响。而且，Cache 失效对于一个 CPI 较小、时钟频率较高的 CPU 来说，影响更大，因为 CPI 越低，固定周期数的 Cache 失效开销的相对影响就越大；时钟频率越高，失效开销所需的时钟周期数会越大，其 CPI 中存储器的停顿部分也就较大。所以，在评价具有低 CPI、高时钟频率 CPU 的机器性能时，如果忽略 Cache 的行为，就更容易出错。

减少平均访问时间意味着提高了存储子系统的性能，是一个合理的目标，本部分的许多地方也使用了平均访问时间这个指标，其最终目标是减少 CPU 的执行时间。

3.5　改进 Cache 性能的方法

CPU 和主存之间在速度上越来越大的差距已引起了许多体系结构设计人员的关注。根据公式：

平均访问时间=命中时间+失效率×失效开销

可知，可以从降低 Cache 失效率、减少 Cache 失效时间和减少 Cache 命中时间这三方面来改进 Cache 的性能。

具体方法请扫码查看文件。

3.5　改进 Cache 性能的方法

3.6 虚拟存储器

3.6.1 虚拟存储器的工作原理

存储系统设计的基本目的是设计一个访问速度快、存储容量大的存储系统。采用 Cache 技术可以大大提高主存的访问速度，然而它并不能解决主存容量不足的问题。一方面，程序员总是希望能够有一个大于主存空间的编程空间，这样编写程序时不受实际主存大小的限制；另一方面，多任务操作系统出现以后，在计算机系统中同时有多个用户程序的进程运行，每个进程都需要自己的独立地址空间。如何让更多的程序（容量可能大于主存容量）在有限的主存空间中高效并发运行且互不干扰是虚拟存储器需要解决的问题。

虚拟存储器由英国曼切斯特大学的基尔伯恩（Kilburn）等人于 1961 年提出，经过 20 世纪 60 年代到 20 世纪 70 年代的发展和完善，目前，几乎所有的计算机中都采用了虚拟存储器系统。

在存储系统的层次结构中，虚拟存储器处于"主存—辅存"存储层次，通过在主存和辅存之间增加部分软件（如操作系统）和必要的硬件（如地址映射与转换机构、缺页中断结构等），使辅存和主存构成一个有机的整体，就像一个单一的、可供 CPU 直接访问的大容量主存一样。程序员可以用虚拟存储器提供的地址（虚拟地址）进行编程，这样，在实际主存空间大小没有增加的情况下，程序员编程不再受实际主存空间大小的限制，因此把这种存储系统称为虚拟存储器。图 3.31 所示为虚拟存储器的典型组织结构。

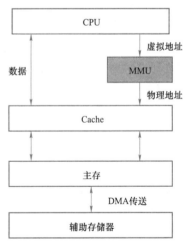

虚拟存储器充分利用了程序的局部性，采用按需加载的方式加载程序代码和数据。其基本思路是加载程序时并不直接将程序和代码载入主存，而仅仅在相应的虚拟地址转换表（段表、页表）中登记虚拟地址对应的磁盘地址，程序执行并访问该虚拟地址对应的程序或数据时，会产生缺页异常，操作系统会调用异常处理程序并载入实际的程序和代码。根据程序局部性原理，通常程序只需要加载很小一部分空间即可运行，这种方式避免了将程序全部载入主存，大大提高了主存的利用率。

图 3.31 虚拟存储器的典型组织结构

另外虚拟存储器也采用了与 Cache 类似的技术，尽量将辅存中经常访问的程序和数据的副本调度到上层的主存储器中，使得大部分数据都可以通过直接访问快速的主存获得。极端情况下，主存空间也会被消耗完毕（内存满），此时虚拟存储器需要选择最不经常访问的程序和数据进行淘汰，才能载入新的数据。淘汰时对于不可修改的静态代码和数据，由于源数据来自辅助存储器，因此只需简单丢弃即可；而对于主存中动态修改过的数据，进行淘汰时则需要将这部分数据保存到辅助存储器上的特殊位置，并保存磁盘地址以便后续访问，较为常见的有 Linux 操作系统中的交换分区、Windows 操作系统中的页面文件。这种机制使主存满后系统仍然能正常运行，但由于辅存和主存访问速度差异巨大（ms/ns 的量级差异），因此主存满后主存数据频繁地从主存到辅存的换入、换出将导致系统性能急剧下降。

3.6.2　虚拟存储器的地址映射与变换

虚拟存储器中有 3 种地址空间，第一种是虚拟地址空间，也称为虚拟空间或虚地址空间，它是程序员用来编写程序的地址空间；第二种地址空间是主存的地址空间，也称物理地址空间或实地址空间；第三种地址空间是辅存地址空间，也就是磁盘存储器的地址空间。与这 3 种地址空间相对应，有 3 种地址，即虚拟地址（虚地址）、主存物理地址（实地址）和磁盘存储器地址（磁盘地址或辅存地址）。

我们知道，Cache 中的地址映射是将主存中的数据按照某种规则调入 Cache。虚拟存储器中的地址映射也有类似的功能，它把虚拟地址空间映射到主存空间，也就是将用户利用虚拟地址访问的内容，按照某种规则从辅存装入主存储器中，并建立虚地址与实地址之间的对应关系。而地址转换则是在程序被装入主存后，在实际运行时，把虚拟地址转换成实地址或磁盘地址，以便 CPU 从主存或磁盘中读取相应的信息。

在虚拟存储系统中程序运行时，CPU 以虚拟地址访问主存，使用存储管理控制部件 MMU（Memory Management Unit）找出虚拟地址和物理地址之间的对应关系，并判断这个虚拟地址对应的内容是否已经在主存中。如果已经在主存中，则通过 MMU 将虚拟地址转换成物理地址，CPU 直接访问主存单元；如果不在主存中，则把包含这个字的一页或一个程序段（与虚拟存储器的类型有关）调入主存，并在 MMU 中填写相关的标记信息。

根据虚拟存储器中对主存逻辑结构划分的粒度不同，虚拟存储器可分成 3 种不同的类型，分别是页式、段式和段页式虚拟存储器。本部分仅介绍页式虚拟存储器，段式、段页式虚拟存储器可在操作系统课程中学习。

3.6.3　页式虚拟存储器

3.6.3　页式虚拟存储器

● 本章小结

1. 存储器是计算机用来存储数据和指令的主要器件，是构成计算机的关键部件之一。存储器的容量越大，表明能存储的数据越多，现代计算机要求存储器不仅容量大，还要求速度快、成本低，设计满足此要求的存储器系统是计算机发展追求的目标之一。

2. 常用的 RAM 存储器有 SRAM 和 DRAM，都属于易失性存储器，两者的存储元结构不同、成本不同，用途也不一样，SRAM 速度快、成本高、容量小，常用作 Cache，而 DRAM 则用作主存居多。ROM 和 Flash 存储器则属于非易失性存储器，主要用来存放一些不需要修改的程序，如微程序、子程序、某些系统软件和用户软件。

3. 存储容量扩展有位扩展、字扩展和字位扩展，现在常用的内存条采用的是字位扩展技术。

4. 并行存储器的技术主要有多模块交叉存储器和双端口存储器。

5. Cache 主存系统构成计算机硬件系统的内存，Cache 存储器是基于局部性原理来设计的，需要解决的主要问题有地址映射、替换策略和写策略，改进 Cache 性能的措施主要有降低失效率、减少失效开销和减少命中时间。

6. 虚拟存储器处于"主存—辅存"存储层次，其存在的目标主要是提高计算机系统主存的容量。其设计同样利用了程序的局部性，采用按需加载的方式加载程序代码和数据。

● 习 题

3.1 计算机系统中为什么要采用层次化存储体系结构？

3.2 某计算机主存容量为 64 KB，其中 ROM 区为 4 KB，其余为 RAM 区，按字节编址。现要用 2 K×8 位的 ROM 芯片和 4 K×4 位的 RAM 芯片来设计该存储器，则需要上述规格的 ROM 芯片数和 RAM 芯片数分别是多少？

3.3 用 4 个 32 K×8 位的 SRAM 存储芯片，可以设计出哪几种不同的容量和字长的存储器，请画出相应的设计图并完成与 CPU 的连接。

3.4 用 16 K×1 位的 DRAM 芯片构成 64 K×8 位的存储器，设存储器的读写周期为 0.5 μs，要使 CP 在 1 μs 内至少访问存储器一次，采用哪种刷新方式比较合适？若每行刷新间隔不超过 2 ms，则该方式下刷新信号的产生周期是多少？

3.5 请说明多体交叉存储器的设计思想和实现方法。

3.6 直接相联映射是否需要替换算法？为什么？

3.7 某计算机的 Cache 由 64 个存储块构成，采用四路组相联映射方式，主存包含 4096 个存储块，每块由 128 个字组成，访问地址为字地址。

（1）主存地址和 Cache 地址各有多少位？

（2）按照题干条件中的映射方式，列出主存地址的划分情况，并标出各部分的位数。

3.8 某计算机的主存容量为 4 MB，Cache 容量为 16 KB，每块包含 8 个字，每字为 32 位，映射方式采用四路组相联。设 Cache 的初始状态为空，CPU 依次从主存第 0，1，2…，99 号单元读出 100 个字（每次读一个字），并重复此操作 10 次，替换算法采用 LRU 算法。

（1）求 Cache 的命中率。

（2）若 Cache 比主存快 10 倍，分析采用 Cache 后存储访问速度提高了多少。

3.9 某机器中，已知配有一个地址空间为 0000H～1FFFH，字长 16 位的 ROM 区域（只读不写，无须接读写控制信号）。现在再用 RAM 芯片（8K×8 位）形成 16K×16 位的 RAM 区域，起始地址为 2000H。假设 RAM 芯片有 CS 和 WE 信号控制端。CPU 地址总线为 A14～A0，数据总线为 D15～D0，控制信号为 R/W。要求：

（1）分析地址译码方案。

（2）画出将 ROM 和 RAM 同 CPU 连接的框图。

3.10 某计算机系统中有一个 TLB 和 L1 级数据 Cache，存储系统按字节编址，虚拟存储容量为 2 GB，主存容量为 4 MB，页大小为 128 KB，TLB 采用四路组相联方式，共有 16 个页表项。Cache 容量为 16 KB，每块包含 8 个字，每字为 32 位，映射方式采用四路组相联，回答下列问题。

（1）虚拟地址中哪几位表示虚拟页号，哪几位表示页内地址？虚拟页号中哪几位表示 TLB 标记，哪几位表示 TLB 索引？

（2）物理地址中哪几位表示物理页号，哪几位表示偏移地址？

（3）为实现主存与数据 Cache 之间的组相联映射，对该地址应进行怎样的划分？

第4章

指令系统

指令系统是软件与硬件的分界面，直接影响机器的硬件结构。本章首先说明指令系统的发展与性能要求，然后介绍指令的一般格式，之后重点讲述寻址方式、指令的分类和功能，并给出几个指令系统实例。

4.1 指令系统的发展与性能要求

4.1.1 指令系统的发展

计算机唯一能够识别的语言是机器语言，这种机器语言是由许多语句构建而成的，每个语句都能准确地表示一定语义。比如，它能让计算机执行特定的操作，并指明操作涉及的数字或其他信息的位置。计算机正是通过不断地执行每条语句来完成自动化的工作的。

指令就是命令计算机执行某种操作的语句。从计算机组成的层次结构来划分，计算机的指令有微指令、机器指令和宏指令之分。微指令是微程序级的命令，它属于硬件范畴；宏指令是由若干条机器指令组成的软件指令，它属于软件范畴；而机器指令则介于微指令与宏指令之间，通常简称为指令，每一条指令都可完成一个独立的算术运算或逻辑运算操作。

本章所讨论的指令，都指的是机器指令。一台计算机中所有机器指令的集合，称为这台计算机的指令系统（指令集）。指令系统是表征一台计算机性能的重要因素，它的格式与功能不仅影响到机器的硬件结构，而且影响到系统软件。因为指令是设计一台计算机的硬件与低层软件的接口，所以，机器的指令系统就是计算机功能的集中体现，学习理解了一台计算机的指令系统也就清楚了它所拥有的功能。

指令系统是随着计算机的发展而发展的，它也同计算机一样，经历了从简单到复杂的发展历程。在 20 世纪 50—60 年代，大部分计算机都是由晶体管和电子管构成，受器件限制，计算机的硬件结构也比较简单，故其能支持的指令系统只有定点加减、逻辑运算、数据传送、转移等十几至几十条最基本的指令，并且寻址方式也简单。到了 20 世纪 60 年代中后期，随着集成电路的出现，以及其在计算机中的广泛应用，计算机的硬件功能得到不断增强，所支持的指令系统也越来越丰富。除上述基本指令外，还增设了乘除运算、浮点运算、十进制运算、字符串处理等指令，指令数目多达一二百条，寻址方式也趋于多样化。

20 世纪 60 年代末，由于集成电路的发展和计算机应用领域的不断扩大，市场上开始出现系列计算机。所谓的系列计算机，指的是基本指令系统相同、基本体系结构相同的一系列计算机，比如 Pentium 系列，就是其中一款非常受欢迎的个人机系列。同一系列的产品通常有多种型号，但因为产品推出时间和采用的器件不一样，同系列的产品在结构和功能上也会有不小的差异。一般来说，新机型的性能和价格都优于老机型。系列机的推出满足了不同机种的软件兼容性，因为同一系列的各机种有共同的指令系统，并且新机种也一定包含了所有旧机种的全部指令，这样一来，为先前推出的计算机所开发的软件就能在不经任何改动的情况下在新推出的计算机上运行，这也大大降低了软件研发成本。

到了 20 世纪 70 年代，高级语言已经成为大、中、小型机的主流编程语言，计算机的使用也越来越普遍。由于软件发展速度远远快于软件设计理论的发展，使复杂的软件设计缺乏有效的理论依据，软件的质量难以得到保障，由此引发了"软件危机"。人们普遍认为，减少计算机指令系统和高级语言之间的语义差异，并为高级语言提供大量支持，是解决软件危机的一个有效和可行的方法。所以计算机设计者在使用微处理器技术和 VLSI 技术的同时，也增加了大量复杂的、面向高级语言的指令，使得指令系统变得更加庞大。

到了 20 世纪 70 年代末期，大多数计算机的指令系统多达几百条，我们称这些计算机为复杂指令系统计算机，简称 CISC。然而，如此庞大的指令系统不仅使计算机的研制周期变得漫长，并且由于 CISC 中有着大量的使用频率很低的复杂指令，这导致计算机硬件资源被大量地浪费，产生了指令系统所谓百分比 20:80 的规律，即最常使用的简单指令仅占指令总数的 20%，但在程序中出现的频率却占了 80%。为此，人们又提出了便于 VLSI 技术实现的精简指令系统计算机，简称 RISC。

4.1.2　指令系统的性能要求

指令系统的性能决定着计算机的基本功能，因此，在计算机的设计中，指令系统的设计一直处于核心地位，它不仅与计算机的硬件结构紧密相关，而且直接关系到用户的使用需要。一个完善的指令系统应做到以下 4 个方面的要求。

1. 完备性

完备性是指在用汇编语言编写各种程序时，指令系统中的指令足够编程者使用，而无须通过软件来实现。完备性要求指令系统做到指令丰富、功能齐全、使用方便。

对一台计算机来说，其所用到的最基本的、必不可少的指令并不多，很多指令都可以通过最基本的指令来编程实现。比如，乘除运算和浮点运算指令既可以通过硬件来实现，也可以用基本指令所编写的程序来实现。而为了提高程序执行速度，方便用户编程，故大部分计算机都大量采用了硬件指令。

2. 有效性

有效性是指使用此指令系统所编写的程序可以高效率运行。高效率主要体现在程序占据存储空间小、执行速度快。一般来说，一个功能更强、更完善的指令系统，必定有更好的有效性。

3. 规整性

规整性包括指令系统的对称性、匀齐性、指令格式和数据格式的一致性。对称性是指，指令系统中所有的寄存器和存储器单元都被同等对待，所有的指令都可使用各种寻址方式；匀齐性是指，一种操作性质的指令可以支持多种类型的数据，例如算术运算指令可支持字节、字、双字整数的运算，十进制数运算和单、双精度浮点数运算等；指令格式和数据格式的一致性是指，指令的长度和数据的长度之间应该存在某种关联，以方便数据的处理和存取。例如，指令长度和数据长度一般都是字节长度的整数倍。

4. 兼容性

虽然系列机的各机种都具有相同的基本结构和共同的基本指令系统，但由于不同机种推出的时间不同，并且在结构和性能上都有差异，故想要所有软件都完全兼容是做不到的，只能实现"向上兼容"，也就是为原始型号机型所开发的软件，在后续的机型上也能运行。

思考题　如果一个指令系统缺少了一个或者几个以上几方面的要求，会发生什么事呢？试着就每个性质举例说明，并理解其重要性。

4.1.3　低级语言与硬件结构的关系

计算机的程序，就是人们把需要用计算机解决的问题抽象分解成计算机能够识别的一系列指令或语句。编写程序的过程，称为程序设计，而程序设计所使用的工具则是计算机语言。

计算机语言可分为高级语言和低级语言。如 C、FORTRAN、Java、Python 等都属于高级语言，高级语言的语句和用法与具体机器的指令系统无关。低级语言分为机器语言（二进制语言）和汇编语言（符号语言），高级语言通过合适的汇编器就可以被翻译成汇编语言。汇编语言是程序语言中的最底层，它与计算机硬件相关，每类计算机硬件（相同的指令集架构的硬件可以归为一类）都有各自的汇编语言，例如基于 X86 的 64 位汇编语言、基于 ARM 的汇编语言等。汇编语言与计算机硬件是一对一、紧密关联的，因此通常用于一些与底层硬件紧密相关的开发工作，目的就是充分发挥这些硬件的优势。比如用 C 语言开发操作系统时，会用到一些汇编指令，这些汇编指令是某类计算机硬件独有的，通过这些汇编指令，能高效地利用这类计算机硬件的优势，因此汇编语言不能跨硬件。

机器语言和汇编语言都是面向机器的语言，它们和具体机器的指令系统密切相关。机器语言用指令代码编写程序，而符号语言用指令助记符来编写程序。表 4.1 列出了高级语言与低级语言的性能比较。

表 4.1 高级语言与低级语言的性能比较

序号	比较内容	高级语言	低级语言
1	对程序员的训练要求： （1）通用算法 （2）语言规则 （3）硬件知识	有 较少 不要	有 较多 要
2	对机器独立的程度	独立	不独立
3	编制程序的难易程度	易	难
4	编制程序所需时间	短	较长
5	程序执行时间	较长	短
6	编译过程中对计算机资源（时间和存储容量）的要求	多	少

一方面，计算机能够直接识别和执行的唯一语言是二进制码形式的机器语言，但人们用它来编写程序很不方便。另一方面，人们采用符号语言或高级语言编写程序，虽然对人编程提供了方便，但是机器却不懂这些语言。为此，必须借助汇编器（汇编程序）或编译器（编译程序），把符号语言或高级语言翻译成二进制码组成的机器语言。

高级语言与计算机的硬件结构及指令系统是独立的，在编写程序方面比汇编语言优越。但是高级语言编写的程序"看不见"机器的硬件结构，因而不能用它来编写直接访问机器硬件资源（如某个寄存器或存储器单元）的系统软件或设备控制软件。为了解决这一问题，一些高级语言提供了调用接口，当需要用到硬件资源时，可通过接口来调用汇编程序，以实现用高级语言来调用硬件资源的目的。实现过程如下：用汇编语言编写的程序，作为高级语言的一个外部过程或函数，利用堆栈来传递参数或参数的地址，两者的源程序通过编译或汇编生成目标（OBJ）文件后，再利用连接程序（LINKER）把它们连接成可执行文件便可运行。

机器语言编程者看到的计算机的属性就是指令系统体系结构，简称 ISA（Instruction Set Architecture），是与程序设计有关的计算机架构。ISA 规定的内容包括：数据类型及格式，指令格式，寻址方式和可访问地址空间的大小，程序可访问的寄存器个数、位数和编号，控制寄存器的定义，I/O 空间的编制方式，中断结构，机器工作状态的定义和切换，输入/输出结构和数据传送方式，存储保护方式等。因此，可以看出，指令集体系结构是指软件能够感知到的部分，也称软件可见部分。

4.2 指令格式

机器指令是用机器字来表示的。表示一条指令的机器字就称为指令字，通常简称指令。

一条指令就是机器语言的一个语句，它是一组有意义的二进制代码。指令格式，则是指令字用二进制代码表示的结构形式，通常由操作码字段和地址码字段组成。操作码字段表征指令的操作性质与功能，而地址码字段通常指定参与操作的操作数的地址。因此，一条指令的结构可用如下形式来表示：

操作码字段OP	地址码字段A

一台计算机指令格式的选择和确定涉及多方面的因素，如指令长度、地址码结构以及操作码结构等，是一个很复杂的问题，它与计算机系统结构、数据表示方法、指令功能设计等都密切相关。

4.2.1　指令的分类

不同的计算机所具有的指令系统也不同，但不管指令系统的繁简如何，所包含的指令的基本类型和功能都是相似的。从指令的操作码功能来考虑，一个较完善的指令系统应当有数据处理、数据存储、数据传送、程序控制四大类指令。具体来说，一个完善的指令系统应包括的基本指令有数据传送指令、算术逻辑运算指令、移位操作指令、堆栈操作指令、字符串处理指令、程序控制指令、输入/输出指令等。复杂指令的功能往往是这些基本指令功能的组合。

4.2.1　指令的分类

具体指令描述请扫码查看文件。

4.2.2　操作码

指令的操作码 OP 用于指明指令要完成的操作功能及其特性，如进行加法、减法、乘法、除法、取数、存数等。指令用操作码字段的不同编码来表示，每一种编码代表一种指令，指令系统中的每一条指令都有一个唯一确定的操作码，不同的指令有不同的操作码。例如，操作码 001 可以规定为加法操作，操作码 010 可以规定为减法操作，而操作码 110 可以规定为取数操作等。CPU 中有专门电路来解释每个操作码，因此机器就能执行操作码所表示的操作。

组成操作码字段的位数一般取决于计算机指令系统的规模。为了能够表示指令系统中的全部操作，指令字中必须有足够长度的操作码字段。较大的指令系统就需要更多的位数来表示每条特定的指令。例如，一个指令系统只有 8 条指令，则有 3 位操作码就够了（$2^3=8$）；如果有 32 条指令，那么就需要 5 位操作码（$2^5=32$）。一般来说，一个包含 n 位的操作码最多能够表示 2^n 条指令。

不同的指令系统，操作码的编码长度可能不同。若指令中操作码的编码长度是固定的，则称为定长编码；若操作码的编码长度是变长的，则称为变长编码。

1）定长编码

在采用定长编码的指令中，所有指令的操作码长度一致，集中位于指令字的固定字段中，是一种简单、规整的编码方法。由于采用定长编码的操作码在指令字中所占的位数和位置是固定的，因此指令译码简单，有利于简化硬件设计。

2）变长编码

在采用变长编码的指令中，不同指令的操作码长度不完全相同，操作码的位数不固定，分散地位于指令字的不同位置上。采用变长编码的方法，可以有效地压缩指令操作码的平均长度，便于用较短的指令字长表示更多的操作类型，寻址更大的存储空间。在早期的小型机和微型机中，由于指令字较短，故均采用变长编码的指令操作码，如 Intel 8086 等机器。但变长编码的指令操作码的位数不固定且位置分散，因而增加了指令译码与分析的难度，使硬件设计复杂化。

为了在满足需要的前提下，有效地缩短指令字长，通常采用扩展操作码技术进行变长操作码的编码。扩展操作码技术的思想就是当指令字长一定时，设法使操作码的长度随地址数的减少而增加，这样地址数不同的指令可以具有不同长度的操作码，从而充分利用指令字的各个字段，在不增加指令长度的情况下扩展操作码的长度，使有限字长的指令可以表示更多的操作类型。

对于一个机器的指令系统，在指令字中操作码字段和地址码字段长度通常是固定的。在单片机中，由于指令字较短，为了充分利用指令字长度，指令字的操作码字段和地址码字段是不固定的，即不同类型的指令有不同的划分，以便尽可能用较短的指令字长来表示越来越多的操作种类，并在越来越大的存储空间中寻址。

4.2.3 地址码

如前所述，指令字中的地址码用于表示与操作数据相关的地址信息。地址码格式设计的第一个问题属于指令的地址结构问题，需根据指令所涉及的操作数的个数和操作规定进行具体分析。地址码应选多长属于地址字段的位数问题，主要取决于存储器的容量、编址单位的大小和编址方式。通常存储器的存储单元数越多，所需地址码就越长；同样的存储容量，编址单位越小，地址码也会越长。地址码格式设计的第三个问题与数据存储的地址结构、寻址方式及编址单位等内容均有关。有关寻址方式问题将在 4.3 小节中详细讨论。

对于一般的操作指令，应该给出下列地址信息：

（1）第一操作数的地址。

（2）第二操作数的地址。

（3）存放运算结果的地址。

（4）下条指令的地址。

地址信息可以在指令中明显给出，称为"显地址"，也可以依照某种事先约定，用隐含方式给出，称为"隐含地址"。

根据一条指令中有几个操作数地址，可将该指令称为几操作数指令或几地址指令。一般的操作数有被操作数、操作数、操作结果以及要执行指令的地址这四种数，因而就形成了四地址指令格式，这是早期计算机指令的基本格式。

四地址指令直观明了，程序执行流向明确，不需要转移指令，指令执行后源操作数不变。但四地址指令存在的问题是地址字段过多，造成指令长度太长，在实际机器中基本不用。

人们在对计算机程序执行语句的频度经过统计学分析后发现，大部分指令在计算机中都是顺序执行的，这促使人们想到将四地址指令精简为三地址指令。在三地址指令格式的基础上，后来又发展了二地址格式、一地址格式和零地址格式。各种不同操作数的指令格式如图4.1所示。

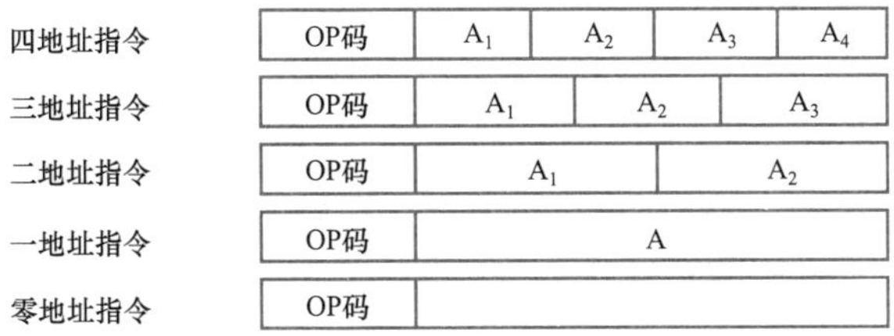

四地址指令	OP码	A₁	A₂	A₃	A₄

图 4.1 各种不同操作数的指令格式

（1）三地址指令字中有三个操作数地址 A_1、A_2 和 A_3，其数学含义为

$$A_3 \leftarrow (A_1)OP(A_2)$$

式中，A_1——被操作数地址，也称源操作数地址；

A_2——操作数地址，也称终点操作数地址；

A_3——存放操作结果的地址。

三地址指令中 A_1、A_2、A_3 通常指定为运算器中通用寄存器的地址，这是为了加快指令执行速度。

（2）二地址指令常称为双操作数指令，它有两个地址码字段 A_1 和 A_2，分别指明参与操作的两个数在内存或运算器中通用寄存器的地址，其中地址 A_1 兼作存放操作结果的地址。

其数学含义为

$$A_1 \leftarrow (A_1)OP(A_2)$$

在二地址指令格式中，从操作数的物理位置来说，又可归结为三种类型：

① 第一种是访问内存的指令格式，我们称这类指令为存储器—存储器（SS）型指令。这种指令操作时都涉及内存单元，即参与操作的数都放在内存里，从内存某单元中取操作数，操作结果存放至内存另一单元中，因此机器执行这种指令需要多次访问内存。

② 第二种是访问寄存器的指令格式，我们称这类指令为寄存器—寄存器（RR）型指令。机器执行这类指令过程中，需要多个通用寄存器或个别专用寄存器，从寄存器中取操作数，把操作结果放到另一寄存器。机器执行寄存器—寄存器型指令的速度很快，因为执行这类指令不需要访问内存。

③ 第三种类型为寄存器—存储器（RS）型指令，执行此类指令时，既要访问内存单元，又要访问寄存器。

（3）一地址指令只有一个地址码，它指定一个操作数，另一个操作数地址是隐含的。例如，以运算器中累加寄存器 AC 中的数据为隐含的被操作数，指令字的地址码字段所指明的数为操作数，操作结果又放回累加寄存器 AC 中，而累加寄存器中原来的数即被覆盖掉了，其数学含义为

$$AC \leftarrow (AC)OP(A)$$

式中，OP——操作性质，如加、减、乘、除等；

(AC)——累加寄存器 AC 中的数；

(A)——内存中地址为 A 的存储单元中的数，或者是运算器中地址为 A 的通用寄存器
　　　中的数；

$\leftarrow$——把操作（运算）结果传送到指定的地方。

一地址指令有两种情况：

① 单操作数指令，如加 1（INC）、减 1（DEC）、求补（NEG）等指令，这些指令只需一个操作数，指令功能为：OP（A）→A。

② 双操作数指令，另一个操作数通常采用隐含寻址的方法，即约定操作数在累加器（AC）中，指令功能为：（AC）OP（A）→AC。

一地址指令长度短，指令执行速度快，是字长较短的微、小型机中常用的一种指令格式。

注意：地址码字段 A 指明的是操作数的地址，而不是操作数本身。

（4）零地址指令有以下两种情况：

① 不需操作数的控制型指令，如停机（HALT）、等待（WAIT）、空操作（NOP）等。

② 运算型零地址指令，这种指令所需的操作数是隐含指定的。例如对堆栈操作的运算指令是靠堆栈支持的，指令所需的操作数约定隐含在堆栈中，操作结果也写回堆栈，指令中不用指明操作数或操作数地址。

在 CISC 计算机中，一个指令系统中指令字的长度和指令中的地址结构并不是单一的，往往采用多种格式混合使用，这样可以增强指令的功能。

4.2.4 指令字长

一个指令字中包含二进制代码的位数，称为指令字长。在一个指令系统中，如果各种指令字的长度均为固定的，则称为定长指令字结构；如果各种指令字的长度随指令功能而异，则称为可变长指令字结构。

定长指令字的指令长度固定，结构简单，指令译码时间短，有利于硬件控制系统的设计，多用于机器字长较长的大、中型及超小型计算机，此外，在精简指令集计算机（RISC）中也多采用定长指令。但定长指令字存在指令平均长度长、容易出现冗余码点、指令不易扩展的问题。可变长指令字的指令长度不定，结构灵活，能充分利用指令的每一位，所以指令的码点冗余少，平均指令长度短，易于扩展。但由于可变长指令的指令格式不规整，取指令时可能需要多次访存，从而导致不同指令的执行时间不一致，硬件控制系统复杂。虽然不同指令系统的指令长度各不相同，但因为指令与数据都是存放在存储器中的，所以无论是定长还是可变长指令，其长度都不能随意确定。

机器字长是指计算机能直接处理的二进制数据的位数，它决定了计算机的运算精度，机器字长通常与主存单元的位数一致。为了便于存储，指令长度与机器字长之间具有一定的匹配关系。由于机器字长通常等于字符长度的整倍数，而一个字符一般占有一个字节的长度，因此指令长度通常设计为字节的整倍数。例如 Pentium 系列机的指令系统中，最短的指令长度为 1 个字节，最长的指令长度为 12 个字节。在按字节编址的存储器中，采用长度为字节的整倍数的指令，可以充分利用存储空间，增加内存访问的有效性。

指令字长度等于机器字长度的指令，称为单字长指令；指令字长度等于半个机器字长度的指令，称为半字长指令；指令字长度等于两个机器字长度的指令，称为双字长指令。例如，IBM370 系列，它的指令格式有 16 位（半字）的，有 32 位（单字）的，还有 48 位（一个半字）的。在 Pentium 系列机中，指令格式也是可变的，有 8 位、16 位、32 位、64 位等。

早期计算机使用多字长指令的目的在于提供足够的地址位来解决访问内存任何单元的寻址问题。但是使用多字长指令必须两次或三次访问内存，以取出一整条指令，这就降低了 CPU 的运算速度，同时又占用了更多的存储空间。

【例 4.1】设某等长指令字结构机器的指令长度为 16 位，包括 4 位基本操作码字段和三个 4 位地址字段，见表 4.2。请采用扩展操作码的方式给出更多指令的设计方案。

表 4.2　某等长指令

OP	A$_1$	A$_2$	A$_3$
4 位	4 位	4 位	4 位

解： 4 位基本操作码若全部用于三地址指令，则只能安排 16 种三地址指令。通常一个指令系统中指令的地址码个数不一定相同，为了确保指令字长度尽可能统一，可以采用扩展操作码技术，向地址码字段扩展操作码的长度。扩展操作码方式的要点如下：

（1）操作码位数随地址码个数变化采取可变长度的类型；

（2）指令间指令码一定不重复；

（3）根据需要灵活变通。

如表 4.3 所示，三地址指令的操作码占用 4 位基本操作码编码空间的 0000～1110 共 $2^4-1=15$ 种组合，剩一个编码 1111 用于把操作码扩展到 A_1 地址域，即从 4 位操作码扩展到 8 位。二地址指令的操作码占用 8 位操作码编码空间的 1111，0000～1111，1101 共 $2^4-2=14$ 种编码，剩下两个编码 1111，1110 和 1111，1111 用于把操作码扩展到 A_2 地址域，即从 8 位操作码扩展到 12 位。一地址指令的操作码占用 12 位操作码编码空间的 1111，1110，0000～1111，1111，1110 共 $2^5-1=31$ 种编码，剩下一个编码 1111，1111，1111 用于把操作码扩展到 A3 地址域，即从 12 位操作码扩展到 16 位。零地址指令的操作码占用 16 位操作码编码空间的 1111，1111，1111，0000～1111，1111，1111，1111 共 $2^4=16$ 种编码。

表 4.3　扩展操作码的方式

项目	0P 域	A_1 域	A_2 域	A_3 域
三地址指令 15 种	0000			
	0001			
	1110			
二地址指令 14 种	1111	0000		
	1111	0001		
	1111	1101		
一地址指令 31 种	1111	1110	0000	
	1111	1110	0001	
	1111	1111	1110	
零地址指令 16 种	1111	1111	1111	0000
	1111	1111	1111	0001
	1111	1111	1111	1111

4.3　指令和数据的寻址

存储器既可用来存放数据，又可用来存放指令。因此，当某个操作数或某条指令存放在某个存储单元时，其存储单元的编号就是该操作数或指令在存储器中的地址。

在存储器中，操作数或指令字写入或读出的方式，有地址指定方式、相联存储方式和堆栈存取方式。几乎所有的计算机，在内存中都采用地址指定方式。当采用地址指定方式时，形成操作数或指令地址的方式，称为寻址方式。寻址方式分为两类，即指令寻址方式和数据寻址方式，前者比较简单，后者比较复杂。值得注意的是，在冯·诺依曼型结构的计算机中，内存中指令的寻址与数据的寻址是交替进行的，而哈佛型计算机中指令寻址和数据寻址是独立进行的。

4.3.1　操作数类型

指令所能处理的一切数据信息，都可以看作指令的操作数。按操作数的性质来分类，操作数通常分以下四类。

1. 地址数据

地址实际上也是一种形式的数据。多数情况下，对指令中操作数的引用必须完成某种计算，才能确定它们在主存中的有效地址，此时，地址将被看作无符号整数。

2. 数值数据

计算机中普遍使用的三种类型的数值数据如下：
（1）定点整数或定点小数；
（2）浮点数；
（3）压缩十进制数，1 字节用 2 位 BCD 码表示。

3. 字符数据

字符数据也称为文本数据或字符串，目前广泛使用 ASCII 码。以这种编码，每个字符被表示成唯一的 7 位代码，共有 128 个可表示字符，加上最高位（b_7）用作奇偶校验，因此每个字符总是以 8 位字节来存储和传送。

4. 逻辑数据

一个单元由若干二进制位项组成，每个位的值可以是 1 或 0。当数据以这种方式被看待时，称为逻辑性数据，它创造了对某个具体位进行布尔逻辑运算的机会。

按数据格式来分类，操作数又可分为定点格式和浮点格式两类，其中，定点数、BCD 码、地址（可看作定点整数）、字符（可看作定点整数）、逻辑数据（可看作定点整数）等，都属于定点格式，浮点格式则只表示浮点数。

对不同类型的数据，其操作方式是不一样的，需要设计不同的指令来完成不同的操作。例如，对数值，需要设计数值的加、减、乘、除等运算指令；对逻辑数据，需要设计"与""或""非""异或"等逻辑运算指令；对地址，需要设计地址传送、地址修改等指令；对字符，可设计字符传送、字符比较、字符修改、字符串处理等指令。即使同为数值，由于数据格式不同，也需要分别设计定点数操作指令和浮点数操作指令；即使是同为定点数或同为浮点数，也因数据位数（或精度、范围）的不同而需要设计不同的指令来操作。可见，操作数类型对指令系统的设计有很大影响。

4.3.2　指令的寻址方式

由于在大多数情况下，程序都是按指令序列顺序执行的，因此指令地址的寻址方式比较简单。因为现代计算机均利用程序计数器 PC 跟踪程序的执行并指示将要执行的指令地址，所以当程序启动运行时，通常由系统程序直接给出程序的起始地址并送入 PC；程序执行时，可采用顺序方式或跳越方式改变 PC 的值，完成下一条要执行指令的寻址，如图 4.2 所示。

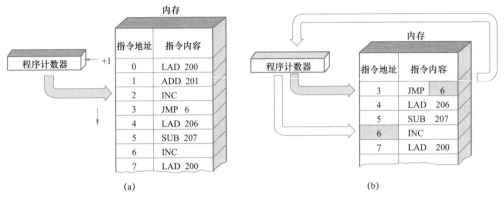

图 4.2　指令的寻址方式

（a）指令的顺序寻址方式；（b）指令的跳跃寻址方式

1. 顺序寻址方式

因为程序中的指令在内存中通常是顺序存放的，所以当程序按序执行时，将程序计数器（又称指令指针寄存器）PC 的内容按一定的规则增量，即可形成下一条指令地址，增量的多少取决于下一条指令所占的存储单元数。这种程序顺序执行的过程，称为指令的顺序寻址方式。为此，必须使用 PC 来计数指令的顺序号，该顺序号就是指令在内存中的地址。图 4.2（a）所示为指令顺序寻址方式的示意图。

2. 跳跃寻址方式

当程序发生转移时，根据指令的转移目标地址修改 PC 的内容，这种寻址方式就叫作指令的跳跃寻址方式。所谓跳跃，是指下条指令的地址码不是由程序计数器给出的，而是由本条指令给出。图 4.2（b）画出了指令跳跃寻址方式的示意图。注意，程序跳跃后，按新的指令地址开始顺序执行。因此，指令计数器的内容也必须相应改变，以便及时跟踪新的指令地址。

采用指令跳跃寻址方式，可以实现程序转移或构成循环程序，从而缩短程序长度，或将某些程序作为公共程序引用。指令系统中的各种条件转移或无条件转移指令，就是为了实现指令的跳跃寻址而设置的。

4.3.3　数据的寻址方式

如前所述，指令所能处理的一切数据信息，都可以看作指令的操作数。因为操作数的存放不如指令的存放有规律，其可能在主存或寄存器中，也可能在指令中，而且有的数据是原始数据，有的是中间结果，有的则是公用数据，因此操作数的寻址往往比较复杂。另外随着程序设计技巧的发展，为提高程序设计质量，也希望能提供多种灵活的寻址方式。所以一般讨论寻址方式时，主要都是讨论操作数地址的寻址方式。

在指令执行过程中，操作数的来源一般有三个：

（1）由指令中的地址码部分直接给出操作数，虽然简便快捷，但是操作数是固定不变的。

（2）将操作数存放在 CPU 内的通用数据寄存器中，这样可以很快获取操作数，但是可以存储的操作数的数量有限。

（3）更一般化的方式是将操作数存放在内存的数据区中。

而对于内存寻址，既可以在指令中直接给出操作数的实际访问地址（称为有效地址），也可以在指令的地址字段给出所谓的形式地址，在指令执行时，将形式地址依据某种方式变换为有效地址再取操作数。形成操作数的有效地址的方法，称为操作数的寻址方式。

研究各种寻址方式实际就是确定由形式地址变换为有效地址的算法，并根据算法确定相应的硬件结构，以自动实现寻址。为了优化指令系统，在设计寻址方式时希望尽量满足下列要求：

（1）指令内包含的地址字段的长度尽可能短，以缩短指令长度。

（2）指令中给出的地址能访问尽可能大的存储空间。

访问的存储空间大就意味着地址字段的长度要长，这显然与缩短指令长度的要求是矛盾的。在实际应用中，往往将一个大的存储区域划分为若干小的逻辑段，根据程序的局部性原理，大多数程序或数据在一段时间内都使用存储器的一个小区域，因此可以将程序和数据存放在指定的逻辑段中，利用段内地址访问该逻辑段内的存储单元。这样，结合逻辑段的信息就可以实现利用短地址访问大的存储空间的功能。

（3）希望地址能隐含在寄存器中。

由于 CPU 中通用寄存器的数目远远少于存储器中的存储单元数，所以寄存器地址比较短，而寄存器长度一般与机器字长相同。这样在字长较长的机器中，利用寄存器存放地址，再通过访问寄存器获得地址信息，就可以访问很大的存储空间，从而达到利用短地址访问大存储空间的目的。

（4）能在不改变指令的情况下改变地址的实际值，以支持数组、向量、线性表、字符串等数据结构。

（5）寻址方式应尽可能简单，以简化硬件设计。

由于指令中操作数字段的地址码由形式地址和寻址方式特征位等组合形成，因此，一般来说，指令中所给出的地址码并不是操作数的有效地址。

形式地址 A 也称偏移量，它是指令字结构中给定的地址量。寻址方式特征位，此处由间址位和变址位组成。如果这条指令无间址和变址的要求，那么形式地址就是操作数的有效地址。如果指令中指明要变址或间址变换，那么形式地址就不是操作数的有效地址，而要经过指定方式的变换才能形成有效地址。因此，寻址过程就是把操作数的形式地址，变换为操作数的有效地址的过程。

例如，某种单地址指令结构如图 4.3 所示，其中用 X、I、A 各字段组成该指令的操作数地址。

操作码 OP	变址 X	间址 I	形式地址 A

图 4.3　某种单地址指令结构

由于大型机、微型机和单片机结构不同，从而形成了各种不同的操作数寻址方式。表 4.4 列出了比较典型而常用的寻址方式，而图 4.4 画出了它们形成有效地址的示意图。

表 4.4　基本寻址方式

方式	算法	主要优点	主要缺点
直接寻址	$EA = A$	简单	地址范围有限
间接寻址	$EA = (A)$	大的地址范围	多重存储器访问
立即寻址	操作数 $= A$	无存储器访问	操作数幅值有限
隐含寻址	操作数在专用寄存器	无存储器访问	数据范围有限
寄存器寻址	$EA = R$	无存储器访问	地址范围有限
寄存器间接寻址	$EA = (R)$	大的地址范围	额外存储器访问
偏移寻址	$EA = A + (R)$	灵活	复杂
段寻址	$EA = A + (R) \times 16$	灵活	复杂
堆栈寻址	$EA = 栈顶$	无须给出存储器地址	需要堆栈指示器

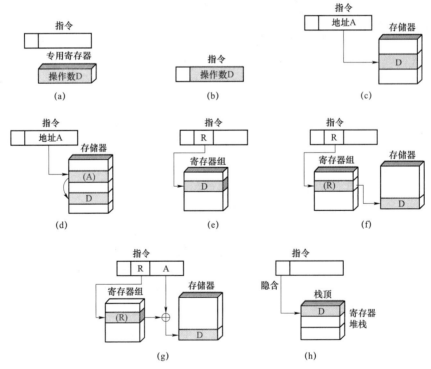

图 4.4　常用寻址方式

（a）隐含寻址；（b）立即寻址；（c）直接寻址；（d）间接寻址；（e）寄存器寻址；

（f）寄存器间接寻址；（g）偏移寻址；（h）堆栈寻址

1. 直接寻址

直接寻址方式是指指令的地址码部分给出的形式地址 A 就是操作数的有效地址 EA，即操作数的有效地址在指令字中直接给出，它将操作数在存储器中的存放地址直接置于指令的地址码部分，执行指令时，直接按此地址即可进行操作数的访问。采用直接寻址方式时，指令字中的形式地址 A 就是操作数的有效地址 EA，因此通常将形式地址 A 又称为直接地址。

直接寻址的优点是简单直观，不需要另外计算操作数地址，在指令执行阶段只需访问一次主存，即可得到操作数，便于硬件实现。缺点是形式地址 A 的位数限制了指令的寻址范围，随着存储器容量不断扩大，要寻址整个主存空间，将造成指令长度加长。另外采用直接寻址方式编程时，如果操作数地址发生变化，就必须修改指令中 A 的值，给编程带来不便。而且由于操作数地址在指令中给定，故使程序和数据在内存中的存放位置受到限制。图 4.4（c）所示为直接寻址方式的示意图。

2. 间接寻址

间接寻址方式是指指令的地址码部分给出的是操作数的有效地址 EA 所在的存储单元的地址或是指示操作数地址的地址指示字，即有效地址 EA 是由形式地址 A 间接提供的，因而称为间接寻址，间接寻址的过程如图 4.4（d）所示。

间接寻址可分为一级间址和多级间址。一级间址是指指令的形式地址 A 给出的是 EA 所在的存储单元的地址，此时存储单元 A 中的内容就是操作数的有效地址 EA。多级间址是指指令的地址码部分给出的是操作数地址的地址指示字，即存储单元 A 中的内容还不是有效地址 EA，而是指向另一个存储单元的地址或地址指示字。在多级间址中，通常把地址字的高位作为标志位，以指示该字是有效地址还是地址指示字。

采用间接寻址方式的计算机中，通常将存储器地址最低的一小块存储区域用作操作数地址存储区，这样，指令中间接地址的位数就可以减少，相当于用一个较短的地址换来一个较长的地址。间接寻址方式的最大缺点，就是要对存储器进行至少两次访问，才能完成一个操作数的读/写。

3. 立即寻址

立即寻址方式是指指令的地址码部分给出的不是操作数的地址而是操作数本身，即指令所需的操作数由指令的形式地址直接给出。如图 4.4（b）所示，采用立即寻址时，操作数 Data 就是形式地址部分给出的内容 D，其也称为立即数。

立即寻址的优点在于取指令的同时，操作数立即被取出，不必再次访问存储器，提高了指令的执行速度。但由于指令的字长有限，故 D 的位数限制了立即数所能表示的数据范围。立即寻址方式通常用于给某一寄存器或存储器单元赋予初值或提供一个常数。

4. 隐含寻址

如果指令中某个操作数的地址码是默认的，则不必在指令中表示出来，该操作数的寻址方式就称为隐含寻址方式。隐含寻址的过程如图 4.4（a）所示。如 Intel 系列的微处理器，其乘法和除法指令中，被乘数和被除数采用的就是隐含寻址方式。

采用隐含寻址可以在指令中减少一个地址码，有利于缩短指令的长度。但隐含寻址也降低了指令使用的灵活性。

5. 寄存器寻址

寄存器寻址也称寄存器直接寻址。它是指在指令地址码中给出的是某一通用寄存器的编号（也称寄存器地址），该寄存器的内容即为指令所需的操作数，即采用寄存器寻址方式时，有效地址 EA 是寄存器的编号，如图 4.4（e）所示。

因为采用寄存器寻址方式时，操作数位于寄存器中，所以在指令需要访问操作数时，无须访存，减少了指令的执行时间；另外由于寄存器寻址所需的地址短，所以可以压缩指令长度，节省了指令的存储空间，也有利于加快指令的执行速度，因此寄存器寻址在计算机中得到了广泛的应用。但寄存器的数量有限，不能为操作数提供大量的存储空间。

6. 寄存器间接寻址

寄存器间接寻址方式是指指令中地址码部分所指定的寄存器中的内容是操作数的有效地址。与前面所讲的存储器的间接寻址类似，采用寄存器间接寻址时，指令地址码部分给出的寄存器中的内容不是操作数，而是操作数的有效地址 EA，因此称为寄存器间接寻址，如图 4.4（f）所示。

由于采用寄存器间接寻址方式时，有效地址存放在寄存器中，因此指令在访问操作数时，只需访问一次存储器，比间接寻址访存次数少，而且由于寄存器可以给出全字长的地址，可寻址较大的存储空间。

7. 偏移寻址

一种强有力的寻址方式是直接寻址和寄存器间接寻址方式的结合，它有几种形式，我们称它为偏移寻址，如图 4.4（g）所示。其有效地址的计算公式为

$$EA = A + (R)$$

它要求指令中有两个地址字段，至少其中一个是显示的。容纳在一个地址字段中的形式地址 A 直接被使用，而另一个地址字段，或基于操作码的一个隐含引用，即指的是某个专用寄存器。此寄存器的内容加上形式地址 A 就产生有效地址 EA。

常用的三种偏移寻址是相对寻址、基址寻址、变址寻址。

1）相对寻址

隐含引用的专用寄存器是程序计数器（PC），即 EA＝A＋（PC），它是当前 PC 的内容加上指令地址字段中 A 的值。一般来说，地址字段的值在这种操作下被看成 2 的补码数的值。因此有效地址是对当前指令地址的一个上下范围的偏移，它基于程序的局部性原理。使用相对寻址可节省指令中的地址位数，也便于程序在内存中成块搬动。

2）基址寻址

被引用的专用寄存器含有一个存储器地址，地址字段含有一个相对于该地址的偏移量（通常是无符号整数）。寄存器的引用可以是显式的，也可以是隐式的。

3）变址寻址

变址寻址是指操作数的有效地址是由指令中指定的变址寄存器的内容与指令字中的形式

地址相加形成的。

8. 段寻址

微型机中采用了段寻址方式，例如，它们可以给定一个 20 位的地址，从而有 $2^{20} = 1$ MB 存储空间的直接寻址能力，为此将整个 1MB 空间存储器按照最大长度 64 KB 划分成若干段。

在寻址一个内存具体单元时，由一个基地址再加上某些寄存器提供的 16 位偏移量来形成实际的 20 位物理地址，这个基地址就是 CPU 中的段寄存器。在形成 20 位物理地址时，段寄存器中的 16 位数会自动左移 4 位，然后与 16 位偏移量相加，即可形成所需的内存地址，如图 4.5 所示。这种寻址方式的实质还是基址寻址。

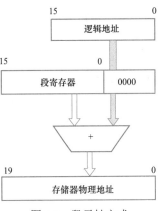

图 4.5 段寻址方式

思考题 能说出段寻址方式的创新点吗？

9. 堆栈寻址

堆栈有寄存器堆栈和存储器堆栈两种形式，它们都以先进后出的原理存储数据，如图 4.4（h）所示。不论是寄存器堆栈，还是存储器堆栈，数据的存取都与栈顶地址打交道，为此需要一个隐式或显式的堆栈指示器（寄存器）。数据进栈时使用 PUSH 指令，将数据压入栈顶地址，堆栈指示器减 1；数据退栈时，使用 POP 指令，数据从栈顶地址弹出，堆栈指示器加 1，从而保证了堆栈中数据先进后出的存取顺序。

不同的指令系统采用不同的方式指定寻址方式。一般而言，有些指令固定使用某种寻址方式；有些指令则允许使用多种寻址方式，或者在指令中加入寻址方式字段指明，或者对不同的寻址方式分配不同的操作码而把它们看作不同的指令。有些指令系统会把常见的寻址方式组合起来，构成更复杂的复合寻址方式。

【例 4.2】某计算机字长 16 位，主存容量为 64 K 字，采用单字长单地址指令，共有 40 条指令，试采用直接、立即、变址、相对四种寻址方式设计指令格式。

解：系统有 40 条指令，则操作码字段（OP）需占用 6 位，这样指令余下长度为 10 位。为了覆盖主存 64 K 字的地址空间，设寻址模式（X）2 位，形式地址（D）8 位，其指令格式如下：

15	10	9	8	7		0
OP		X			D	

其中寻址模式 X 可定义如下：

X = 00：直接寻址，有效地址 E=D（直接寻址 256 个存储单元）；

X = 01：立即寻址，D 字段为 8 位的操作数；

X = 10：变址寻址，有效地址 $E = (R_X) + D$；

X = 11：相对寻址，有效地址 $E = (PC) + D$。

其中 R_X 为变址寄存器（16 位），PC 为程序计数器（16 位），在变址和相对寻址时，位移量 D 可正可负，指令可寻址 64 K 个存储单元。

4.4　CISC 和 RISC 指令

4.4.1　复杂指令集计算机 CISC

在计算机发展的早期，由于计算机技术水平较低，所使用的元器件体积大、功耗高、价格高，因此硬件结构比较简单，所支持的指令系统的功能也相应简单。随着集成电路技术的发展、计算机技术水平的提高及计算机应用领域的扩大，机器的功能越来越强，硬件结构也越来越复杂，同时对指令系统功能的要求也越来越高。为了满足对指令功能日益提高的要求，指令的种类和功能不断增加，寻址方式也变得更加灵活多样，指令系统不断扩大。为了满足软件兼容的需要，使已开发的软件能被继承，在同一系列的计算机中，新开发机型的指令系统往往需要包含先前开发机器的所有指令和寻址方式。这样，导致计算机的指令系统变得越来越庞大，某些机器的指令系统竟包含高达几百种指令。例如 DEC 公司的 VAX−11/780 有 18 种寻址方式、9 种数据格式和 303 种指令。

另一方面，为了缩小机器语言与高级语言的语义差异，便于操作系统的优化和减轻编译程序的负担，采用了让机器指令的语义和功能向高级语言的语句靠拢，用一条功能更强的指令代替一段程序的方法，这样使得指令系统的功能不断增加，指令本身的功能不断增强。

这类具备庞大且复杂指令系统的计算机称为复杂指令系统计算机，简称 CISC。综上所述可知，CISC 的思想就是采用复杂的指令系统，来达到增强计算机的功能、提高机器速度的目的。像 DEC 公司的 VAX−11、Intel 公司的 80x86 系列 CPU 均采用了 CISC 的思想。

归纳起来，CISC 指令系统的特点如下：

（1）指令系统复杂庞大，指令数目一般多达 200～300 条。

（2）指令格式多，指令字长不固定，采用多种不同的寻址方式。

（3）可访存指令不受限制。

（4）各种指令的执行时间和使用频率相差很大。

（5）大多数 CISC 机都采用微程序控制器。

然而，CISC 的复杂结构并不是像人们想象的那样很好地提高了机器的性能。由于指令系统复杂，导致所需的硬件结构复杂，这不仅增加了计算机的研制开发周期和成本，而且也难以保证系统的正确性，有时甚至可能降低系统的性能。经过对 CISC 各种指令在典型程序中使用频率的测试分析，发现只有占指令系统 20% 的指令是常用的，并且这 20% 的指令大多属于算术/逻辑运算、数据传送、转移、子程序调用等简单指令，而占 80% 的指令在程序中出现的概率只有 20% 左右。这一结果说明，花费了大量代价增加的复杂指令只能有 20% 左右的使用率，这将造成硬件资源的大量浪费。

在这种情况下，人们开始考虑能否用最常用的 20% 左右的简单指令来组合实现不常用的 80% 的指令，由此引发了 RISC 技术，出现了精简指令系统计算机 RISC。

4.4.2 精简指令集计算机 RISC

如上分析可知，RISC 技术希望用 20%左右的简单指令来组合实现不常用的 80%的指令，用一套精简的指令系统取代复杂的指令系统，使机器结构简化，以达到用简单指令提高机器性能和速度、提高机器的性能价格比的目的。应该注意的是，RISC 并不是简单地将 CISC 的指令系统进行简化，为了用简单的指令来提高机器的性能，RISC 技术在硬件高度发展的基础上，采用了许多有效的措施。

一般 CPU 的执行速度受三个因素的影响，即程序中的指令总数 I、平均指令执行所需的时钟周期数 CPI 和每个时钟周期的时间 T，CPU 执行程序所需的时间 P 可用下式表示：

$$P = I \cdot CPI \cdot T$$

显然，减小 I、CPI 和 T 就能有效地减少 CPU 的执行时间，提高程序执行的速度。因此 RISC 技术主要从简化指令系统和优化硬件设计的角度来提高系统的性能与速度。

RISC 指令系统的主要特点如下：

（1）选取一些使用频率高的简单指令以及很有用又不复杂的指令来构成指令系统。

（2）指令数目较少，指令长度固定，指令格式少，寻址方式种类少。

（3）采用流水线技术，大多数指令可在一个时钟周期内完成，特别是在采用了超标量和超流水技术后，可使指令的平均执行时间小于一个时钟周期。

（4）使用较多的通用寄存器以减少访存。

（5）采用寄存器—寄存器方式工作，只有存数（STORE）/取数（LOAD）指令访问存储器，而其余指令均在寄存器之间进行操作。

（6）控制器以组合逻辑控制为主，不用或少用微程序控制。

（7）采用优化编译技术，力求高效率地支持高级语言的实现。

表 4.5 给出了一些典型的 RISC 指令系统的指令条数。

表 4.5　一些典型的 RISC 指令系统的指令条数

机器名	指令数	机器名	指令数
RISC 11	39	ACORN	44
MIPS	31	INMOS	111
IBM 801	120	IBMRT	118
MIRIS	64	HPPA	140
PYRAMID	128	CLIPPER	101
RIDGE	128	SPARC	89

4.4.3 RISC 和 CISC 的对比

RISC 和 CISC 的比较大致可分为以下几点：

1. 充分利用了 VLSI 芯片的面积

由 RISC 的特点可知,RISC 机的控制器采用组合逻辑控制,其硬布线逻辑通常只占 CPU 芯片面积的 10%左右。而 CISC 机的控制器大多采用微程序控制,其控制存储器在 CPU 芯片内所占的面积达 50%以上。因此 RISC 机可以空出大量的芯片面积供其他功能部件用,例如增加大量的通用寄存器,将存储管理部件也集成到 CPU 芯片内等。

2. 提高了计算机的运算速度

根据 RISC 的特点可知,由于 RISC 机的指令数、寻址方式和指令格式种类比较少,指令的编码很有规律,因此 RISC 的指令译码比 CISC 快。由于 RISC 机内通用寄存器多,减少了访存次数,加快了指令的执行速度,而且由于 RISC 机中常采用寄存器窗口重叠技术,故使得程序嵌套调用时可以快速地将断点和现场保存到寄存器中,减少了程序调用过程中的保护和恢复现场所需的访存时间,进一步加快了程序的执行速度。另外由于组合逻辑控制比微程序控制所需的延迟小,缩短了 CPU 的周期,因此 RISC 机的指令实现速度快,并且在流水技术的支持下,RISC 机的大多数指令可以在一个时钟周期内完成。

3. 便于设计,降低了开发成本,提高了可靠性

由于 RISC 机指令系统简单,故机器设计周期短,设计出错可能性小,易查错,可靠性高。

4. 有效地支持高级语言

RISC 机采用的优化编译技术可以更有效地支持高级语言。由于 RISC 指令少,寻址方式少,使编译程序容易选择更有效的指令和寻址方式,提高了编译程序的代码优化效率。CISC 和 RISC 技术都在发展,两者都具有各自的特点,目前两种技术已开始相互融合。这是因为随着硬件速度、芯片密度的不断提高,RISC 系统也开始采用 CISC 的一些设计思想,使得系统日趋复杂;而 CISC 机也在不断地部分采用 RISC 的先进技术(如指令流水线、分级 Cache 和通用寄存器组等),其性能也得到了提高。

4.5 指令系统实例

4.5.1 ARM 汇编语言

汇编语言是计算机机器语言(二进制指令代码)进行符号化的一种表示方式,每一个基本汇编语句对应一条机器指令。为了有一个完整概念,表 4.6 列出了嵌入式处理机 ARM 的汇编语言,其中操作数使用 16 个寄存器(r_0,$r_1 \sim r_{12}$,SP,Ir,PC),2^{30} 个存储字(字节编址,连续的字的地址之间相差 4,即字长 32 位)。操作码与操作数之间用空格隔开,多个操作数用","分隔。

在进行汇编语言程序设计时,可直接使用英文单词或其缩写表示指令,使用标识符表示数据或地址,从而有效地避免了记忆二进制的指令代码,不再由程序设计人员为指令和数据

分配内存地址,直接调用操作系统的某些程序段完成输入/输出及读写文件等操作功能。用编辑程序建立好的汇编语言源程序,需要经过系统软件中的"汇编器"翻译为机器语言程序之后,才能交付给计算机硬件系统去执行。

【例 4.3】将 ARM 汇编语言翻译成机器语言。已知 5 条 ARM 指令格式译码如表 4.7 所示,每个 ARM 汇编指令都是 32 位宽度,其中,Cond 是条件码,无条件码是 1110(即十进制 14);F 是表示指令是否访存指令,是则为 1,只有 LDR(取字)和 STR(存字)是访存指令;25 位 I 表示源操作数是立即数还是寄存器,0 表示寄存器,1 表示立即数;24~21 位 opcode 是操作码,即指令类型;20 位 S 表示指令是否影响 cpsr 的条件码,不影响为 0;19~16 位 Rn 是源寄存器,15~12 位 Rd 是目的寄存器;11~0 位 operand2 表示 4 位移位信息+8 位数据(或寄存器)。

表 4.6 ARM 汇编语言

指令类别	指令	示例	含义	说明
算术运算	加	ADD r_1, r_2, r_3	$r_1 = r_2 + r_3$	三寄存器操作数
	减	SUB r_1, r_2, r_3	$r_1 = r_2 - r_3$	三寄存器操作数
数据传送	取数(字)至寄存器	LDR r_1, [r_2, #20]	$r_1 =$ 存储单元 [$r_2 + 20$]	内存单元至寄存器字传送
	自寄存器存数(字)	STR r_1, [r_2, #20]	存储单元 [$r_2 + 20$] $= r_1$	寄存器至内存单元字传送
	取半字数至寄存器	LDRH r_1, [r_2, #20]	$r_1 =$ 存储单元 [$r_2 + 20$]	内存单元至寄存器半字传送
	取半字带符号数至寄存器	LDRHS r_1, [r_2, #20]	$r_1 =$ 存储单元 [$r_2 + 20$]	内存单元至寄存器半字带符号数传送
	自寄存器存半字数	STRH r_1, [r_2, #20]	存储单元 [$r_2 + 20$] $= r_1$	寄存器至内存单元半字传送
	取字节数至寄存器	LDRB r_1, [r_2, #20]	$r_1 =$ 存储单元 [$r_2 + 20$]	内存单元至寄存器字节传送
	取字节带符号数至寄存器	LDRBS r_1, [r_2, #20]	存储单元 [$r_2 + 20$]	内存单元至寄存器字节带符号数传送
	自寄存器存字节数	STRB r_1, [r_2, #20]	存储单元 [$r_2 + 20$] $= r_1$	寄存器至内存单元字节传送
	交换	SWP r_1, [r_2, #20]	$r_1 =$ 存储单元 [$r_2 + 20$],存储单元 [$r_2 + 20$] $= r_1$	自动交换存储单元和寄存器
	传送	MOV r_1, r_2	$r_1 = r_2$	寄存器间复制
逻辑运算	与	AND r_1, r_2, r_3	$r_1 = r_2 \& r_3$	三寄存器操作数,比特间相与
	或	ORR r_1, r_2, r_3	$r_1 = r_2	r_3$	三寄存器操作数,比特间相或

指令类别	指令	示例	含义	说明
逻辑运算	非	MVN r_1, r_2	$r_1 = \sim r_2$	双寄存器操作数，比特取反
	逻辑左移（可选操作）	LSL r_1, r_2, #10	$r_1 = r_2 \ll 10$	逻辑左移，位数为常数
	逻辑右移（可选操作）	LSR r_1, r_1, #10	$r_1 = r_2 \gg 10$	逻辑右移，位数为常数
条件转移	比较	CMP r_1, r_2	条件标志 $= r_1 - r_2$	用于条件转移的比较操作
	根据 EQ，NE，LT，LE，GT，GE，LO，LS，H1，HS，VS，VC，MI，PL 转移	BEQ25	若（$r_1 == r_2$），则转移至 PC+8+100	条件测试：相对于 PC 转移
无条件转移	转移（无条件）	B 2500	转移至 PC+8+10000	转移
	转移并链接	BL 2500	$r_{14} = $PC+4；转移至 PC+8+10000	用于子程序调用

设 r_3 寄存器中保存数组 A 的基地址，h 放在寄存器 r_2 中，则 C 语言程序语句为

$$A[30] = h + A[30]$$

可编译成以下 3 条汇编语言指令：

LDR r_5，[r_3，#120]   ；寄存器 r_5 中获得 A [30]

ADD r_5，r_2，r_5 ；寄存器 r_5 中获得 h+A [30]

STR r_5，[r_3，#120]   ；将 h+A [30] 存入到 A [30]

请问这 3 条汇编语言指令的机器语言是什么？

解： 首先利用十进制数来表示机器语言指令，然后转换成二进制机器指令。从表 4.7 中我们可以确定 3 条机器语言指令，见表 4.8。

LDR 指令在第 3 字段（opcode）用操作码 24 确定。基值寄存器 3 指定在第 4 字段（Rn），目的寄存器 5 指定在第 5 字段（Rd），选择 A [30]（120=30×4）的 offset 字段放在最后一个字段（offset 12）。

表 4.7   ADD、SUB、LDR、STR 指令的指令译码格式

指令名称	cond	F	I	opcode	S	Rn	Rd	operand 2
ADD（加）	14	0	0	4	0	reg	reg	reg
SUB（减）	14	0	0	2	0	reg	reg	reg
ADD（立即数加）	14	0	1	4	0	reg	reg	address（12 位）
LDR（取字）	14	1		24	—	reg	reg	address（12 位）
STR（存字）	14	1		25	—	reg	reg	constant（12 位）

ADD 指令在第 4 字段（opcode）用操作码 4 确定。3 个寄存器操作（2、5 和 5）分别被

指定在第 6、7、8 字段。

STR 指令在第 3 字段用操作码 25 确定，其余部分与 LDR 指令相同。

表 4.8 汇编语言指令对应的机器语言指令

| 项目 | cond | F | opcode | | | Rn | Rd | offset 12 | | |
			I	opcode	S			operand 12		
十进制	14	1		24		3	5	120		
	14	0	0	4	0	2	5	5		
	14	1		25		3	5	120		
二进制	1110	1		11000		0011	0101	0000 1111 0000		
	1110	0	0	100	0	0010	0101	0000 0000 0101		
	1110	1		11001		0011	0101	0000 1111 0000		

4.5.2　8086 汇编语言

8086 指令由操作码和操作对象两部分组成：在一条指令中，操作码部分是必需的，而操作数部分可能隐含在操作码中，或者由操作码后面的指令给出。

每种指令的操作码对应着机器指令的一个二进制编码，用一个唯一的助记符表示（指令功能的英文缩写）。

指令中的操作数可以是一个具体的数值（立即操作数），也可以是存放数据的寄存器（寄存器操作数），或者指明数据在主存位置的存储器地址（存储器操作数）。

寻址方式是指令中用于说明操作数所在地址的方法（寻找操作数），8086 指令中的操作数有一个或两个，个别指令有三个，称为源操作数和目的操作数。除目的操作数不允许为立即数（即立即寻址）外，其余寻址方式均适合源操作数和目的操作数。

8086 指令采用变长指令，指令长度可由 1～6 个字节组成。不同指令类型编码格式不同，现举一个常用的 MOV 指令的编码格式为例子，如图 4.5 所示。MOV 指令是一种形式最简单、使用最频繁的指令，它可以实现寄存器与寄存器之间、寄存器与主存单元之间的数据传送，也可以将立即数传送到寄存器。MOV 指令的传送通常以字节、字、双字为单位，应当保持数据宽度一致，否则需要使用汇编语言的指示符。

注意：MOV 指令的源操作数和目的操作数中，必须有一个在寄存器中，不允许用于两个主存单元之间的数据传送，并且不能向代码寄存器（CS）和堆栈寄存器（SS）传送数据。

1/2字节	0/1字节	0/1/2字节	0/1/2字节
操作码	mod　reg　r/m 2位　3位　3位	位移量	立即数
计算机要执行的操作指令，如移动、跳转等	表明采用的寻址方式	给出某些寻址方式需要的对基地址的偏移量	给出立即寻址方式需要的数值本身

图 4.5 MOV 指令格式

8086 操作码一般是一个字节，高 6 位是操作码，后两个是特征位，大部分是 D/W 标志位，除了 D/W 标志位，某些指令格式中还会使用 SW、VW、ZW 标志位。D/W 标志位的含义见表 4.9。

表 4.9　D/W 标志位的含义

标志位	值	含义
D（目标）	0	Mod R/M 字节的 REG 域是源操作数
	1	Mod R/M 字节的 REG 域是目标操作数
W（宽度）	0	表示传递的数据类型是字节操作
	1	表示传递的数据类型是字（两个字节）操作

寻址方式格式：

mod（2 位）：用来区分另一个操作数是在寄存器还是存储器中。

reg（3 位）：用来指定是哪一个寄存器，寄存器作为源操作数还是目标操作数由 D 标志位确定，W 确定是 16 位寄存器还是 8 位寄存器，注意：如果是对使用段寄存器的指令，则 reg 占 2 位。

r/m（3 位）：受寻址方式 mod 控制，如果 mod=11，则 r/m 为寄存器寻址，r/m 的值就是寄存器的编号；如果 mod 为 00，01，10，则是存储器寻址，r/m 的值便是与 mod 组合来指定一个有效寻址方式。

表 4.10 和表 4.11 分别指定了 mod 位的意义和 reg 位的意义。

表 4.10　mod 位的意义

mod	方式
00	存储器寻址，没有位移量
01	存储器寻址，有 8 位位移量
10	存储器寻址，有 16 位位移量
11	寄存器寻址，没有位移量

表 4.11　reg 位的意义

reg	W=1（字操作）	W=0（字节操作）
000	AX	AL
001	CX	CL
010	DX	DL
011	BX	BL
100	SP	AH
101	BP	CH
110	SI	DH
111	DI	BH

表 4.12 指定了 mod 和 r/m 位所有组合的寻址方式

表 4.12 mod 和 r/m 位所有组合的寻址方式

mod r/m	存储器寻址			寄存器寻址	
	逻辑地址的计算公式			W = 0	W = 1
	mod = 00	mod = 01	mod = 10	mod = 11	
000	DS:[BX + SI]	DS:[BX + SI + disp8]	DS:[BX + SI + disp16]	AL	AX
001	DS:[BX + DI]	DS:[BX + DI + disp8]	DS:[BX + DI + disp16]	CL	CX
010	SS:[BP + SI]	SS:[BP + SI + disp8]	SS:[BP + SI + disp16]	DL	DX
011	SS:[BP + DI]	SS:[BP + DI + disp8]	SS:[BP + DI + disp16]	BL	BX
100	DS:[SI]	DS:[SI + disp8]	DS:[SI + disp16]	AH	SP
101	DS:[DI]	DS:[DI + disp8]	DS:[DI + disp16]	CH	BP
110	DS:[disp16]	DS:[BP + disp8]	DS:[BP + disp16]	DH	SI
111	DS:[BX]	DS:[BX + disp8]	DS:[BX + disp16]	BH	DI

【例 4.4】请将以下 3 条 8086 汇编指令翻译成机器代码。

$$MOV \quad AX，CX \qquad\qquad ;（CX）\rightarrow AX$$
$$MOV \quad AX，1122H \qquad ; 1122H \rightarrow AX$$
$$MOV \quad AX，[BX+1122H] \quad ;（(BX)+1122H）\rightarrow AX$$

解： 第一条指令 MOV AX，CX

对应机器码 100010 01 11 001 000。

MOV 指令寄存器移动到寄存器的对应编码格式如下所示：

7 6 5 4 3 2 1 0	7 6 5 4 3 2 1 0
1 0 0 0 1 0 D W	mod reg r/m

第一个字节前 6 位是操作码，D=0 表示 reg 为源操作数，W=1 表示传递的数据类型是字；第二个字节前 2 位 mod=11 表示是寄存器寻址，没有位移量，接着 3 位 reg=001 表示寄存器编号是 CX，因为 mod=11，所以后 3 位代表的是寄存器编号 AX（000）。

第二条指令 MOV AX，1122

对应机器码 1011 1000 0010 0010 0001 0001

MOV 指令立即数到寄存器的对应的编码格式如下：

1 0 1 1 w reg   data data if w e 1

第一个字节前 4 位是操作码，W=1 表示传递的数据类型是字，后 3 位代表寄存器编号 AX（000）；第二字节表示数据，如果 W=1，则是 16 位的数据。

注意数据 1122H 高字节 11H 在低 8 位，低字节 22H 在高 8 位

第三条指令 MOV AX，[BX+1122]

对应机器码 1000 1011 1000 0111 0010 0010 0001 0001

MOV 指令存储器到寄存器的对应的编码格式如下：

1000 101 W	mod reg r/m	addr-low	addr-high

第一个字节前 7 位是操作码，W＝1 表示传递的数据类型是字；第二个字节前 2 位 mod＝10，表示是存储器寻址，有 16 位位移量，接着 3 位 reg＝000 表示寄存器编号是 AX，因为 mod＝10，所以 r/m 后 3 位和 mod 组合成一个存储器寻址，查表得知 mod＝10、r/m＝111 对应的是 BX＋16 位位移量。由 mod＝10 可知，第三和四个字节为 16 位位移量 1122（小端存储）。

可见，8086 系统属于 CISC 复杂指令系统。

● 本章小结

一台计算机中所有机器指令的集合，称为这台计算机的指令系统。指令系统是表征一台计算机性能的重要因素，它的格式与功能不仅直接影响到机器的硬件结构，而且影响到系统软件。

指令格式是指令字用二进制代码表示的结构形式，通常由操作码字段和地址码字段组成。操作码字段表征指令的操作特性与功能，而地址码字段指示操作数的地址。目前多采用二地址、单地址、零地址混合方式的指令格式。指令字长度分为单字长、半字长、双字长三种形式，高档微机采用 32 位长度的单字长形式。

不同机器有不同的指令系统。一个较完善的指令系统应当包含数据传送指令、算术逻辑运算指令、移位操作指令、堆栈操作指令、字符串处理指令、程序控制指令和输入/输出指令等。

形成指令地址的方式，称为指令寻址，方式有顺序寻址和跳跃寻址两种，由指令计数器来跟踪。

形成操作数地址的方式，称为数据寻址方式，操作数可放在专用寄存器、通用寄存器、内存和指令中。数据寻址方式有直接寻址、间接寻址、立即寻址、隐含寻址、寄存器寻址、寄存器间接寻址、偏移寻址、段寻址、堆栈寻址等多种。按操作数的物理位置不同，有 S－S 型、R－R 型和 R－S 型指令。堆栈是一种特殊的数据寻址方式，采用"先进后出"原理，按结构不同，分为寄存器堆栈和存储器堆栈。

RISC 指令系统是目前计算机发展的主流，也是 CISC 指令系统的改进，它的最大特点是：指令条数少；指令长度固定，指令格式和寻址方式种类少；只有取数/存数指令访问存储器，其余指令的操作均在寄存器之间进行。

汇编语言与具体机器的依赖性很强。为了了解该语言的特点，列出了目前较流行的嵌入式处理机 ARM 的汇编语言和 80x86 汇编语言，以举一反三。

● 习 题

1. 设某指令系统字长为 16 位，地址码为 4 位。试设计指令格式，使该系统中有 11 条三地址指令、70 条二地址指令和 150 条单地址指令，并指明该系统中最多还可以有多少条零地址指令。

2. 指令格式结构如下所示，试分析指令格式及寻址方式的特点。

15 10	7	4 3	0	

OP		源寄存器	变址寄存器
偏移量（16位）			

3. 指令格式结构如下所示，试分析指令格式及寻址方式特点。

15 12	11 9 8	6 5	3 2	0
OP	寻址方式	寄存器	寻址方式	寄存器
	源地址		目标地址	

4. 一种单地址指令格式如下所示，其中 I 为间接特征，X 为寻址模式，D 为形式地址。I，X，D 组成该指令的操作数有效地址 E。设 R 为变址寄存器，R_1 为基址寄存器，PC 为程序计数器，请在下表中第一列位置填入适当的寻址方式名称。

OP	I	X	D
寻址方式名称	**I**	**X**	**有效地址 E**
①	0	00	$E = D$
②	0	01	$E = (PC) + D$
③	0	10	$E = (R) + D$
④	0	11	$E = (R_1) + D$
⑤	1	00	$E = (D)$
⑥	1	11	$E = ((R_1) + D), D = 0$

5. 某计算机字长为 32 位，主存容量为 64 KB，采用单字长单地址指令，共有 40 条指令。试采用直接、立即、变址、相对四种寻址方式设计指令格式。

6. 某机字长为 32 位，主存容量为 1 MB，单字长指令，有 50 种操作码，采用寄存器寻址、寄存器间接寻址、立即寻址、直接寻址等方式。CPU 中有 PC，IR，AR，DR 和 16 个通用寄存器。问：

（1）指令格式如何安排？

（2）能否增加其他寻址方式？

7. 设某机字长为 32 位，CPU 中有 16 个 32 位通用寄存器，设计一种能容纳 64 种操作的指令系统。如果采用通用寄存器作基址寄存器，则 RS 型指令的最大存储空间是多少？

8. 一台处理机具有以下指令字格式：

OP	X	源寄存器	目标寄存器	地址

其格式表明有 8 个通用寄存器（长度 16 位），X 可指定 4 种寻址模式，主存最大容量为 256 KB 字。

（1）假设不用寄存器也能直接访问主存的每一个操作数，并假设操作码或 OP = 6 位，请问地址码域应分配多少位？指令字长度应有多少位？

（2）假设 X = 11 时，指定的那个通用寄存器用作基值寄存器，请提出一个硬件设计规则，使得被指定的通用寄存器能访问 1 MB 主存空间中的每一个单元。

9. 将下面一条 ARM 汇编语言指令翻译成用十进制和二进制表示的机器语言指令：

$$ADD \ r_5, \ r_1, \ r_2$$

第 5 章

中央处理器

中央处理器即 CPU，是计算机的大脑。本章先详细讲述 CPU 的主要功能和基本组成，然后结合一个基本模型机，介绍指令周期的概念、数据通路、时序信号发生器、微程序控制器和硬布线控制器的设计方法。在此基础上，简单介绍图形处理器（Graphics Processing Unit）GPU。本章可通过与学生一起了解国产芯片现状、华为芯片断供事件，让学生知道掌握核心技术等于国际话语权，培养学生的工匠精神和自主产权意识。

5.1 CPU 的组成

5.1.1 CPU 的组成与功能

CPU（Central Processing Unit，中央处理器）是一块超大规模的集成电路，是一台计算机的运算核心（Core）和控制核心（Control Unit），在微型计算机中又称为微处理器，当编制好的程序装入内存储器后就由 CPU 来自动完成取指令和执行指令的任务。

CPU 对整个计算机系统的运行是极其重要的，它具有以下几方面的主要功能。

1. 指令控制

指令控制指控制程序中指令的执行顺序。程序中各指令之间有严格的顺序，不能任意颠倒，必须严格按程序规定的顺序进行，才能保证计算机系统工作的正确性。因此，保证机器按顺序执行程序是 CPU 的首要任务。

2. 操作控制

一条指令的功能往往是由若干个操作信号的组合来实现的，因此，CPU 管理并产生由内存取出的每条指令的操作信号，把各种操作信号送往相应的部件，从而控制这些部件按指令的要求进行动作。

3. 时间控制

时间控制是指对各种操作实施时间上的定时。因为在计算机中，各种指令的操作信号均受到时间的严格定时。另外，在一条指令的执行过程中，在什么时间做什么操作均应受到严格控制。只有这样，计算机才能有条不紊地自动工作。

4. 数据加工

数据加工就是对数据进行算术运算和逻辑运算，或进行其他的信息处理。完成数据的加工处理是 CPU 的根本任务，因为原始信息只有经过加工处理后才能对人们有用。

5. 中断处理

中断处理即对计算机运行过程中出现的异常情况和特殊请求进行处理。

早期 CPU 由运算器和控制器两大部分组成，随着 VLSI 技术的发展，现在的 CPU 基本由运算器、高速缓冲存储器 Cache、控制器三大部分组成。为便于读者建立计算机的整机概念，突出主要矛盾，给出图 5.1 所示的 CPU 模型框图。

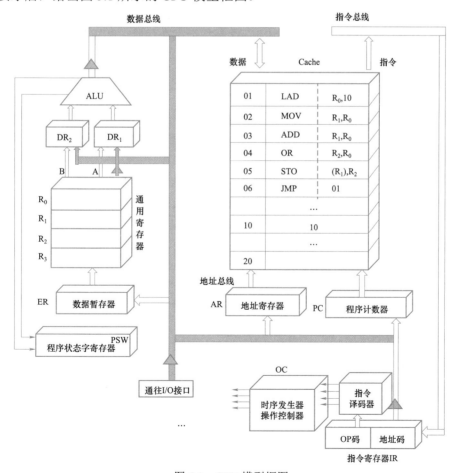

图 5.1　CPU 模型框图

控制器由程序计数器 PC、指令寄存器 IR、指令译码器、时序产生器和操作控制器 OC 组成，它是发布命令的"决策机构"，即完成协调和指挥整个计算机系统的操作：根据 PC 的值，负责从 Cache 中取出一条指令送往指令寄存器 IR，改变 PC 的值使其指向下一条指令在 Cache 中的位置；指令译码器负责对指令进行译码或测试，OC 产生相应的操作控制信号，指挥并控制 CPU、数据 Cache 和输入/输出设备之间数据流动的方向。

运算器由算术逻辑运算单元（ALU）、数据缓冲寄存器（DR）、通用寄存器 R（可以有多个）、数据暂存器（ER）和程序状态字寄存器（PSW）组成，它是数据加工处理部件，所进行的全部操作都是由控制器发出的控制信号来指挥的，所以它是执行部件。

高速缓冲存储器 Cache 属于存储系统的一部分，用于保存指令和数据。为了提高访存速度，这里采用双端口存储器，左端口进行数据的读写操作，右端口只能读指令，提供专门的指令总线，即采用双总线结构。

运算器和 Cache 在前面已经介绍过，本章重点介绍控制器。

5.1.2　CPU 内部寄存器

各种计算机的 CPU 可能有这样或那样的不同，但是在 CPU 中至少要有六类寄存器，如图 5.1 所示。这些寄存器是数据缓冲寄存器（DR）、指令寄存器（IR）、程序计数器（PC）、地址寄存器（AR）、通用寄存器（$R_0 \sim R_3$）、程序状态字寄存器（PSW）。

上述这些寄存器用来暂存一个计算机字。根据需要，可以扩充其数目。

1. 数据缓冲寄存器 DR

数据缓冲寄存器 DR 用来暂时存放 ALU 的运算操作数或运算结果，可以是通用寄存器送来的数据或由数据存储器读出的一个数据字，或来自外部接口的一个数据字。缓冲寄存器或暂存器的作用如下：

（1）作为 ALU 运算结果和通用寄存器之间信息传送中时间上的缓冲。

（2）补偿 CPU 和内存、外围设备之间在操作速度上的差别。

2. 指令寄存器 IR

指令寄存器 IR 用来保存当前正在执行的一条指令。当执行一条指令时，先把它从指令存储器（简称指存）读出，然后再传送至指令寄存器。指令译码器对指令操作码进行测试，以便识别所要求的操作，然后向操作控制器发出具体操作的特定信号。

3. 程序计数器 PC

程序计数器 PC 又称为指令计数器，用来确定下一条指令的地址，保证程序能够连续地执行下去。在程序开始执行前，必须将程序的起始地址，即程序的第一条指令所在的指存单元地址送入 PC。当执行顺序指令时，CPU 将自动修改 PC 的内容，以便使其保持总是将要执行的下一条指令的地址。

4. 数据地址寄存器 AR

数据地址寄存器 AR 用来保存当前 CPU 所访问的存储器单元的地址。由于要对存储器阵列进行地址译码，所以必须使用地址寄存器来保持地址信息，直到一次读/写操作完成。

地址寄存器的结构与数据缓冲寄存器、指令寄存器一样，通常使用单纯的寄存器结构。信息的存入一般采用电位—脉冲方式，即电位输入端对应数据信息位，脉冲输入端对应控制信号，在控制信号的作用下，瞬时将信息打入寄存器。

5. 通用寄存器 R

通用寄存器 R 为 ALU 提供工作区。例如，在执行一次加法运算时，选择两个操作数（分别放在两个寄存器）相加，所得的结果送回其中一个寄存器（如 R_0）中，而 R_0 中原有的内容随即被替换。

目前 CPU 中的通用寄存器多达 64 个，甚至更多，需要在指令格式中对寄存器号加以编址，其中任何一个可存放源操作数，也可存放结果操作数。从硬件结构来讲，通常需要使用通用寄存器堆结构，以便选择输入信息源。此外，通用寄存器还可用作地址指示器、变址寄存器和堆栈指示器等。

6. 程序状态寄存器 PSW

程序状态寄存器 PSW 也称为状态条件寄存器，用于保存由算术运算指令和逻辑运算指令运算或测试结果建立的各种条件代码，如运算结果进位标志（CF）、运算结果溢出标志（VF）、运算结果为零标志（ZF）、运算结果为负标志（NF），等等，这些标志位通常分别由 1 位触发器保存。

除此之外，状态寄存器还可用于保存中断及系统工作状态等信息，以便使 CPU 和系统能及时了解机器运行状态和程序运行状态。因此，状态条件寄存器是一个由各种状态条件标志拼凑而成的寄存器。

5.2 指 令 周 期

5.2.1 指令周期的基本概念

计算机之所以能自动地工作，是因为 CPU 能从存放程序的内存里取出一条指令并执行这条指令；紧接着又是取指令，执行指令……如此周而复始，即构成了一个封闭的循环，直到停机指令，其过程如图 5.2 所示。

CPU 每取出一条指令并执行这条指令，都要完成一系列的操作，这些操作所需的时间叫作一个指令周期，即指令周期是取出一条指令并执行这条指令所需的时间。由于各种指令的操作功能不同，因此各种指令的指令周期是不尽相同的。

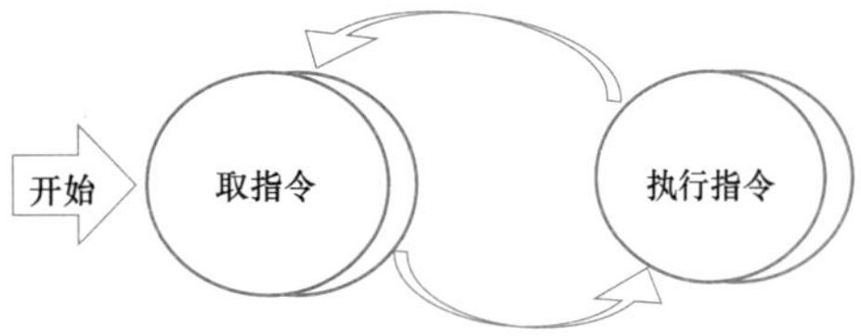

图 5.2　取指令—执行指令序列

采用三级时序的系统中，指令周期常常用若干个 CPU 周期数来表示，CPU 周期又称为机器周期。CPU 访问一次内存所花的时间较长，因此通常用内存中读取一个指令字的最短时间来规定 CPU 周期。也就是说，一条指令的取出阶段（通常称为取指）需要一个 CPU 周期时间，而一个 CPU 周期时间又包含若干个时钟周期（又称 T 周期或节拍脉冲，它是处理操作的最基本单位），这些 T_i 周期的总和规定了一个 CPU 周期的时间宽度。

图 5.3 所示为采用定长 CPU 周期的指令周期示意图，由图可知，取出和执行任何一条指令所需的最短时间为两个 CPU 周期，其中一个 CPU 周期包含 4 个 T 周期。

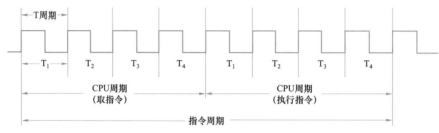

图 5.3　指令周期

单周期 CPU 在一个周期内完成从指令取出到得到结果的所有工作，指令系统中所有指令执行时间都以最长时间的指令为准，因而效率低，当前较少采用。多周期 CPU 把指令的执行分成多个阶段，每个阶段在一个时钟周期内完成，因而时钟周期短，不同指令所用周期数可以不同。以下仅讨论多周期 CPU。

表 5.1 列出了由 6 条指令组成的一个简单程序，这 6 条指令既有 RR 型指令，又有 RS 型指令；既有算术逻辑指令，又有访存指令，还有程序转移指令。我们将在下面通过 CPU 取出一条指令并执行这条指令的分解动作，来具体认识每条指令的指令周期。

表 5.1　6 条典型指令组成的一个简单程序（地址和数据均用十六进制表示）

	十六进制地址	指令助记符	说明
指令	00		1. 程序执行前(R_0)＝00，(R_1)＝00，(R_2)＝00，(R_3)＝00
	01	LAD R_0, 10	2. 取数指令 LAD 从 10 号单元取数(10)→R_0，(R_0)＝10
	02	MOV R_1, R_0	3. 传送指令 MOV 执行(R_0)→R_1，(R_1)＝10
	03	ADD R_1,R_0	4. 加法指令 ADD 执行(R_1)＋(R_0)→R_1，结果为(R_1)＝20
	04	OR R_2, R_0	5. 逻辑或 OR 指令执行(R_2)·(R_0)→R_2，(R_2)＝10
	05	STO(R_1), R_2	6. 存数指令 STO 用(R_1)间接寻址，(R_2)＝10 写入 20 号单元
	06	JMP 01	7. 转移指令 JMP 改变程序执行顺序，再次到 01 号单元取指令执行
数据	十六进制进制地址	十六进制进制数据	说明
	10	10	执行 LAD 指令后，10 号单元的数据 10 仍保存在其中
	11	00	
	…	…	
	20	00（10）	执行 STO 指令后，20 号单元的数据变为 10

5.2.2 内存访问指令的周期

5.2.2.1 LAD 指令周期

LAD 指令是取数指令，属于 RS 型指令。"LAD R_0，10"的功能是从存储器 10 号单元取出数据 10 装入通用寄存器 R_0，R_0 中存放的数据由 00 被更换成 10。需要一次访问取指令，一次访问取操作数，取操作数时需要先送操作数地址到总线上，再送存储器数据到总线上，由于 DBUS 是单总线结构，必须分时传送地址和数据，所以执行指令需要 2 个 CPU 周期。这样 LAD 指令的指令周期就需要 3 个 CPU 周期，如图 5.4 所示。

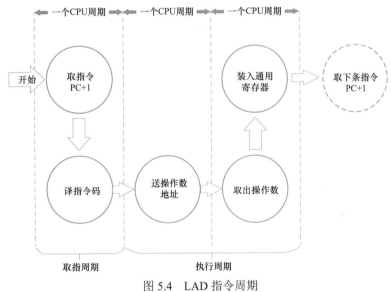

图 5.4　LAD 指令周期

1. LAD 指令的取指周期

由于 LAD 是程序的第一条指令，放在内存地址为 01 的单元，所以程序计数器 PC 中先装入地址 01（十六进制），取指阶段 CPU 的动作如图 5.5 所示。

（1）程序计数器 PC 中的内容进入地址总线 ABUS，选定存储器单元 01。

（2）操作控制器发出读命令（LRW＝1），所选存储器单元 01 的内容经过指令总线 IBUS。

（3）操作控制器发出命令（LDIR＝1），将总线上的指令代码存入指令寄存器 IR，即取出指令，完成 PC→IR。

（4）程序计数器内容加 1，即 PC＋1，PC 值变成 02，为取下一条指令做好准备。

（5）指令寄存器 IR 中的指令操作码 OP 被译码或测试，CPU 识别出是 LAD 指令。

至此，取指令阶段即告结束。后续指令的取指周期中，CPU 的动作与 LAD 指令完全一样，不再细述。

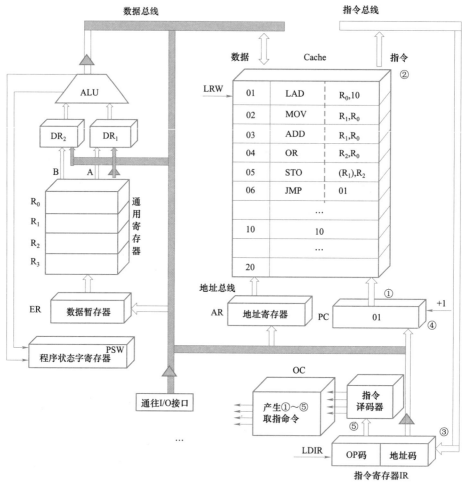

图 5.5 取指阶段 CPU 的动作

2. LAD 指令的执行周期

LAD 指令的执行周期需要 2 个 CPU 周期，数据总线 DBUS 上分时进行地址传送和数据传送。

第一个 CPU 周期，总线上传送操作数地址；第二个 CPU 周期，总线上传送操作数。

CPU 执行的动作如图 5.6 所示。

（1）操作控制器 OC 发出控制命令，打开 IR 输出三态门，将指令中的地址码 10 放到总线上。

（2）OC 发出操作命令 LDAR，在时序脉冲的配合下将地址码 10 装入地址寄存器 AR。

（3）OC 发出读命令，将存储器 10 号单元中的数 10 读出到 DBUS 上。

（4）OC 发出 LDER 命令，在时序脉冲的配合下将 DBUS 上的数据 10 装入暂存器 ER。

（5）OC 发出 WRD 命令，在时序脉冲的配合下将 ER 中的数据 10 装入通用寄存器 R_0，原来 R_0 中的数 00 被冲掉。

至此，LAD 指令执行周期结束。

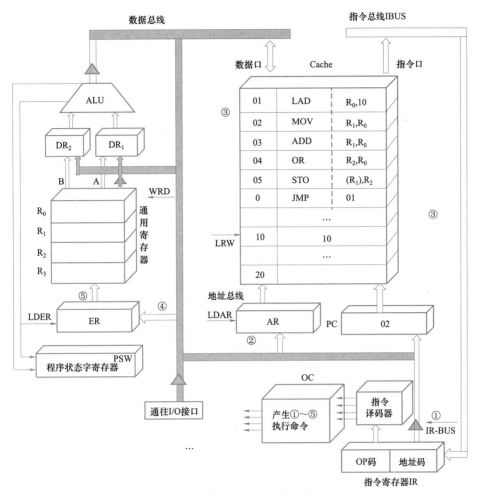

图 5.6　执行阶段 CPU 的动作

5.2.2.2　STO 指令周期

STO 指令是存数指令，也属于 RS 型指令，"STO(R_1)，R_2"的功能是按(R_1)＝20 地址访问存储器，选定存储单元，然后将(R_2)＝10 写入到 20 号单元。由于一次访问取指，一次送地址，一次访问存数，因此 STO 指令周期同样需要 3 个 CPU 周期，其中执行周期为 2 个 CPU 周期，如图 5.7 所示。由于取指周期与 LAD 指令相同，故下面只讲执行周期。CPU 执行动作如下：

第一个 CPU 周期：

（1）操作控制器 OC 送出操作命令到通用寄存器，选择(R_1)＝20 作存储器的单元地址。

（2）OC 发出操作命令 RS−BUS，打开通用寄存器输出三态门（不经 ALU 以节省时间），将地址 20 放至 DBUS 上。

（3）OC 发出操作命令 LDAR，将地址 20 打入 AR，并进行地址译码，选定存储单元。

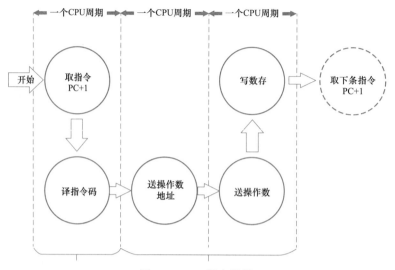

图 5.7 STO 指令周期

第二个 CPU 周期：

（1）OC 发出操作命令到通用寄存器，选择 $(R_2)=10$，作为要写入存储器的数据。

（2）OC 发出操作命令，打开通用寄存器输出三态门，将数据 10 放到 DBUS 上。

（3）OC 发出操作命令，将数据 10 写入存储器 20 号单元，它原先的数据 00 被冲掉。

至此，STO 指令执行周期结束。

可见，由于 LAD 和 STO 指令都要送出存储器地址，故执行周期均需要 2 个 CPU 周期，即访存指令的指令周期需要 3 个 CPU 周期。

5.2.3 非内存访问指令的周期

MOV、ADD、OR 属于数据传送类或运算类指令，由于都属于 RR 型指令，操作数均来自寄存器，不需要访问存储器，所以指令执行周期无须送操作数地址，只需要一个 CPU 周期即可。其指令周期如图 5.8 所示。

5.2.3.1 MOV 指令周期

MOV 的指令周期需要两个 CPU 周期，其中取指周期需要一个 CPU 周期，执行周期需要一个 CPU 周期，如图 5.8 所示。

取指周期 CPU 的动作均类似，执行周期中 CPU 根据对指令操作码的译码或测试，进行指令所要求的操作：完成到两个通用寄存器 R_0、R_1 之间的数据传送操作。由于时间充足，执行周期一般只需要一个 CPU 周期。MOV 指令执行周期 CPU 的动作如下：

（1）操作控制器（OC）送出控制信号到通用寄存器，选择 $R_0(10)$ 作源寄存器，选择 R_1 作目标寄存器，可以由 RS 和 RD 信号同时选择。

（2）OC 送出控制信号到 ALU，指定 ALU 做传送操作。

（3）OC 送出控制信号 ALU–BUS，打开 ALU 输出二态门，将 ALU 输出送到数据总线 DBUS 上。注意，任何时候 DBUS 上只能有一个数据。

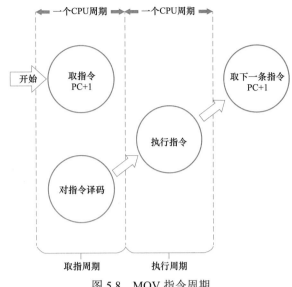

图 5.8 MOV 指令周期

（4）OC 送出控制信号，将 DBUS 上的数据打入到数据暂存器 ER(10)。

（5）OC 送出控制信号，将 ER 中的数据 10 打入到目标寄存器 R_1，R_1 的内容由 00 变为 10。

至此，MOV 指令执行结束。

5.2.3.2 ADD 指令的指令周期

ADD 指令也是 RR 型指令，在运算器中用两个寄存器 R_0 和 R_1 的数据进行算术加运算。取指周期 CPU 完成的动作与 MOV 相同，执行周期 CPU 完成的动作如下：

（1）操作控制器 OC 送出控制命令到通用寄存器，选择 R_0 作源寄存器、R_1 作目标寄存器，由于有两个数据缓冲寄存器，所以两个操作数可由 A、B 口同时得到。

（2）OC 送出控制命令到 ALU，指定 ALU 做 R_0(10)和 R_1(10)的加法操作。

（3）OC 送出控制命令，打开 ALU 输出三态门，运算结果 20 放到 DBUS 上。

（4）OC 送出控制命令，将 DBUS 上的数据打入暂存器 ER，ALU 产生的进位信号保存在状态字寄存器 PSWR 中。

（5）OC 送出控制命令，将 ER(20)装入 R_1，R_1 中原来的内容 10 被冲掉。

至此，ADD 指令执行周期结束。

5.2.3.3 OR 指令的指令周期

OR 指令也是 RR 型指令，在运算器中用两个寄存器 R_0 和 R_2 的数据进行逻辑或运算。执行周期 CPU 完成的动作与 ADD 非常类似，不同的是 OC 给 ALU 的控制信号是指定 ALU 做 R_0（10）和 R_2（00）的逻辑或操作，结果 R_2 的内容由 00 变为 10。

由以上分析可见，RR 型指令多为运算类指令，由于操作数均来自寄存器，指令执行阶段不需要访问存储器，所以指令周期只包含 2 个 CPU 周期，一个用于取出指令，一个用于执行指令。

5.2.4 其他指令的周期

其他指令指不访问存储器，不进行数据运算的指令，比如跳转指令、空操作指令，这些控制类指令在执行阶段只需一个 CPU 周期。

5.2.4.1 JMP 指令的指令周期

JMP 指令是一条无条件转移指令，用来改变程序的执行顺序。其指令周期为两个 CPU 周期，其中取指周期为 1 个 CPU 周期，执行周期为 1 个 CPU 周期，如图 5.9 所示。

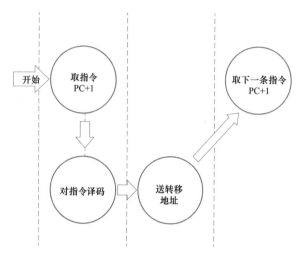

图 5.9　JMP 指令的指令周期

执行周期 CPU 完成的动作如下：

（1）OC 发出操作控制命令，打开指令寄存器 IR 的输出三态门，将 1R 中的地址码（01）发送至总线上。

（2）OC 发出操作控制命令，将总线上的地址码 01 打入到程序计数器 PC 中，PC 中原先的内容 07 被更换。于是下一条指令不是从 07 号单元继续取出，而是转移到 01 号单元再次取出执行。

至此，JMP 指令执行周期结束。

注意：执行"JMP 01"指令时，此处所给的六条指令组成的程序进入了死循环，除非人为停机，否则这个程序将无休止地运行下去。此处所举的例子仅仅用来说明转移指令能够改变程序的执行顺序而已。

5.2.4.2 NOP 指令的指令周期

NOP 指令是一条空操作指令，指令周期也是 2 个 CPU 周期。其中第一个 CPU 周期中取指令，CPU 把 NOP 指令取出放到指令寄存器，第二个 CPU 周期中执行该指令。因译码器译出的是 NOP 指令，故第二个 CPU 周期中操作控制器不发出任何控制信号，空等一个周期。NOP 指令可用来调机。

综上所述，指令不同，所需的机器周期数也不同，因此在进行编程时，在完成相同工作的情况下，选用占用机器周期少的指令会提高程序的执行速率，尤其是在编写大型程序时，其效果更加明显。

5.2.5 指令周期的表示工具

在进行计算机设计时，可以采用方框图语言来表示指令的指令周期。用一个方框代表一个CPU周期，方框中的内容表示数据通路的操作或某种控制操作。菱形符号用来表示某种判别或测试，不过时间上它依附于紧接它的前面一个方框的CPU周期，而不单独占用一个CPU周期。"～"符号，称为公操作符号，表示一条指令已经执行完毕，转入公操作。所谓公操作，就是一条指令执行完毕后，CPU必须进行的一些操作，这些操作主要是CPU对外围设备请求的处理，如中断处理、通道处理等。如果外围设备没有向CPU请求交换数据，那么CPU又取下一条指令。由于所有指令的取指周期是完全一样的，因此，取指令也可认为是公操作。这是因为，一条指令执行结束后，如果没有外设请求，则CPU一定转入取指令操作。

我们把前面的六条典型指令加以归纳，用方框图语言表示的指令周期示于图5.10，可以看到，所有指令的取指周期是完全相同的，而且是一个CPU周期。但是由于各条指令的功能不同，故指令的执行周期所用的CPU周期数是各不相同的，其中MOV、ADD、OR、JMP指令是一个CPU周期；LAD和STO指令是两个CPU周期。框图中DBUS代表数据总线，ABUS代表地址总线，RD（D）代表读数命令，WE（D）代表写数命令，RD（I）代表读指令命令。

注意：在一个方框内的动作是在一个CPU周期内进行的，其间总线上只能有一个数据。可见，指令的执行速度与计算机的数据通路有关。

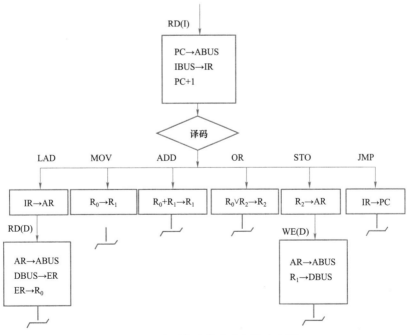

图5.10 典型指令的指令周期方框图

5.3 数据通路的结构与功能

数字系统中，各个子系统通过数据总线连接形成的数据传送路径称为数据通路。数据通路的设计直接影响到控制器的设计，同时也影响到数字系统的速度指标和成本。一般来说，处理速度快的数字系统，它的独立传送信息的通路较多，速度较快，但是独立数据传送通路一旦增加，控制器的设计也就复杂了。因此，在满足速度指标的前提下，为使数字系统结构尽量简单，一般小型系统中多采用单总线结构，在较大系统中可采用双总线或三总线结构。

计算机系统数据通路上的部件称为数据通路部件，如 ALU、通用寄存器等。数据通路分为共享通路和专用通路两种类型，其中共享通路即总线结构，而专用通路是根据指令执行过程中的数据和地址的流动方向安排连接线路的，也可以看作多总线结构。

5.3.1 共享通路结构

由于计算机内部的主要工作过程是信息传送和加工的过程，因此在机器内部各部件之间的数据传送非常频繁。为了减少内部数据传送线并便于控制，通常将一些寄存器之间数据传送的通路加以归并，组成总线结构，使不同来源的信息在此传输线上分时传送。

单总线结构的数据通路如图 5.11 所示。由于所有部件都接到同一总线上，所以数据可以在任何两个寄存器之间，或者在任一个寄存器和运算器之间传送。如果具有阵列乘法器或除法器，那么它们所处的位置应与 ALU 相当。所有的控制信号由控制器产生，在它们的协调配合下，数据流通过 BUS 总线在各子系统之间进行流动。

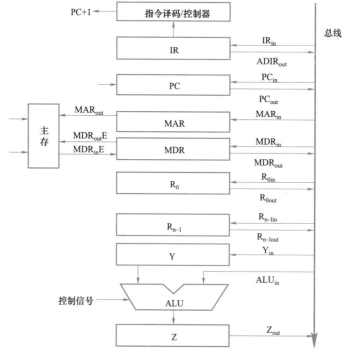

图 5.11 单总线结构的数据通路

单总线结构的优点是控制简单方便，扩充方便。但由于所有设备部件均挂在单一总线上，故使这种结构只能分时工作，即同一时刻只能在两个设备之间传送数据，这就使系统总体数据传输的效率和速度受到限制，这是单总线结构的主要缺点。

【例 5.1】设有图 5.11 所示的单总线结构，分析指令"ADD(R_0)，R_1"的指令流程和控制信号。

图 5.12 中每个部件都直接与总线相连，部件之间无相应的连线，以 in 结尾的控制信号决定通路能否由外向部件内传递信息，以 out 结尾的控制信号决定通路能否由部件向外传递信息，带箭头的单线表示数据流向。

解："ADD(R_0)，R_1"指令是一条加法指令，属于 RS 型指令，指令功能：$((R_0))+(R_1)\rightarrow(R_0)$ 参与运算的两个数一个来自寄存器 R_1，一个来自存储单元（R_0），这里 R_0 是寄存器间接寻址。指令周期流程图包括取指令阶段和执行指令阶段两部分。根据给定的数据通路图，"ADD(R_0)，R_1"指令的详细指令周期流程图如图 5.12 所示，图的右边部分标注了每一个机器周期中用到的微操作控制信号序列，其中 MemR 和 MemW 分别是存储器读数和写数信号。

由图 5.12 可见，该单总线结构的通路中，取指周期需要 2 个 CPU 周期，执行周期包含 4 个 CPU 周期。

如果将所有寄存器的输入端和输出端都连接到多条公共通路上，则 CPU 内部不止一条总线的结构称为多总线结构，相比单总线结构，其好处就是可以同时传送不同的数据，从而提高效率。

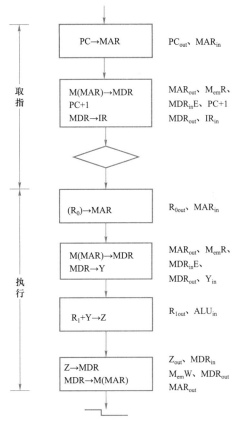

图 5.12 "ADD(R_0)，R_1"指令周期流程

【例 5.2】图 5.13 所示为双总线结构机器的数据通路，系统中有 A、B 两根总线与各部件相连，运算器需要 2 个数据缓冲寄存器提供操作数。其中控制信号 G 控制的是一个门电路，它相当于两条总线之间的桥。线上标注有小圈表示有控制信号，例如，R_{0i} 是寄存器 R_0 的输入控制信号，R_{0o} 为寄存器 R_0 的输出控制信号，未标字符的线为直通线，不受控制。

（1）"ADD R_2，R_0"指令完成$(R_0)+(R_2)\rightarrow R_2$ 的功能操作，画出其指令周期流程图，假设该指令的地址已放入 PC 中，并列出相应的微操作控制信号序列。

（2）"SUB R_1，R_3"指令完成$(R_1)-(R_3)\rightarrow R_1$ 的操作，画出其指令周期流程图，并列出相应的微操作控制信号序列。

解：（1）"ADD R_2，R_0"指令是一条加法指令，参与运算的两个数放在寄存器 R_2 和 R_0 中，指令周期流程图包括取指令阶段和执行指令阶段两部分。根据给定的数据通路图，"ADD R_2，R_0"指令的详细指令周期流程图如图 5.14（a）所示，图的右边部分标注了每一个机器周期中用到的微操作控制信号序列。

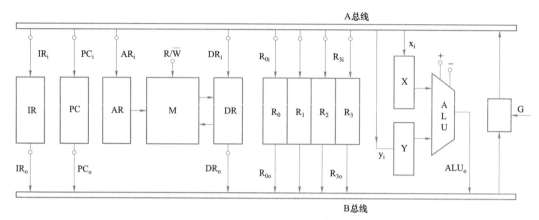

图 5.13 双总线结构的数据通路

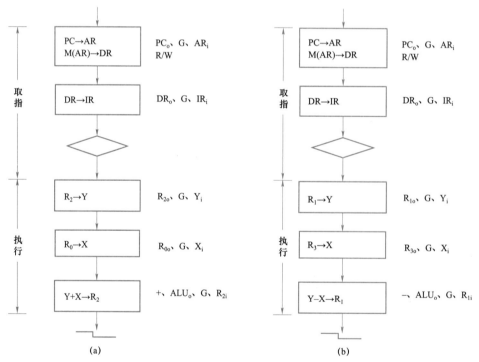

图 5.14 指令周期流程图

（a）加法；（b）减法

（2）"SUB R_1，R_3"指令是一条减法指令，参与运算的两个数放在寄存器 R_1 和 R_3 中，结果保存在 R_1 中，指令的详细指令周期流程图如图 5.14（b）所示。

思考题：

（1）为了缩短"ADD R_2，R_0"指令的取指周期，请修改图 5.13 所示的数据通路，画出指令周期流程图。与原方案相比，指令周期速度提高了多少？

（2）如何通过改进数据通路来提高"ADD R_2，R_0"的指令执行周期速度？

5.3.2 专用通路结构

共享通路结构简单，容易实现，但并发性较差，需分时使用总线，效率较低；而专用通路是根据指令执行过程中的数据和地址的流动方向安排连接线路的，也可以看作多总线结构，其特点是并发度高，性能较好，但硬件量大，设计复杂，成本高。

如图 5.15 所示，主存数据缓冲寄存器 MDR 用来存放由主存读出的数据或待存入到主存的数据，主存地址寄存器 MAR 用来存放要访问的存储单元地址，PC 为程序计数器，IR 为指令寄存器，AC 为累加器，有数据流动的两部件之间均由专门的线路连接，由 CU 发出的控制信号 C_i 实现通路的建立。取指周期可在一个 CPU 周期完成，动作如下：

PC→MAR	C_0
MAR→M	C_1
1→R	控制器向主存发出读命令
M(MAR)→MDR	C_2
MDR→IR	C_3
PC+1→PC	
OP(IR)→CU	C_4

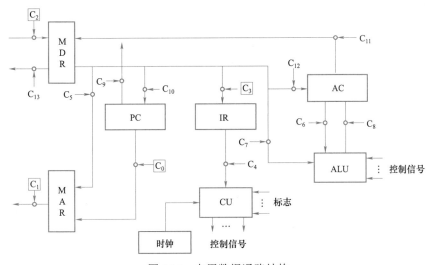

图 5.15 专用数据通路结构

【例 5.3】图 5.16 所示为一个简化了的 CPU 与主存连接结构示意图（图中省略了所有的多路选择器），其中有一个累加寄存器（ACC）、一个状态数据寄存器和其他 4 个寄存器［主存地址寄存器（MAR）、主存数据寄存器（MDR）、程序计数器（PC）和指令寄存器（IR）］，各部件及其之间的连线表示数据通路，箭头表示信息传递方向。要求：

（1）写出图中 a、b、c、d 4 个寄存器的名称。

（2）简述图中取指令的数据通路。

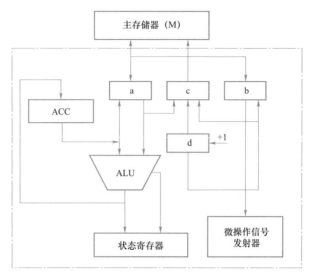

图 5.16 CPU 与主存连接结构示意图

（3）简述完成指令 LDA X 的数据通路［X 为主存地址，LDA 的功能为(X)→ACC］。

（4）简述完成指令 ADD Y 的数据通路［Y 为主存地址，ADD 的功能为(ACC)+(Y)→ACC］。

解：（1）a 与主存是双向线路连接，即 a 中的数据可进入 M，M 中的数据可流入 a，所以 a 是主存数据寄存器（MDR）；b 与微操作信号发生器连接，所以 b 是指令寄存器（IR）；c 与 M 单向连接，则 c 为主存地址寄存器（MAR）；d 具有＋1 功能，则 d 为程序计数器（PC）。

（2）取指令的数据通路如下：

$$PC(d)→ \ MAR(c)$$
$$M(MAR)→MDR(a)$$
$$MDR→IR(b)$$

（3）指令 LDA X 的数据通路如下：

$$X→MAR$$
$$M(MAR)→MDR$$
$$MDR→ALU→ACC$$

（4）指令 ADD Y 的数据通路如下：

$$Y→MAR$$
$$M(MAR)→MDR$$
$$MDR→ALU，\ ACC→ALU$$
$$ALU→ACC$$

5.3.3 数据通路的功能

数据通路的功能是实现 CPU 内部的运算器与寄存器及 Cache 之间的数据交换，主要解决的问题是确定信息从哪里开始、中间经过哪些部件、最后传到哪里去。

CPU 中的 6 类主要寄存器，每一类完成一种特定的功能。然而信息怎样才能在各寄存器之间传送呢？也就是说，数据的流动是由什么部件控制的呢？操作控制器的功能，就是根据指令操作码和时序信号，产生各种操作控制信号，以便正确地选择数据通路，把有关数据打入到一个寄存器，从而完成取指令和执行指令的控制。

操作控制器产生的控制信号必须定时，为此必须有时序产生器。因为计算机高速地进行工作，故每一个动作的时间是非常严格的，不能太早也不能太迟。时序产生器的作用就是对各种操作信号实施时间上的控制。

5.4 控制方式与时序发生器

5.4.1 控制方式

从 5.2 节知道，机器指令的指令周期是由数目不等的 CPU 周期数组成的，CPU 周期数的多少反映了指令动作的复杂程度，即操作控制信号的多少。对一个 CPU 周期而言，也有操作控制信号的多少与出现的先后问题。这两种情况综合在一起，说明每条指令和每个操作控制信号所需的时间各不相同。控制不同操作序列时序信号的方法，称为控制器的控制方式，常用的有同步控制、异步控制、联合控制三种方式，其实质反映了时序信号的定时方式。

1. 同步控制

在任何情况下，已定的指令在执行时所需的机器周期数和时钟周期数都是固定不变的，称为同步控制方式。根据不同情况，同步控制方式可选取以下方案。

（1）采用完全统一的机器周期执行各种不同的指令。这意味着所有指令周期具有相同的节拍电位数和相同的节拍脉冲数。显然，对简单指令和简单的操作来说，将造成时间浪费。

（2）采用不定长机器周期。将大多数操作安排在一个较短的机器周期内完成，对某些时间紧张的操作，则采取延长机器周期的办法来解决。

（3）中央控制与局部控制结合。将大部分指令安排在固定的机器周期完成，称为中央控制；对少数复杂指令（乘、除、浮点运算）采用另外的时序进行定时，称为局部控制。

2. 异步控制

异步控制方式的特点是：每条指令、每个操作控制信号需要多少时间就占用多少时间，这意味着每条指令的指令周期可由多个不等的机器周期数组成；也可以是当控制器发出某一操作控制信号后，等待执行部件完成操作后发回"回答"信号，再开始新的操作。显然，用这种方式形成的操作控制序列没有固定的 CPU 周期数或严格的时钟周期与之同步。

3. 联合控制

联合控制方式为同步控制和异步控制相结合的方式。一种情况是，大部分操作序列安排在固定的机器周期中，对某些时间难以确定的操作，则以执行部件的"回答"信号作为本次操作的结束标志。例如，CPU 访问主存时，依靠其送来的"READY"信号作为读/写周期的结束标志（半同步方式）。另一种情况是，机器周期的节拍脉冲数固定，但是各条指令周期的机器周期数不固定。例如，后面要讲的微程序控制就是这样。

5.4.2 时序信号发生器

1. 时序信号的作用和体制

计算机之所以能够准确、迅速、有条不紊地工作，是因为在 CPU 中有一个时序信号发生器。机器一旦被启动，即 CPU 开始取指令并执行指令时，操作控制器就利用定时脉冲的顺序和不同的脉冲间隔，有条理、有节奏地指挥机器的动作，规定在这个脉冲到来时做什么，在那个脉冲到来时又做什么，给计算机各部分提供工作所需的时间标志。时间标志则是用时序信号来体现的，一般来说，操作控制器发出的各种控制信号都是时间因素（时序信号）和空间因素（部件位置）的函数。为此，需要采用多级时序体制。

组成计算机硬件的器件特性决定了时序信号最基本的体制是电位—脉冲制。这种体制最明显的一个例子，就是当实现寄存器之间的数据传送时，数据加在触发器的电位输入端，而打入数据的控制信号加在触发器的时钟输入端，电位的高低，表示数据是 1 还是 0，而且要求打入数据的控制信号到来之前，电位信号必须已经稳定。这是因为，只有电位信号先建立，打入到寄存器中的数据才是可靠的。当然，计算机中有些部件，如算术逻辑运算单元 ALU 只用电位信号工作就可以了。但尽管如此，运算结果还是要送入通用寄存器，所以最终还是需要脉冲信号来配合。

2. 时序信号发生器

各种计算机的时序信号产生电路是不尽相同的，一般来说，大型计算机的时序电路比较复杂，而微型机的时序电路比较简单，这是因为前者涉及的操作动作较多，后者涉及的操作动作较少。另外，与操作控制器的设计方法有关，根据设计方法不同，操作控制器可分为时序逻辑型和存储逻辑型两种，第一种称为硬布线控制器，它是采用时序逻辑技术来实现的，时序电路比较复杂；第二种称为微程序控制器，它是采用存储逻辑来实现的，时序电路比较简单。然而不管是哪一类，时序信号发生器最基本的构成是一样的。

图 5.17 所示为微程序控制器中使用的时序信号发生器的基本结构，它由时钟源、环形脉冲发生器、节拍脉冲和读写时序译码、启停控制逻辑等部分组成。

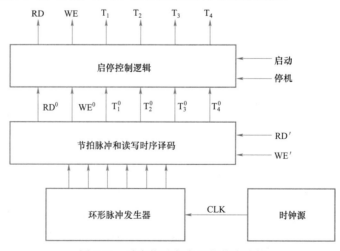

图 5.17 时序信号发生器的基本结构

1）时钟源

用来为环形脉冲发生器提供频率稳定且电平匹配的方波时钟脉冲信号，它通常由石英晶体振荡器和与非门组成的正反馈振荡电路组成，其输出送至环形脉冲发生器。

2）环形脉冲发生器

环形脉冲发生器用来产生一组有序的间隔相等或不等的脉冲序列，以便通过译码电路来产生最后所需的节拍脉冲。

3）节拍脉冲和存储器读写时序

我们假定在一个 CPU 周期中产生四个等间隔的节拍脉冲 $T_1^0 \sim T_4^0$，每个节拍脉冲的脉冲宽度均为 200 ns，因此一个 CPU 周期便是 800 ns，在下一个 CPU 周期中，它们又按固定的时间关系重复。不过注意，图 5.18 中画出的节拍脉冲信号在逻辑关系上与 $T_1^0 \sim T_4^0$ 是完全一致的，是后者经过启停控制逻辑中与门以后的输出，图中忽略了一级与门的时间延迟细节。存储器读/写时序信号 RD°、WE° 用来进行存储器的读/写操作。

在硬布线控制器中，节拍电位信号是由时序产生器本身通过逻辑电路产生的，一个节拍电位持续时间正好包容若干个节拍脉冲，然而在微程序设计的计算机中，节拍电位信号可由微程序控制器提供。一个节拍电位持续时间，通常也是一个 CPU 周期时间。

4）启停控制逻辑

机器一旦接通电源，就会自动产生原始的节拍脉冲信号 $T_1^0 \sim T_4^0$，然而，只有在启动机器运行的情况下，才允许时序信号发生器发出 CPU 工作所需的节拍脉冲 $T_1 \sim T_4$，为此需要由启停控制逻辑来控制 $T_1^0 \sim T_4^0$ 的发送。同样，对读/写时序信号也需要由启停逻辑加以控制。

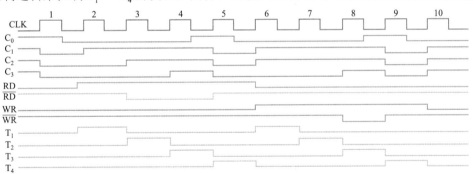

图 5.18　节拍电位与节拍脉冲时序关系图

由于启动计算机是随机的，停机也是随机的，为此必须要求：当计算机启动时，一定要从第 1 个节拍脉冲前沿开始工作，而在停机时一定要在第 4 个节拍脉冲结束后关闭时序产生器。只有这样，才能使发送出去的脉冲都是完整的脉冲。

5.5　微程序控制器

5.5.1　基本原理

微程序控制器采用存储逻辑来实现，具有规整性、灵活性、可维护性等一系列优点。其基本思想就是仿照通常的解题程序的方法，把操作控制信号编成所谓的"微指令"，存放到控制存储器里，当机器运行时，从控制存储器中一条又一条地读出这些微指令，从而产生所需要的各种操作控制信号，使相应部件执行所规定的操作。

与一条机器指令所对应的微指令序列称为微程序，微程序的概念是由英国剑桥大学的 M·V·Wilkes 教授于 1951 年在曼彻斯特大学计算机会议上首先提出来的，直到 1964 年，IBM 公司在 IBM 360 系列机上才成功地采用了微程序设计技术。微程序设计技术是利用软件方法来设计硬件的一门技术。

1. 微命令和微操作

一台数字计算机基本可以划分为两大部分——控制部件和执行部件。控制器就是控制部件，而运算器、存储器、外围设备相对控制器来讲，就是执行部件。控制部件通过控制线向执行部件发出各种控制命令，例如，打开或关闭某个控制门的电位信号、某个寄存器的打入脉冲等。通常把这种控制命令称为微命令，而执行部件接受微命令后所进行的操作称为微操作。微命令和微操作是一一对应的。

执行部件通过反馈线向控制部件反映操作情况，以便使控制部件根据执行部件的"状态"来下达新的微命令，这也称为"状态测试"。

微操作在执行部件中是最基本的操作。由于数据通路的结构关系，故微操作可分为相容性微操作和相斥性微操作两种。所谓相容性微操作，是指在同时或同一个 CPU 周期内可以并行执行的微操作；所谓相斥性微操作，是指不能在同时或不能在同一个 CPU 周期内并行执行的微操作。

图 5.19 所示为一个简单运算器模型，其中 ALU 为算术逻辑单元，R_1、R_2、R_3 为三个寄存器。三个寄存器的内容都可以通过多路开关从 ALU 的 X 输入端或 Y 输入端送至 ALU。

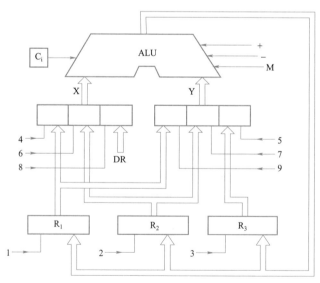

图 5.19　一个简单运算器模型

ALU 的输出可以送往任何一个寄存器或同时送往 R_1、R_2、R_3 三个寄存器。在图 5.19 给定的数据通路中，多路开关的每个控制门仅是一个常闭的开关，它的一个输入端代表来自寄存器的信息，而另一个输入端则作为操作控制端。一旦两个输入端都有输入信号时，它才产生一个输出信号，从而在控制线能起作用的一个时间宽度中控制信息在部件中流动。在图 5.19 中，每个开关门由控制器中相应的微命令来控制，例如，开关门 4 由控制器中编号为 4 的微命令控制，开关门 6 由编号为 6 的微命令控制，如此等等。三个寄存器 R_1、R_2、R_3 的时钟输入端 1、2、3 也需要加以控制，以便在 ALU 运算完毕而输出公共总线上电平稳定时，将结果打入到某一寄存器。另外，我们假定 ALU 只有 +、-、M（传送）三种操作，C_y 为最高进位触发器，有进位时该触发器状态为"1"。

ALU 的操作（加、减、传送）在同一个 CPU 周期中只能选择一种，不能并行，所以 +、-、M（传送）三个微操作是相斥性的微操作。类似地，4、6、8 三个微操作是相斥性的，5、7、9 三个微操作也是相斥性的。而脉冲信号 1、2、3 可同时将数据打入寄存器，是相容性的，ALU 中 X 输入的微操作 4、6、8 与 Y 输入的微操作 5、7、9 这两组信号中，任意两个微操作也都是相容性的。

2. 微指令与微程序

微指令：把在同一 CPU 周期内并行执行的微操作控制信息，存储在控制存储器里，称为一条微指令（Microinstruction）。图 5.20 所示为一个具体的微指令结构，微指令字长为 23 位，它由操作控制和顺序控制两大部分组成。

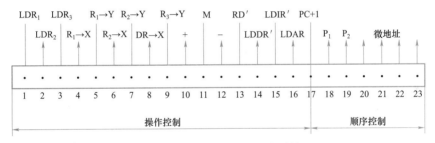

图 5.20　一个具体的微指令结构

操作控制部分用来发出管理和指挥全机工作的控制信号。为了形象直观，在该例中，字段为 17 位，每一位表示一个微命令，每个微命令的编号与图 5.19 所示的数据通路相对应，具体功能示于微指令格式的左上部。当操作控制字段某一位信息为"1"时，表示发出微命令；而某一位信息为"0"时，表示不发出微命令。例如，当微指令字第 1 位信息为"1"时，表示发出 LDR_1 的微命令，那么运算器将执行 $ALU \rightarrow R_1$ 的微操作，把公共总线上的信息打入到寄存器 R_1。同样，当微指令第 10 位信息为"1"时，表示向 ALU 发出进行"+"的微命令，因而 ALU 就执行"+"的微操作。

微指令格式中的顺序控制部分用来决定产生下一条微指令的地址。一条机器指令的功能是用许多条微指令组成的序列来实现的，这个微指令序列通常称为微程序。既然微程序是由微指令组成的，那么当执行当前一条微指令时，必须指出后继微指令的地址，以便当前一条微指令执行完毕后，取出下一条微指令继续执行。

决定后继微指令地址的方法不止一种。例如在图 5.20 中，通常由微指令顺序控制字段的 6 位信息来决定，其中低 4 位（20～23）用来直接给出下一条微指令的地址。第 18、19 两位作为判别测试标志，当此两位为"0"时，表示不进行测试，直接按顺序控制字段第 20～23 位给出的地址取下一条微指令；当第 18 位或第 19 位为"1"时，表示要进行 P_1 或 P_2 的判别 测试，根据测试结果，需要对第 20～23 位的某一位或几位进行修改，然后按修改后的地址取 下一条微指令。

一条机器指令是由若干条微指令组成的序列来实现的。因此，一条机器指令对应着一个 微程序，而微程序的总和便可实现整个指令系统。

3. 微程序控制器基本组成

微程序控制器组成原理框图如图 5.21 所示，它主要由控制存储器、微指令寄存器和地址 转移逻辑三大部分组成，其中微指令寄存器分为微地址寄存器和微命令寄存器两部分。

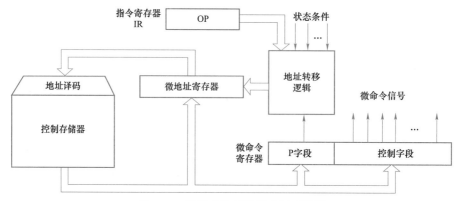

图 5.21　微程序控制器组成原理框图

（1）控制存储器 CM：用来存放实现全部指令系统的微程序，它是一种只读存储器。一 旦微程序固化，机器运行时则只读不写。其工作过程是：每读出一条微指令，则执行这条微 指令；接着又读出下一条微指令，又执行这一条微指令……读出一条微指令并执行微指令的 时间总和称为一个微指令周期。通常，微指令周期就是只读存储器的工作周期。控制存储器 的字长就是微指令字的长度，其存储容量取决于微程序的数量，即由机器指令系统规模决定。 对控制存储器的要求是速度要快、读出周期要短。

（2）微指令寄存器：用来存放由控制存储器读出的一条微指令信息，由微地址寄存器和 微命令寄存器两部分构成，其中微地址寄存器决定将要访问的下一条微指令的地址，而微命 令寄存器则用于保存一条微指令的操作控制字段和判别测试字段的信息。

（3）地址转移逻辑：承担自动完成修改微地址的任务。在一般情况下，微指令由控制存 储器读出后直接给出下一条微指令的地址，通常我们简称其为微地址，这个微地址信息就存 放在微地址寄存器中。如果微程序不出现分支，那么下一条微指令的地址就直接由微地址寄 存器给出；当微程序出现分支时，意味着微程序出现条件转移。在这种情况下，通过判别测 试字段 P 和执行部件的"状态条件"反馈信息，去修改微地址寄存器的内容，并按修改后的 内容去读下一条微指令。

4. 微程序控制器的工作过程

（1）取指令的公共操作通常由一段取指微程序来完成，在机器开始运行时，自动将取指微程序的入口微地址送微地址寄存器 μMAR，并从控制存储器 CM 中读出相应的微指令送入 μIR。

微指令的操作控制字段产生有关的微命令，用来控制实现取机器指令的公共操作。

取指微程序的入口地址一般为 CM 的 0 号单元，当取指微程序执行完后，从主存中取出的机器指令就已存入指令寄存器 IR 中了。

2）由机器指令的操作码字段通过微地址形成部件产生出该机器指令所对应的微程序的入口地址，并送入 μMAR。

3）从 CM 中逐条取出对应的微指令并执行之，每条微指令都能自动产生下一条微指令的地址。

4）一条机器指令对应的微程序的最后一条微指令执行完毕后，其下一条微指令地址又回到取指微程序的入口地址，从而继续第（1）步，以完成取下一条机器指令的公共操作。

以上是一条机器指令的执行过程，如此周而复始，直到整个程序的所有机器指令执行完毕。

5.5.2 微指令的编码方式

根据微程序控制器的基本原理，微指令的结构设计是微程序设计的关键。设计微指令结构应当追求的目标是：有利于缩短微指令字长度；有利于减小控制存储器的容量；有利于提高微程序的执行速度；有利于对微指令进行修改；有利于提高微程序设计的灵活性。

1. 微指令格式

微程序的设计方法有两种：水平型微指令格式和垂直型微指令格式。

水平型微指令一次能定义并能并行执行多个微命令，如图 5.22 所示，其特点是译码简单、指令执行速度快、CM 纵向容量小、灵活性强。

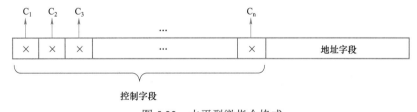

图 5.22　水平型微指令格式

但是水平型微指令字较长，使 CM 横向容量大，而且与机器指令编码方式相差很大，用户必须熟悉机器结构和数据通路，且编制微程序较困难。

垂直型微指令一次只能执行 1～2 个微命令，操作控制字段由微命令字段、源部件地址和目标部件地址构成，如图 5.23 所示，与机器指令格式非常相似，方便用户编程。其微指令字长较短，比如全机有 32 个微命令，而微命令字段就只需 5 位信息，这样 CM 的横向容量较少。但由于基本没有并行性，导致一条机器指令所需的微指令数量会较多，即微程序会较长，CM 纵向容量增大，而且微指令执行时需要进行译码，故执行速度较慢。

垂直型微指令格式在硬连线控制器中得到应用,下面主要研究水平型微指令的设计方法。

图 5.23　垂直型微指令格式

2. 微命令编码

微命令编码,就是对微指令中的操作控制字段采用的表示方法,通常有以下三种方法。

1)直接表示法

微指令结构如图 5.20 所示,其特点是操作控制字段中的每一位代表一个微命令。这种方法的优点是简单直观,其输出直接用于控制;缺点是微指令字较长,因而使控制存储器的容量较大,信息利用率下降。

2)编码表示法

编码表示法也称为字段译码法,即把一组相斥性的微命令信号组成一个小组(即一个字段),然后通过小组(字段)译码器对每一个微命令信号进行译码,译码输出作为操作控制信号,其微指令结构如图 5.24 所示。

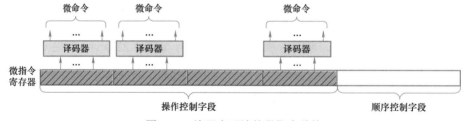

图 5.24　编码表示法的微指令结构

采用字段译码的编码方法,可以用较少的二进制信息位表示较多的微命令信号。例如,3位二进制位译码后可表示 7 个微命令(其中编码 000 表示不发出任何微命令),4 个二进制位译码后可表示 15 个微命令(0000 表示无操作)。与直接控制法相比,字段译码控制法可使微指令字大大缩短,但由于增加了译码电路,故使微程序的执行速度稍稍减慢。

3)混合表示法

混合表示法也称为字段直接译码法,这种方法是把直接表示法与字段编码法混合使用,以便能综合考虑微指令字长、灵活性、执行微程序速度等方面的要求,目前在微程序控制器设计中使用较普遍。

注意:要把互斥性的微命令分在同一字段内,相容性的微命令分在不同字段内。但每个小段中包含的信息位不能太多,否则译码过程会影响微指令执行速度。

【例 5.4】某机采用微程序控制方式,已知全机有 50 个微命令,控制存储器共 128 字,条件测试字段占 3 位。

（1）若采用直接控制的水平型微指令，则微指令字长为多少位？

（2）若采用编码控制的水平型微指令，已知 50 个微命令构成 4 个相斥类，分别包含 4 个、18 个、22 个和 6 个微命令，其他条件不变，则微指令字长为多少位？

解：（1）直接控制的水平型微指令，每个微命令用一位信息表示，所以操作控制字段需要 50 位；已知条件测试字段 3 位；控制存储器共 128 字，则微地址需要 7 位编码。所以微指令字长为 60 位。

（2）编码控制的水平型微指令，4 个相斥类分成 4 个小组进行译码，每个小组需要的信息位分别是 3、5、5、3 位，即操作控制字段只需 16 位；条件测试字段和微地址保持不变，还分别是 3、7 位。因此，微指令字长为 26 位。

5.5.3 微地址的形成方式

微地址是微指令在控制存储器中的地址，存放在微地址寄存器中，控制微指令的执行顺序。微指令执行的顺序控制问题，实际上是如何确定下一条微指令的地址问题。通常产生后继微地址的方式有以下两种。

1. 计数器方式

计数器方式与用程序计数器 PC 来产生机器指令地址的方式相类似。在顺序执行微指令时，后继微地址由现行微地址加上一个增量来产生；在非顺序执行微指令时，必须通过转移方式，使现行微指令执行后，转去执行指定后继微地址的下一条微指令。在这种方式中，微地址寄存器通常改为计数器，为此，顺序执行的微指令序列就必须安排在控制存储器的连续单元中。

计数器方式的基本特点是：微指令的顺序控制字段较短，微地址产生机构简单；但是其多路并行转移功能较弱，速度较慢，灵活性较差。

2. 多路转移方式

一条微指令具有多个转移分支的能力，即称为多路转移。例如，"取指"微指令根据操作码 OP 产生多路微程序分支而形成多个微地址。在多路转移方式中，当微程序不产生分支时，后继微地址直接由微指令的顺序控制字段给出；当微程序出现分支时，按顺序控制字段的"判别测试"标志和"状态条件"信息来确定微地址，当"状态条件"有 n 位标志时，可实现微程序的 2^n 路转移，涉及微地址寄存器的 n 位。因此执行转移微指令时，根据状态条件可转移到 2^n 个微地址中的一个。

如果机器指令操作码字段的位数和位置固定，则可以直接使操作码与微程序入口地址的部分位相对应，即由测试结果直接决定后继微地址的全部或部分值，称为断定方式。如图 5.25 所示。

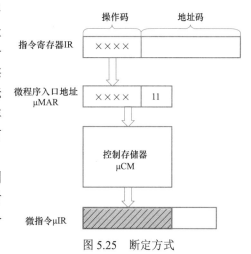

图 5.25　断定方式

图 5.25 中由操作码直接更改微地址寄存器的高位部分，低 2 位保持不变，从而修改微地址寄存器的内容。

多路转移方式的特点是，能以较短的顺序控制字段配合，实现多路并行转移，其灵活性好，速度较快，但转移地址逻辑需要用组合逻辑方法设计。

【例 5.5】微地址寄存器有 6 位（$\mu A_5 \sim \mu A_0$），当需要修改其内容时，可通过某一位触发器的强置端 S 将其置"1"。现有三种情况：① 执行"取指"微指令后，微程序按 IR 的 OP 字段（IR3～IR0）进行 16 路分支；② 执行条件转移指令微程序时，按进位标志 C 的状态进行 2 路分支；③ 执行控制台指令微程序时，按 IR_4、IR_5 的状态进行 4 路分支。请按多路转移方法设计微地址转移逻辑。

分析：按所给设计条件，微程序有三个判别测试，分别为 P_1、P_2、P_3。由于修改 $\mu A_5 \sim \mu A_0$ 内容具有很大的灵活性，现分配如下：用 P_1 和 $IR_3 \sim IR_0$ 修改 $\mu A_3 \sim \mu A_0$，用 P_2 和 C 修改 μA_0，用 P3 和 IR5、IR4 修改 μA_5、μA_4。另外还要考虑时间因素 T，假设在 CPU 周期最后一个节拍脉冲 T_4 到来时进行修改，则转移逻辑表达式如下：

$$\mu A_5 = P_3 \cdot IR_5 \cdot T_4$$
$$\mu A_4 = P_3 \cdot IR_4 \cdot T_4$$
$$\mu A_3 = P_1 \cdot IR_3 \cdot T_4$$
$$\mu A_2 = P_1 \cdot IR_2 \cdot T_4$$
$$\mu A_1 = P_1 \cdot IR_1 \cdot T_4$$
$$\mu A_0 = P_1 \cdot IR_0 \cdot T_4 + P_2 \cdot C \cdot T_4$$

由于从触发器强置端修改，故前 5 个表达式可用"与非"门实现，最后一个用"与或非"门实现。由此可画出微地址转移逻辑图 5.26（这里仅画出 μA_2、μA_1、μA_0 触发器的微地址转移逻辑图，其他的由同学们自行补充完整）。

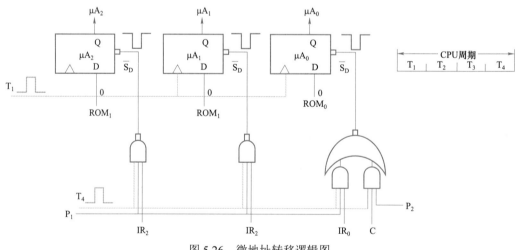

图 5.26　微地址转移逻辑图

5.5.4　微程序设计举例

现在我们结合一个完整的 CPU 内部数据通路（见图 5.27），以十进制加法指令 AAD 为例，具体看看微程序的设计过程。

十进制加法指令的功能是用 BCD 码来完成十进制数的加法运算。在十进制数运算中，当相加两数之和大于 9 时，便产生进位。可是用 BCD 码完成十进制数运算，当和数大于 9 时，必须对和数进行加 6 修正，即采用 BCD 码后，在两数相加的和数小于等于 9 时，十进制运算的结果是正确的；而当两数相加的和数大于 9 时，结果不正确，必须加 6 修正后才能得出正确结果。

假定指令存放在指存中，数据 a、b 及常数 6 已存放于图 5.27 所示的 R_1、R_2、R_3 三个寄存器中，因此，完成十进制加法的微程序流程图示于图 5.28 中。执行周期要求先进行 a+b+6 运算，然后判断结果有无进位：当进位标志 C=1 时，不减 6；当 C=0 时，减去 6，从而获得正确结果。

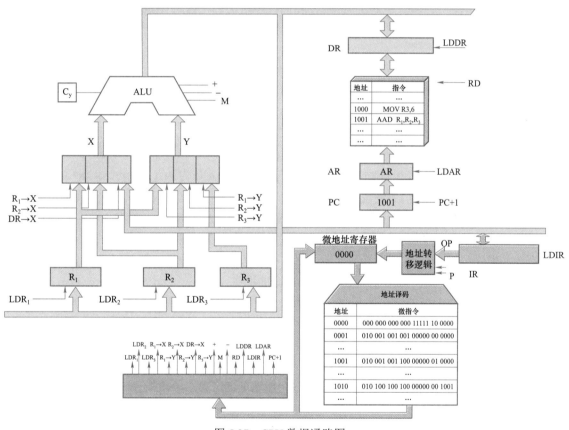

图 5.27　CPU 数据通路图

从图 5.28 中可以看到，十进制加法微程序流程图由四条微指令组成，每一条微指令用一个长方框表示。第一条微指令为取指微指令，它是一条专门用来取机器指令的微指令，可完成以下 3 个动作：

（1）从内存取出一条机器指令，并将指令放到指令寄存器 IR 中。

（2）对程序计数器加 1，做好取下一条机器指令的准备。

（3）对机器指令的操作码用 P1 进行判别测试，然后修改微地址寄存器内容，给出下一条

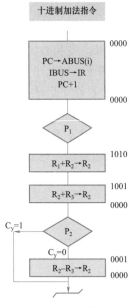

图 5.28　AAD 指令的微程序流程图

微指令的地址。

在微程序流程图中，每一条微指令的地址用数字示于长方框的右上角。注意，菱形符号代表判别测试，它的动作在时间上依附于第一条微指令。第二条微指令完成 a+b 运算。第三条微指令完成 a+b+6 运算，同时又进行判别测试，不过这一次的判别标志不是 P_1 而是 P_2，P_2 用来测试进位标志 C_y。根据测试结果，微程序或者转向公操作，或者转向第四条微指令。当微程序转向公操作（用符号"～"表示）时，如果没有外围设备请求服务，那么 CPU 不需要中断，又转向取下一条机器指令。与此相对应，第三条微指令和第四条微指令的下一个微地址就又指向第一条微指令，即取指微指令。

假设我们已经按微程序流程图编好了微程序，并已事先存放到控制存储器中。机器启动时，只要给出控制存储器的首地址，就可以调出所需要的微程序。为此，首先给出第一条微指令的地址 0000，经地址译码，控制存储器选中所对应的取指微指令，并将其读到微指令寄存器中。

第一条微指令的二进制编码：

000	000	000	000	1111	10	0000

在这条微指令中，操作控制字段有五个微命令：第 16 位发出 LDAR，将 PC 内容经 AR 送到地址总线 ABUS；第 13 位发出读命令 RD，执行读操作，从存储单元 1001 取出十进制加法指令 AAD 放到总线 BUS 上；第 14 位发出微命令 LDDR，将总线上的指令代码送入数据缓冲寄存器 DR；第 15 位发出 LDIR，将 ADD 指令代码打入到指令寄存器 IR。假定十进制加法指令的操作码 1010，那么指令寄存器的 OP 字段现在是 1010。第 17 位发出 PC+1 微命令，使程序计数器加 1，做好取下一条机器指令的准备。

另一方面，微指令的顺序控制字段指明下一条微指令的地址是 0000，但是由于判别字段中第 18 位为 1，表明是 P_1 测试，因此 0000 不是下一条微指令的真正的地址。P_1 测试的"状态条件"是指令寄存器的操作码字段，即用 OP 字段作为形成下一条微指令的地址，于是微地址寄存器的内容修改成 1010。

在第二个 CPU 周期开始时，按照 1010 这个微地址读出第二条微指令，它的二进制编码为

010	100	100	100	00000	00	1001

在这条微指令中，操作控制部分发出以下四个微命令：$R_1 \rightarrow X$，$R_2 \rightarrow Y$，$+$，LDR_2，于是运算器完成 $R_1+R_2 \rightarrow R_2$ 的操作。与此同时，这条微指令的顺序控制部分由于判别测试字段 P_1 和 P_2 均为 0，表示不进行测试，于是直接给出下一条微指令的地址为 1001。

在第三个 CPU 周期开始时，按照 1001 这个微地址读出第三条微指令，它的二进制编码为

010	001	001	100	00000	01	0000

这条微指令的操作控制部分发出 $R_2 \rightarrow X$，$R_3 \rightarrow Y$，+，LDR_2 的四个微命令，运算器完成 $R_2 + R_3 \rightarrow R_2$ 的操作。顺序控制部分由于判别字段中 P_2 为 1，表明进行 P_2 测试，测试的"状态条件"为进位标志 C_y。换句话说，此时微地址 0000 需要进行修改，我们假定用 C 的状态来修改微地址寄存器的最后一位：当 C = 0 时，下一条微指令的地址为 0001；当 C = 1 时，下一条微指令的地址为 0000。

显然，在测试一个状态时，有两条微指令作为要执行的下一条微指令的"候选"微指令。现在假设 $C_y = 0$，则要执行的下一条微指令地址为 0001。

在第四个 CPU 周期开始时，按微地址 0001 读出第四条微指令，其编码为

010	001	001	001	00000	00	0000

本条微指令发出 $R_2 \rightarrow X$，$R_3 \rightarrow Y$，−，LDR_2 微命令，运算器完成了 $R_2 - R_3 \rightarrow R_2$ 的操作功能。顺序控制部分直接给出下一条微指令的地址为 0000，按该地址取出的微指令是取指微指令。

如果第三条微指令进行测试时 C = 1，那么微地址仍保持为 0000，将不执行第四条微指令而直接由第三条微指令转向公操作。

当下一个 CPU 周期开始时，取指微指令又从内存读出第二条机器指令。如果这条机器指令是 STO 指令，那么经过 P_1 测试，就转向执行 STO 指令的微程序。

以上就是由四条微指令序列组成的简单微程序。从这个简单的控制器模型中，我们就可以看到微程序设计的过程及控制器的工作原理。微程序设计的过程总结如下：

（1）根据数据通路图弄清楚每个微命令的功能，给出微指令格式。

（2）根据机器指令功能画出微程序操作流程图，每一个方框就是一条微指令。

（3）确定每条微指令所在的微地址。

（4）将每一个方框对应的微指令进行代码化。

（5）将编写好的微程序代码存入控制存储器。

【例 5.6】某计算机运算器框图如图 5.29 所示，其中 ALU 为 16 位的加法器（高电平工作），S_A、S_B 为 16 位暂存器。4 个通用寄存器由 D 触发器组成，Q 端输出，其读、写控制功能见表 5.2。各微命令信号的意义如下：

RA_0 RA_1：读 $R_0 \sim R_3$ 的选择控制。

WA_0 WA_1：写 $R_0 \sim R_3$ 的选择控制。

R：寄存器读命令。

W：寄存器写命令。

LDS_A：打入 S_A 的控制信号。

LDS_B：打入 S_B 的控制信号。

$S_B - ALU$：传送 S_B 的控制信号。

$\overline{S_B - ALU}$：传送 S_B 的控制信号，并使加法器最低位加 1。

Reset：清暂存器 S_B 为零的信号。

～：一段微程序结束，转入取机器指令的控制信号。

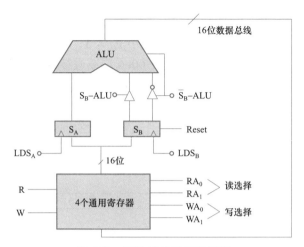

图 5.29 某计算机运算器框图

表 5.2 读写控制信号功能

读控制				写控制			
R	RA_0	RA_1	选择	W	WA_0	WA_1	选择
1	0	0	R_0	1	0	0	R_0
1	0	1	R_1	1	0	1	R_1
1	1	0	R_2	1	1	0	R_2
1	1	1	R_3	1	1	1	R_3
0	*	*	不读出	0	*	*	不写入
*表示代码随意设置							

微指令微操作控制字段为 12 位，其格式如下：

11	10	9	8	7	6	5	4	3	2	1	0
RA_0	RA_1	WA_0	WA_1	RW		LDS_A	LDS_B	S_B-ALU	$\overline{S_B-ALU}$	Reset	~

要求：用二进制代码写出以下指令的微程序。

（1）"ADD R_0，R_1" 指令，即 $(R_0)+(R_1)\rightarrow R_1$。

（2）"SUB R_2，R_3" 指令，即 $(R_3)-(R_2)\rightarrow R_3$。

（3）"MOV R_2，R_3" 指令，即 $(R_2)\rightarrow(R_3)$。

这里不考虑取指周期和顺序控制问题，亦即微程序仅考虑执行周期。

解： 根据数据通路图和指令功能，可画出指令操作流程图，如图 5.30 所示。图 5.30 中方框右上角为微指令序号。

1. ADD 指令对应由三条微指令构成的微程序

微指令 1 完成的操作是 $R_0\rightarrow S_A$，所需微命令信号有：R=1，$RA_0RA_1=00$，$LDS_A=1$。

微指令 2 完成的操作是 $R_1\rightarrow S_B$，所需微命令信号有：R=1，$RA_0RA_1=10$，$LDS_B=1$。

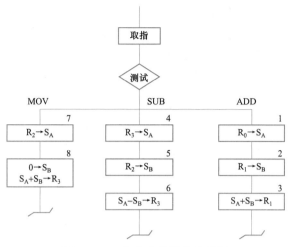

图 5.30 三条指令的操作流程图

微指令 3 完成的操作是 $S_A+S_B \to R_1$，所需微命令信号有：$S_B-ALU=1$，$W=1$，$WA_0WA_1=01$，$\sim=1$。

所以 ADD 指令对应微程序代码为

00**10100000

01**10010000

**0101001001

2. SUB 指令也是对应由三条微指令构成的微程序

微指令 4 完成的操作是 $R_3 \to S_A$，所需微命令信号有：$R=1$，$RA_0RA_1=11$，$LDS_A=1$。

微指令 5 完成的操作是 $R_2 \to S_B$，所需微命令信号有：$R=1$，$RA_0RA_1=10$，$LDS_B=1$。

微指令 6 完成的操作是 $S_A-S_B \to R_3$，所需微命令信号有：$\overline{S_B}-ALU=1$，$W=1$，$WA_0WA_1=11$，$\sim=1$。

所以 SUB 指令对应微程序代码为

11**10100000

10**10010000

**1101000101

3. MOV 指令是对应由 2 条微指令构成的微程序

微指令 7 完成的操作是 $R_2 \to S_A$，所需微命令信号有：$R=1$，$RA_0RA_1=10$，$LDS_A=1$。

微指令 8 完成的操作是 $S_A+S_B \to R_3$，此时要将 S_B 先清零，由于清零操作由独立信号控制，无须占用单独 CPU 周期，可以编制在一条微指令中。所需微命令信号有：$Reset=1$，$S_B-ALU=1$，$W=1$，$WA_0WA_1=11$，$\sim=1$。

所以 MOV 指令对应微程序代码为

10**10100000

**1101001011

这里我们采用的是水平型微指令直接编码方式设计微程序，仅考虑执行过程要发出的微命令信号，没有涉及取指过程和微地址，所以这里的代码只是微操作控制字段的代码化。

  任务 同学们可以自行增加存储器数据通路和地址转移逻辑，然后将微程序代码补充完整。

5.6 硬连线控制器

  硬连线控制器是早期设计计算机的一种方法，它是将控制部件做成产生专门固定时序控制信号的逻辑电路，产生各种控制信号，因而又称为组合逻辑控制器。这种逻辑电路以使用最少元件和取得最高操作速度为设计目标，因为该逻辑电路由门电路和触发器构成一个复杂树型网络，所以称为硬连线控制器（Hardwiring Controller）。

5.6 硬连线控制器

5.7 GPU 概述

  GPU（Graphics Processing Unit）图形处理器是一种在个人电脑、工作站、游戏机和移动设备（如平板电脑、智能手机等）上进行图像和图形相关运算工作的微处理器。

5.7 GPU 概述

● 本章小结

  CPU 是计算机的中央处理部件，具有指令控制、操作控制、时间控制、数据加工等基本功能。当今的 CPU 芯片由运算器、Cache 和控制器三大部分组成，CPU 中至少有六类寄存器：指令寄存器 IR、程序计数器 PC、地址寄存器 AR、数据缓冲寄存器 DR、通用寄存器 R_i、状态条件寄存器 PSW。

  CPU 从存储器取出一条指令并执行这条指令的时间和称为指令周期。在 CISC 中，由于各种指令的操作功能不同，故各种指令的指令周期是不尽相同的。划分指令周期，是设计操作控制器的重要依据。在 RISC 中，由于采用流水方式执行，故大部分指令在一个机器周期完成。

  时序信号产生器提供 CPU 周期（也称机器周期）所需的时序信号，操作控制器利用这些时序信号进行定时，有条不紊地取出一条指令并执行这条指令。

  微程序设计技术是利用软件方法设计操作控制器的一门技术，具有规整性、灵活性、可维护性等一系列优点，因而在计算机设计中得到了广泛应用。但是随着 ULSI 技术的发展和对机器速度的要求，硬连线逻辑设计思想又得到了重视。硬连线控制器的基本思想是：某一微操作控制信号是指令操作码译码输出、时序信号和状态条件信号的逻辑函数，即用布尔代数写出逻辑表达式，然后用门电路、触发器等器件实现。

服务器 CPU 的指令一般采用的是 RISC（精简指令集）。这种设计的好处就是针对性更强，可以根据不同的需求进行专门的优化，能效更高。GPU 服务器是基于 GPU 的应用于视频编解码、深度学习、科学计算等多种场景的快速、稳定、弹性的计算服务，提供与标准云服务器一致的管理方式。出色的图形处理能力和高性能计算能力可提供极致计算性能，有效解放计算压力，提升产品的计算处理效率与竞争力。

习 题

1. 参见图 5.1 的数据通路：

（1）画出存数指令"STO R_1，（R_2）"的指令周期流程图，其含义是将寄存器 R_1 的内容传送至 R_2 为地址的存储单元中，标出各微操作信号序列。

（2）画出取数指令"LAD（R_3），R_0"的指令周期流程图，其含义是将（R_3）为地址的存储单元内容取至寄存器 R_0 中，标出各微操作控制信号序列。

2. 假设某机器有 80 条指令，平均每条指令由 4 条微指令组成，其中有一条取指微指令是所有指令公用的。已知微指令长度为 32 位，请估算控制存储器容量。

3. 某计算机有以如下部件：ALU，移位器，主存 M，主存数据寄存器 MDR，主存地址寄存器 MAR，指令寄存器 IR，通用寄存器 $R_0 \sim R_3$，暂存器 C 和 D。

（1）请将各逻辑部件组成一个数据通路，并标明数据流动方向。

（2）画出"ADD R_1，R_2"指令的指令周期流程图。

4. 某机器有 8 条微指令，I1~I8，每条微指令所包含的微命令控制信号如习题表 5-1 所示。

习题表 5-1

微指令	a	b	c	d	e	f	g	h	i	j
I1	√	√	√	√	√					
I2	√			√		√	√			
I3		√						√		
I4			√							
I5			√		√		√		√	
I6	√								√	√
I7			√	√					√	
I8	√	√							√	

a~j 分别对应 10 种不同性质的微命令信号。假设一条微指令的控制字段仅限为 8 位，请安排微指令的控制字段格式。

5. 已知某机器采用微程序控制方式，控制存储器容量为 512×48 位。微程序可在整个控制存储器中实现转移，控制微程序转移的条件共 4 个，微指令采用水平型格式，后继微指令地址采用断定方式。请问：

（1）微指令的三个字段分别应为多少位？

（2）画出对应这种微指令格式的微程序控制器逻辑框图。

6. 运算器结构如习题图 5-1 所示，R_1、R_2、R_3 是 3 个寄存器，A 和 B 是 2 个三选一的多路开关。通路的选择分别由 AS_0AS_1 和 BS_0BS_1 端控制，当 $BS_1BS_0=11$ 时选择 R_3，$BS_1BS_0=01$ 时选择 R_1。ALU 是算术/逻辑单元，S_1、S_2 为它的两个操作控制端，其功能如下：当 $S_1S_2=00$ 时，ALU 输出 $=A$；$S_1S_2=01$ 时，ALU 输出 $=A+B$；$S_1S_2=10$ 时，ALU 输出 $=A-B$；$S_1S_2=11$ 时，ALU 输出 $=A\oplus B$。

（1）假设顺序控制字段 4 位，其中 1 位为判别测试，请采用直接控制方式的水平微指令设计该运算器通路控制的微指令格式。

（2）假设 R_1 存放 a，R_2 存放 b，R_3 中存放修正量 3（0011），试设计余三码编码的十进制加法微程序，并代码化（微地址自主确定）。

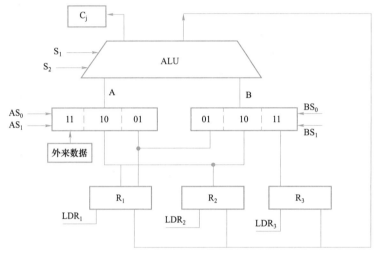

习题图 5-1

7. 习题图 5-2 给出了某机微程序控制器的部分微指令序列，图中每一个方框代表一条微指令。分支点 a 由指令寄存器 IR_5IR_6 决定，分支点 b 由条件码标志 C_0 决定。现采用断定方式实现微程序的顺序控制，已知微地址寄存器长度为 8 位。转移地址的逻辑表达式为 $\mu A_0=P_1\cdot IR_6\cdot T_4$，$\mu A_1=P_1\cdot IR_5\cdot T_4$，$\mu A_2=P_2\cdot C_0\cdot T_4$，$\mu A_3\sim\mu A_7$ 保持不变。

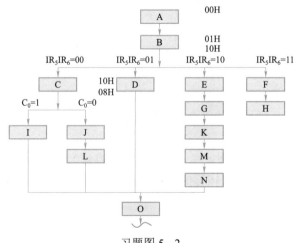

习题图 5-2

要求：

（1）设计实现该微指令序列的微指令字顺序控制字段的格式。

（2）给出微指令 D、E、F 和 I、J 在控制存储器中的微地址。

8. 针对 TEC-9 实验平台的数据通路和微指令格式，请设计出机器指令

$$\text{SUB Rd,[Rs]; Rd} - \text{([Rs])} \rightarrow \text{Rd}$$

的微程序。假设其机器指令格式为"0010 Rs_1Rs_0 Rd_1Rd_0"，请给出指令"SUB R_1，[R_2]"的机器代码（用十六进制表示），画出该指令微程序流程图（一个方框对应一条微指令的微命令信号），并给出微指令代码表（微地址可自行确定）。

第6章

总线技术

总线是一种用来连接计算机各功能部件并承担部件之间信息传输任务的公共信息通道。在现代计算机系统中，无论是在集成电路芯片内部还是在功能模块之间，都要通过各种总线实现互连。因此，一个计算机系统所配置总线的结构和功能，在很大程度上决定了该计算机系统的性能。本章首先讲述总线系统的一些基本概念和基本技术，在此基础上，具体介绍当前实用的一些总线标准。

6.1　总线的概述

6.1.1　总线的基本概念

计算机系统大多采用模块结构，一个模块是实现具有某个（或某些）特定功能的插件电路板，通常也叫作功能部件、插件、插卡，例如 CPU 模块、存储器模块、各种 I/O 接口卡等。各模块之间传送信息的公共通路称为总线，是一个共享的传输媒介。随着微电子技术和计算机技术的发展，总线技术也在不断发展和完善，进而使计算机总线技术种类繁多、各具特色。

挂接在总线上的设备可以有多个，根据其是否有总线控制权分为主设备和从设备。总线的主设备是指获得总线控制权的设备，如 CPU、DMA 控制器等；而从设备是指被主设备访问的设备，它只能响应主设备发来的各种总线命令。在某一时刻只允许有一个部件向总线发送信息，但多个部件可同时从总线上接收相同的信息，即在总线上，同一时刻只能有一个主设备控制总线的传输操作。

6.1.2 总线分类与组成

总线的应用很广泛，如芯片内部的元件连接、计算机间的通信连线等。从不同的角度看，总线有不同的分类方法，例如，按照数据信号线的数量，总线可分为串行总线和并行总线；按照信号的传送控制方式，总线可分为同步总线、异步总线和半同步总线。其最常见的分类方法有以下两种。

1. 按信号线功能分类

按照信号线的功能，总线可以分为数据总线、地址总线和控制总线三种。

1）数据总线（Data Bus，DB）

数据总线用来承载设备间传输的数据内容，是双向传输线，读、写操作执行时的数据传输方向是相反的。数据总线的位数称为数据总线宽度，它决定了可以同时传输的二进制位数，是衡量总线性能的一个重要技术指标，又称为总线宽度。

2）地址总线（Address Bus，AB）

地址总线用来指出传输数据所在的主存单元地址或外设地址，即从设备中数据所在的地址。地址总线是单向传输线，只有主设备才会发出地址信息。地址总线的位数称为地址总线宽度，它决定了可寻址的地址空间大小，如地址线为 32 位时，总线可寻址的地址空间为 $2^{32}=4$（GB）。

3）控制总线（Control Bus，CB）

控制总线用来控制传输过程中主、从设备正确使用地址总线和数据总线。由于信息传输是一个交互过程，一部分信号（如传输命令）由主设备发出，另一部分信号（如完成状态）由从设备发出，因此，控制总线的信号线有控制线、状态线两种类型，它们都是单向传输线。常见的控制总线信号线有时钟、存储器读、存储器写、设备就绪、操作完成、总线请求、总线允许等，时钟信号线用于总线操作的同步，总线请求、总线允许信号线用于总线使用权的请求及分配，其余为控制线或状态线。

2. 按连接部件分类

按照总线连接的部件，总线可以分为片内总线、系统总线和通信总线三种。

1）片内总线

片内总线指芯片内部的总线，用于连接芯片内部的元器件，如 CPU 数据通路中的总线结构。从信号线的功能来看，片内总线只有数据总线，没有地址总线及控制总线。

2）系统总线

系统总线指计算机内部用于连接 CPU、主存、外设等主要部件的总线。由于这些部件通常都安放在主板或插件板/卡上，故又称为板级总线，如 ISA 总线、PCI 总线等。系统总线大多由数据总线、地址总线及控制总线组成，如图 6.1 所示，图中控制总线用两根单向线分别表示控制线和状态线。

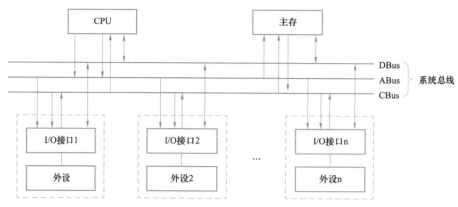

图 6.1　系统总线组成

目前，系统总线大多采用信号线复用方法，来减少信号线的数量。如采用地址/数据线复用时，系统总线由数据总线、控制总线组成，地址信息通过数据总线来进行传送。

3）通信总线

通信总线指连接主机与外设之间及计算机之间的总线，如可以进行远距离通信的 RS－485 总线、快速串行通信的 USB 总线等。这类总线涉及许多方面，如设备的类型、距离、速度等，因而总线种类较多。通信总线通常只有数据线和控制线，有时只有数据线，控制信息通过数据线来进行传送。

总线用于连接计算机内部的主要部件，由于不同部件的速度相差很大，为了提高部件间的传输性能，现代计算机通常采用多总线结构，将不同速度的部件连接到不同总线上。例如，总线可以分为 HOST 总线和 I/O 总线，HOST 总线又称为处理器—主存总线或主机总线，只连接 CPU、主存等快速部件，速度快、距离短，如 PCI 总线；I/O 总线用于连接各种中速或慢速设备，速度慢，距离可以较长，其通过总线桥与 HOST 总线相连，总线桥的功能类似于网络交换机。

6.1.3　总线特性与性能指标

1. 总线的特性

总线是多个部件共享的传输介质，为了能够正确地进行连接及信息传输，必须约定一些基本特性。总线的特性包括以下几个方面。

1）物理特性

物理特性又称机械特性，指总线在部件连接时表现出来的特性，如连线类型、数量，接插件的形状、尺寸及引脚排列等。从连线类型看，总线有电缆式、主板式、底板式 3 类；从连线数量看，总线有串行总线和并行总线 2 种。

2）功能特性

功能特性是指每根信号线的功能，如地址总线用来表示传输的从设备地址、数据总线用来表示传输的数据内容、控制总线用来表示传输的操作命令和操作状态等，控制总线中不同信号线的功能不同。

3）电气特性

电气特性是指每一根信号线上的信号方向及表示信号有效的电平范围,通常由主设备(如CPU)发出的信号称为输出信号(OUT),送入主设备的信号称为输入信号(IN)。通常数据信号和地址信号定义高电平为逻辑 1,低电平为逻辑 0;控制信号则没有俗成的约定,如 WE 表示低电平有效,Ready 表示高电平有效。不同总线高电平、低电平的电平范围也无统一的规定,通常与 TTL 电平是相符的。

4）时间特性

时间特性又称逻辑特性,指总线传输过程中每一根信号线上的信号在什么时间内有效。所有信号线上的有效信号存在一种时序关系,这种时序关系的约定确保了总线传输的正确进行,又称为传输协议。

为了提高计算机的可扩展性及设备的通用性,系统总线、通信总线都采用标准化总线。标准化总线指其物理特性、电气特性、功能特性、时间特性的约定得到公认的总线。常见的标准化总线有 ISA 总线、PCI 总线、AGP 总线、USB 总线等。

2. 总线的性能指标

总线的性能主要为总线带宽,涉及一些技术指标,主要有以下 3 个方面。

1）总线宽度

总线宽度指数据总线的根数,也称位数,它反映了可同时传输的二进制位数,通常用位(bit)表示,如 8 位、16 位。

2）总线带宽

总线带宽指总线的最大数据传输率,即总线在进行数据传输时,单位时间内最多可传输的数据位数,通常用 Mb/s(Mbps)或 MB/s(MBps)表示。

总线的数据传输率可表示为

$$数据传输率 = 总线宽度 \times 数据传输次数/秒$$

式中,数据传输次数/秒又称为工作频率。

注意:总线带宽的工作频率不考虑总线仲裁、地址传送等非数据传输操作的时间,而总线数据传输率的工作频率考虑总线所有操作的时间。

对于同步总线,总线带宽为

$$B = W \times F/M$$

式中,W——总线宽度;

F——总线时钟频率;

M——一次数据传输所需的时钟周期数;

F/M——总线的工作频率。

【例 6.1】某 32 位同步总线的时钟频率为 33.3 MHz,每个时钟周期可传送一次数据,该总线的带宽是多少?若需将总线带宽提高到 266 MB/s,则可以采用哪些实现方法?

解: 依题意,总线宽度 W = 32 位,总线时钟频率 F = 33.3 MHz,一次传输所需的时钟周期数 M = 1。根据计算公式:

$$B = W \times F/M$$

该总线的带宽为

$$32 \text{ bit} \times 33.3 \text{ MHz}/1 = 133 \text{ MB/s}$$

根据总线带宽公式，将总线带宽提高到 266 MB/s 的方法有三种，可以将数据总线宽度增加到 64 位，或者将总线时钟频率提高到 66.6 MHz，或者在一个时钟周期内传送 2 次数据（如 DDR SDRAM）。

3）总线负载能力

总线负载能力指总线信号的电平保持在有效范围内时，所能连接部件或设备的数量，常用"个"表示。这个指标反映了总线的驱动能力，但通常不太被关注，因为可以用相关电路来扩展驱动能力。比如，PCI Spec 规定了每个 PCI 总线上最多可以连接多达 32 个 PCI 设备，但是受到功耗影响实际上却远远达不到 32 个，33 MHz 的 32 位 PCI 总线一般只能连接 10～12 个负载。如果需要连接更多的 PCI 设备，则需要借助 PCI-to-PCI 桥，每个桥内部都有隔离，保证了可以连接额外的 10～12 个负载。

6.1.4　信息的传送方式

串行传送或并行传送是计算机系统中传输信息常用的两种方式之一。系统总线基于对速度和效率上的考虑，传送信息时必须采用并行传送方式。

1. 串行传送

当信息以串行方式传送时，只有一条传输线，且采用脉冲传送。在串行传送时，通常按顺序来传送表示一个数码的所有二进制位（bit）的脉冲信号，每次一位，以第一个脉冲信号表示数码的最低有效位，最后一个脉冲信号表示数码的最高有效位。图 6.2（a）给出了串行传送的示意图。

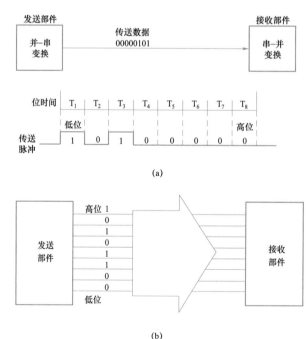

图 6.2　信息的传输方式

（a）串行传送；（b）并行传送

当串行传送时，有可能按顺序连续传送若干个"0"或若干个"1"。如果在编码时用有脉冲表示二进制数"1"，无脉冲表示二进制数"0"，那么当连续出现几个"0"时，表示某段时间间隔内传输线上没有脉冲信号。为了要确定传送了多少个"0"，必须采用某种时序格式，以便使接收设备能加以识别。通常采用的方法是指定位时间，即指定一个二进制位在传输线上占用的时间长度。显然，位时间是由同步脉冲来体现的。

假定串行数据是由位时间组成的，那么传送 8 bit 需要 8 个位时间。例如，如果接收设备在第一个位时间和第三个位时间接收到一个脉冲，而其余的 6 个位时间没有收到脉冲，那么就会知道所收到的二进制信息是 00000101。注意，串行传送时低位在前、高位在后。

在串行传送时，被传送的数据在发送部件需要进行并—串变换，这称为拆卸；而在接收部件又需要进行串—并变换，这称为装配。

串行传送的主要优点是只需要一条传输线，这一点对长距离传输显得特别重要，不管传送的数据量有多少，只需要一条传输线，成本比较低廉。

2. 并行传送

用并行方式传送二进制信息时，对每个数据位都需要单独一条传输线。信息由多少位二进制位组成，就需要多少条传输线，从而使二进制数"0"或"1"在不同的线上同时进行传送。

并行传送的过程示意如图 6.2（b）所示。如果要传送的数据由 8 位二进制位组成（1 字节），那么就使用 8 条线组成的扁平电缆，每一条线分别代表了二进制数的不同位值。例如，最上面的线代表最高有效位，最下面的线代表最低有效位，因而图中正在传送的二进制数是 10101100。

并行传送一般采用电位传送。由于所有的位同时被传送，所以并行数据传送比串行数据传送快得多，例如，使用 32 条单独的地址线，可以从 CPU 的地址寄存器同时传送 32 位地址信息给主存。

6.1.5　总线接口

I/O 功能模块通常简称为 I/O 接口，也叫适配器。广义地讲，I/O 接口是指 CPU、主存和外围设备之间通过系统总线进行连接的标准化逻辑部件。I/O 接口在它动态连接的两个部件之间起着"转换器"的作用，以便实现彼此之间的信息传送。

图 6.3 所示为 CPU、I/O 接口和外围设备之间的连接关系。外围设备本身带有自己的设备控制器，它是控制外围设备进行操作的控制部件。它通过 I/O 接口接收来自 CPU 传送的各种信息，并根据设备的不同要求把这些信息传送到设备，或者从设备中读出信息传送到 I/O 接口，然后送给 CPU。由于外围设备种类繁多且速度不同，因而每种设备都有适应它自己工作特点的设备控制器。图 6.3 中将外围设备本体与它自己的控制电路画在一起，统称为外围设备。

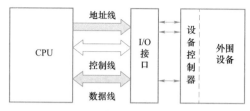

图 6.3　外围设备的连接方法

　　为了使所有的外围设备能在一起正确工作，CPU 规定了不同的信息传送控制方法。不管什么样的外围设备，只要选用某种数据传送控制方法，并按它的规定通过总线和主机连接，即可进行信息交换。通常在总线和每个外围设备的设备控制器之间使用一个适配器（接口）电路来解决这个问题，以保证外围设备用计算机系统特性所要求的形式发送和接收信息，因此接口逻辑必须标准化。

　　一个标准 I/O 接口可能连接一个设备，也可能连接多个设备。图 6.4 所示为 I/O 接口模块的一般结构框图。

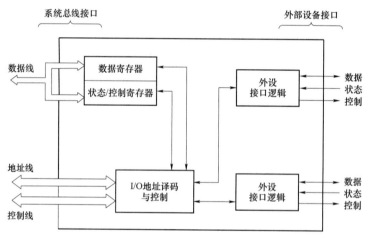

图 6.4　I/O 接口模块的一般结构框图

它通常具有以下功能。

　　（1）控制。接口模块靠指令信息来控制外围设备的动作，如启动、关闭设备等。

　　（2）缓冲。接口模块在外围设备和计算机系统其他部件之间用作为一个缓冲器，以补偿各种设备在速度上的差异。

　　（3）状态。接口模块监视外围设备的工作状态并保存状态信息。状态信息包括数据"准备就绪""忙""错误"等，供 CPU 询问外围设备时进行分析之用。

　　（4）转换。接口模块可以完成任何要求的数据转换，如并 – 串转换或串 – 并转换，因此数据能在外围设备和 CPU 之间正确地进行传送。

　　（5）整理。接口模块可以完成一些特别的功能，例如，在需要时可以修改字计数器或当前内存地址寄存器。

　　（6）程序中断。每当外围设备向 CPU 请求某种动作时，接口模块即发生一个中断请求信号到 CPU。例如，如果设备完成了一个操作或设备中存在着一个错误状态，则接口即发出中断。

事实上，一个 I/O 接口模块有两个接口：一个是与系统总线的接口，CPU 和 I/O 接口模块的数据交换一定是并行方式；另一个是与外设的接口，I/O 接口模块和外设的数据交换可能是并行方式，也可能是串行方式。因此，根据外围设备供求串行数据或并行数据的方式不同，I/O 接口模块分为串行数据接口和并行数据接口两大类。

【例 6.2】利用串行方式传送字符（见图 6.5），每秒钟传送的比特（bit）位数常称为波特率：假设数据传送速率是 120 字符/s，每一个字符格式规定包含 10 比特位（起始位、停止位、8 个数据位），问传送的波特率是多少？每个比特位占用的时间是多少？

图 6.5　利用串行方式传送字符

解： 波特率为

$$10 \text{ 位} \times 120 \text{ 字符/s} = 1\,200 \text{ 波特}$$

每个比特位占用的时间 T_d 是波特率的倒数，即

$$T_d = 1/1\,200 = 0.833 \times 10^{-3} \text{（s）} = 0.833 \text{ ms}$$

6.2　总　线　仲　裁

总线仲裁也叫总线判优。总线是多个部件所共享的，在总线上某一时刻只能有一个总线主控部件控制总线，为了正确地实现多个部件之间的通信，避免各部件同时发送信息到总线的冲突，必须有一个总线仲裁机构，对总线的使用进行合理的分配和管理。

当总线上的一个部件要与另一个部件进行通信时，首先应该发出请求信号。在某一时刻，可能有多个部件同时要求使用总线，总线仲裁控制机构根据一定的判决原则，决定首先由哪个部件使用总线。只有获得了总线使用权的部件才能开始传送数据。根据总线控制部件的位置，控制方式可以分成集中方式与分散方式两种。总线控制逻辑集中在一处的，称为集中式总线控制；总线控制逻辑分散在总线各部件中的，称为分散式总线控制。

按照总线仲裁电路的位置不同，仲裁方式分为集中式仲裁和分布式仲裁两类。

6.2.1　集中式仲裁

采用集中式仲裁时，每个主设备与总线仲裁器连接的信号线起码有两条：一条是送往仲裁器的总线请求信号线 BR，另一条是仲裁器送出的总线授权信号线 BG。BR 线表示主设备有/无总线请求，BG 线表示主设备是/否拥有总线使用权。常见的集中式仲裁方式有 3 种。

1. 链式查询方式

总线授权信号BG串行地从一个I/O接口传送到下一个I/O接口，如图6.6（a）所示。假如 BG 到达的接口无总线请求，则继续往下查询；假如 BG 到达的接口有总线请求，则 BG 信号便不再往下查询，该 I/O 接口获得了总线控制权。离中央仲裁器最近的设备具有最高优先级，通过接口的优先级排队电路来实现。

（1）链式查询方式需要三根控制线：总线忙信号 BS，该信号有效时，表示总线正被某外设使用；总线请求信号 BR，该信号有效时，表示至少有一个外设请求使用总线；总线回答信号 BG，该信号有效时，表示总线控制部件响应了外设的总线请求。

（2）链式查询基本原理：要使用总线的部件提出申请（BR），如果总线不忙，总线控制器发出批准信号（BG）；提出申请的部件接受 BG，并禁止 BG 信号进一步向后传播；提出申请的部件发出总线忙信号（BS），并开始使用总线，总线忙信号将阻止其他部件使用总线，直到使用总线的设备释放总线。

（3）链式查询的优点：只用很少几根线就能按一定优先次序实现总线仲裁，很容易扩充设备。链式查询方式的缺点：对查询的电路故障很敏感，查询链的优先级是固定的，如果优先级高的设备出现频繁的请求，则优先级低的设备将长期不能使用总线。

2. 计数器定时查询方式

总线上的任一设备要求使用总线时，通过 BR 线发出总线请求，如图6.6（b）所示。计数器定时查询方式需要在总线控制部件设计一个计数器，保留 BR 和 BS 信号线，BG 线用设备地址线替代，如果连接 N 个 I/O 设备，则需要 $\log_2N+1$ 根设备地址线，每个设备接口都有一个设备地址判别电路。计数器的计数值通过设备地址线发向各设备，当地址线上的计数值与请求总线的设备地址相一致时，该设备获得总线使用权，此时中止计数查询。

这种方式避免了电路敏感，可以通过改变计数器的初值来灵活地改变优先次序。显然，这种灵活性是以增加线数为代价的。

计数器查询的基本原理：

（1）总线上任何设备要求使用总线时，都通过 BR 线发出总线请求。

（2）总线控制器接到总线请求信号后，在 BS 线为"0"的情况下其设备地址计数器开始计数，计数值通过一组设备地址线发向各设备。

（3）每个外设接口都有一个设备地址判别电路，当设备地址线上的计数值与请求使用总线的设备地址一致时，该设备就获得了总线使用权，并置 BS 线为"1"。

（4）总线控制器根据检测到 BS 信号时的设备地址就知道当前哪个设备使用了总线。

（5）每次设备地址计数可以从 0 开始，也可以从上次计数的中止点开始。如果从 0 开始，各设备的优先级次序与链式查询相同，优先级的顺序是固定的；如果从中止点开始，则各个设备使用总线的优先级别是相等的。计数器的初值也可以用程序来设置，这就可以方便地改变优先级。

3. 独立请求方式

在独立请求方式中，每一个共享总线的设备均有一对总线请求线 BR_i 和总线授权线 BG_i，如图 6.6（c）所示，当设备要求使用总线时，便发出该设备的请求信号。中央仲裁器中的排队电路决定首先响应哪个设备的请求，给设备以授权信号 BG_i。

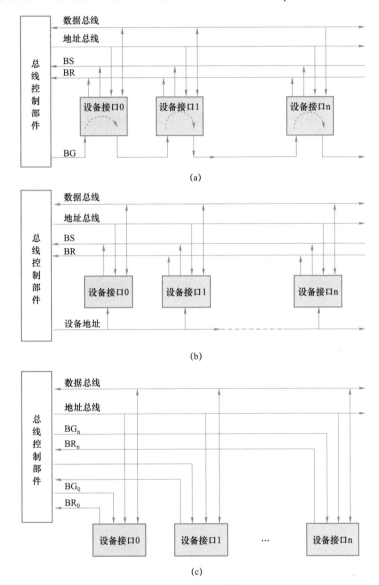

图 6.6　集中式总线仲裁方式

（a）链式查询方式；（b）计数器定时查询方式；（c）独立请求方式

独立请求方式的基本原理：

（1）每个设备均有独立的总线请求线 BR_i 和总线回答线 BG_i。当设备要求使用总线时，便发出总线请求信号 BR_i。

（2）总线控制器对所有的总线请求进行优先级排队，响应级别最高的请求，并向该设备

发出总线回答信号 BG$_i$。

（3）得到响应的设备将占用总线进行传输。

独立请求方式的优点：响应时间快，确定优先响应的设备所花费的时间少，用不着一个设备接一个设备地查询；其次，对优先次序的控制相当灵活，可以预先固定，也可以通过程序来改变优先次序；还可以用屏蔽（禁止）某个请求的办法，不响应来自无效设备的请求。

思考题　三种集中式仲裁方式中，哪种方式效率最高？为什么？

6.2.2　分布式仲裁

分布式仲裁不需要中央仲裁器，每个可能的主设备都有自己的仲裁号和仲裁器。当主设备有总线请求时，把自己唯一的仲裁号发送到共享的仲裁总线上，每个仲裁器将仲裁总线上得到的号与自己的号进行比较，如果仲裁总线上的号大，则该设备的总线请求不予响应，并撤销它的仲裁号。最后，获胜者的仲裁号保留在仲裁总线上。显然，分布式仲裁以优先级仲裁策略为基础。图 6.7 所示为分布式仲裁示意图。

分布式仲裁的优点：线路可靠性高（不会因为某个总线设备的仲裁电路故障而导致系统不能工作），设备扩展灵活性较大。

缺点：系统往往需要进行超时判断，以确定总线设备是否还在正常工作，由于每个总线主设备需要在其接口电路中包含仲裁电路，因而设备设计的复杂性较高。

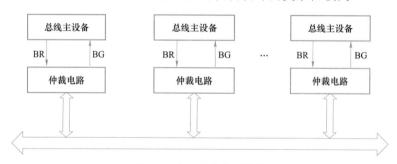

图 6.7　分布式仲裁示意图

6.3　总线的定时和数据传送模式

6.3.1　总线的定时

总线的一次信息传送过程，大致可分为以下五个阶段：请求总线，总线仲裁，寻址（目的地址），信息传送，状态返回（或错误报告）。为了同步主方、从方的操作，必须制定定时协定。所谓定时，是指事件出现在总线上的时序关系。下面介绍数据传送过程中采用的几种定时协定：同步定时协定、异步定时协定、半同步定时协定和周期分裂式总线协定。

1. 同步总线定时协定

在同步定时协议中，总线事务的定时由统一的时钟信号来实现，每个步骤的时长固定，以时钟周期为基准。同步总线中需要配置时钟信号，其时钟频率称为总线时钟频率。

采用同步定时方式的传输协议称为同步传输协议。图 6.8 所示为采用同步定时方式的总线传输过程示例，读操作的传输过程由传送地址、从设备响应（完成操作）、传送数据、结束 4 个步骤组成，写操作传输过程的中间两个步骤需要对调。为了包容线路延迟，接收端的信号采样通常比发送端滞后半个时钟周期，如 T_4 在下降沿才撤销信号。

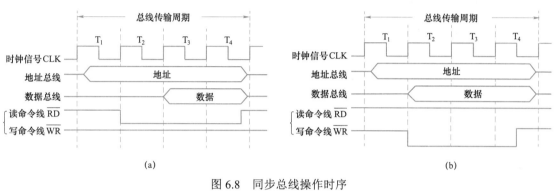

图 6.8 同步总线操作时序

（a）读操作；（b）写操作

同步定时方式的特点是主、从设备的协调简单，具有较高的传输频率。由于是强制性同步，故时钟频率必须以速度最慢的设备为基准；而且由于信号漂移问题，总线长度不能太长。因此，同步定时方式适用于总线长度较短、设备速度相近的应用场合。

2. 异步总线定时协定

异步定时方式不存在统一的时钟信号，总线事务的定时由联络信号的"握手"来实现，即每一个动作都在收到请求信号后开始，功能完成时发送应答信号通知对方，每一个动作的时长是不确定的。异步定时方式又称应答方式或握手方式，异步总线中需配置应答信号线。

采用异步定时方式的传输协议称为异步传输协议，又称应答协议或握手协议。异步传输协议的每个步骤都包括请求、响应、撤销请求、撤销响应 4 个阶段，每个阶段都应在收到对方的信号后才动作，如图 6.9 所示。

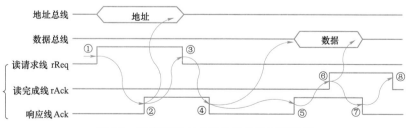

图 6.9 异步定时方式的总线传输过程示例

图 6.9 所示为一个采用异步定时方式的总线传输过程示例，传输包括地址传送、数据传送两个步骤，分别与图 6.9 中①～④、⑤～⑧相对应。总线传输的具体过程为：① 主设备在总线空闲时，发出读命令 rReq 及设备地址；② 所有从设备自动判断地址总线上的地址，被选中的从设备锁存地址及命令后，发出响应信号 Ack，并开始进行操作；③ 主设备收到信号 Ack 后，撤销 rReq 及设备地址；④ 从设备收到 rReq 撤销后，也撤销 Ack；⑤ 当从设备完成读操作时，发出数据及 Ack（数据传送请求）；⑥ 主设备收到 Ack 后读取数据，发出读完成信号 rAck；⑦ 从设备收到 rAck 后，撤销数据及 Ack；⑧ 主设备收到 Ack 撤销后，撤销 rAck。

思考题 你能说出同步定时与异步定时各自的应用环境吗？

【例 6.3】 某 CPU 采用集中式仲裁方式，使用独立请求与链式查询相结合的二维总线控制结构，每一对请求线 BR_i 和授权线 BG_i 组成一对菊花链查询电路，每一根请求线可以被若干个传输速率接近的设备共享。当这些设备要求传送时，通过 BR_i 线向仲裁器发出请求，对应的 BG_i 线则串行查询每个设备，从而确定哪个设备享有总线控制权。请分析说明图 6.10 所示的总线仲裁时序图。

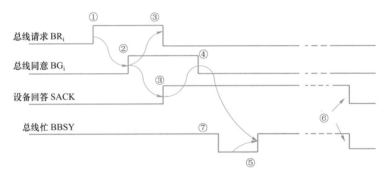

图 6.10　某 CPU 总线仲裁时序图

解： 从时序图 6.10 可以看出，该总线采用异步定时协议。

当某个设备请求使用总线时，在该设备所属的请求线上发出申请信号 BR_i①。CPU 按优先原则同意后给出授权信号 BG_i 作为回答②。BG_i 链式查询各设备，并上升从设备回答 SACK 信号证实已收到 BG_i 信号③。CPU 接到 SACK 信号后下降 BG_i 作为回答④。在总线"忙"标志 BBSY 为"0"时，该设备上升 BBSY，表示该设备获得了总线控制权，成为控制总线的主设备⑤。在设备用完总线后，下降 BBSY 和 SACK⑥，释放总线。

在上述选择设备的过程中，可能现行的主、从设备正在进行传送，此时需等待现行传送结束，即现行主设备下降 BBSY 信号后⑦，新的主设备才能上升 BBSY，获得总线控制权。

3. 半同步总线定时协定

半同步定时方式中，总线事务的定时由时钟信号、应答信号共同完成，每一个步骤的时长可变，以时钟周期为基准。半同步总线中需配置时钟信号线和应答信号线。

半同步定时方式使用的传输协议称为半同步传输协议。图 6.11 所示为一个采用半同步定时方式的总线传输过程示例，其中，Ready 为从设备的应答信号线。

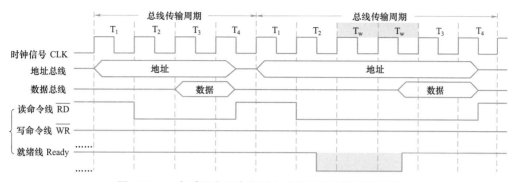

图 6.11 一个采用半同步定时方式的总线传输过程示例

由图 6.11 可见，第一个传输周期中 Ready 全部有效；第二个传输周期中，Ready 在 T_2 开始无效，表示从设备来不及完成响应，主设备应该等到 Ready 有效时才能接收数据，这就实现了异步定时方式的操作控制，而 Ready 的采样采用同步定时方式。也可以说，半同步定时方式中，传输定时采用同步方式，传输控制支持异步方式。

由于主设备也可能因某些原因而来不及进行数据传输，因此，半同步总线中常设置主就绪（IRDY）和从就绪（TRDY）两根应答信号线，半同步总线协定在同步总线协定的基础上仅增加了一点点成本，但适应能力大大提升。

6.3.2 总线的数据传送模式

当代的总线标准大多能支持以下四类模式的数据传送：

（1）读、写操作：读操作是由从方到主方的数据传送；写操作是由主方到从方的数据传送。一般，主方先以一个总线周期发出命令和从方地址，经过一定的延时再开始数据传送总线周期。为了提高总线利用率、减少延时损失，主方完成寻址总线周期后可让出总线控制权，以使其他主方完成更紧迫的操作，然后再重新竞争总线，完成数据传送总线周期。

（2）块传送操作：只需给出块的起始地址，然后对固定块长度的数据一个接一个地读出或写入。对于 CPU（主方）、存储器（从方）而言的块传送，常称为猝发式传送，其块长一般固定为数据线宽度（存储器字长）的 4 倍。例如一个 64 位数据线的总线，一次猝发式传送可达 256 位，这在超标量流水中十分有用。

（3）写后读、读修改写操作：这是两种组合操作。其只给出地址一次（表示同一地址），或进行先写后读操作，或进行先读后写操作。前者用于校验目的，后者用于多道程序系统中对共享存储资源的保护。这两种操作和猝发式操作一样，主方掌管总线直到整个操作完成。

（4）广播、广集操作：一般而言，数据传送只在一个主方和一个从方之间进行。但有的总线允许一个主方对多个从方进行写操作，这种操作称为广播。与广播相反的操作称为广集，它将选定的多个从方数据在总线上完成 AND 或 OR 操作，用以检测多个中断源。

6.4 常 用 总 线

在现代计算机系统中，常用的总线标准有 ISA 总线、VESA 总线、PCI 总线、AGP 总线、

USB 总线，等等，由于篇幅有限，具体请扫码查看。

6.4　常用总线

● 本章小结

总线是构成计算机系统的互联机构，是多个系统功能部件之间进行数据传送的公共通道，能在各部件之间传输数据和控制命令，其在很大程度上决定了计算机系统的性能。

总线有物理特性、功能特性、电气特性、机械特性，因此必须标准化。微型计算机系统的标准总线已从 ISA 总线（16 位，带宽 8 MB/s）发展到 EISA 总线（32 位，带宽 33.3 MB/S）和 VESA 总线（32 位，带宽 132 MB/S），又进一步发展到 PCI 总线（64 位，带宽 264 MB/s）。衡量总线性能的重要指标是总线带宽，它定义为总线本身所能达到的最高传输速率。

在计算机系统中，根据应用条件和硬件资源不同，信息的传输方式可采用：① 并行传送；② 串行传送；③ 复用传送。

各种外围设备必须通过 I/O 接口与总线相连。I/O 接口是指 CPU、主存、外围设备之间通过总线进行连接的逻辑部件，接口部件在其动态连接的两个功能部件间起着缓冲器和转换器的作用，以便实现彼此之间的信息传送。

总线仲裁是总线系统的核心问题之一，按照总线仲裁电路位置的不同，总线仲裁分为集中式仲裁和分布式仲裁。集中式仲裁方式必有一个中央仲裁器，它受理所有功能模块的总线请求，按优先原则或公平原则进行排队，然后仅给一个功能模块发出授权信号。分布式仲裁不需要中央仲裁器，每个功能模块都有自己的仲裁号和仲裁器。

总线定时是总线系统的另一个核心问题。为了同步主方和从方的操作，必须制定定时协议，通常采用同步定时与异步定时两种方式。在同步定时协议中，事件出现在总线上的时刻由总线时钟信号来确定，总线周期的长度是固定的。在异步定时协议中，后一事件出现在总线上的时刻取决于前一事件的出现时刻，即建立在应答式或互锁机制的基础上，不需要统一的公共时钟信号。在异步定时中，总线周期的长度是可变的。

当代的总线标准大多能支持以下数据传送模式：读/写操作；块传送操作；写后读、读修改写操作；广播、广集操作。

● 习　题

1. 试说明总线结构对计算机系统性能的影响。

2. 设总线的时钟频率为 8 MHz，一个总线周期等于一个时钟周期。如果一个总线周期中并行传送 16 位数据，试问总线的带宽是多少？

3. 在一个 16 位的总线中，若时钟频率为 100 MHz，总线数据周期为 5 个时钟周期传输一个字，则总线的数据传输率是多少？总线带宽是多少？

4. 某总线有 104 根信号线，其中数据总线（DB）为 32 根，若总线工作频率为 33 MHz，则其理论最大传输率为多少？

5. 在一个 32 位的总线系统中，总线的时钟频率为 66 MHz，假设总线最短传输周期为 4 个时钟周期，试计算总线的最大数据传输率。若想提高数据传输率，可采取什么措施？

6. 为什么要规定总线标准？各种总线中最基本的信息总线有哪些？

7. 请画出菊花链方式的优先级判决逻辑电路图。

8. 什么是总线裁决？总线集中式仲裁有哪几种方式？各有哪些特点？

第7章

输入/输出系统

输入/输出系统是计算机系统中的主机与外部进行通信的系统。一个计算机系统的综合处理能力及系统的可扩展性、兼容性和性能价格比，都与 I/O 系统有密切关系。本章首先介绍输入/输出系统概述，随后分别对 I/O 设备、I/O 接口、I/O 控制方式以及 I/O 系统设计进行讲解。

7.1 输入/输出系统概述

在计算机系统中，通常把处理机和主存储器之外的部分称为输入/输出系统，它由外围设备和输入/输出控制系统两部分组成。外围设备包括输入/输出设备、磁盘存储器、磁带存储器、光盘存储器等。从某种意义上也可以把磁盘、磁带和光盘等设备看成一种输入/输出设备，所以输入/输出设备与外围设备这两个名词经常是通用的，它是以主机为中心而言的，将信息从外部设备传送到主机称为输入（Input），反之称为输出（Output）。

输入/输出系统的特点是异步性、实时性和设备无关性。

异步性是指由于输入/输出设备本身的速度差异很大，因此，对于不同速度的外围设备，需要有不同的定时方式。外围设备与处理机可以并行工作。

实时性是指由于各种输入/输出设备的工作方式不一样，处理机必须按照不同设备所要求的不同传送方式和不同传送速率为其提供服务，包括从设备接收数据、向设备发送数据及对设备进行控制等，如果错过服务时机，就可能会丢失数据，或造成设备工作错误。

设备无关性是指计算机系统为了能够适应各种设备的不同要求，规定了一些独立于具体设备的标准接口，凡是连接到同一种标准接口上的不同类型的设备，它们之间的差异由设备控制器通过硬件和软件进行填补，处理机本身就无须了解各种外围设备特定的具体工作细节，可以采用统一的方式对品种繁多的设备进行管理。比如，某些计算机系统中已经实现了即插即用技术。

7.2 I/O 设 备

CPU 和主存构成了主机，除主机外的大部分硬件设备都可称为 I/O 设备或外部设备，或外围设备，简称外设。计算机系统没有输入/输出设备，就如计算机系统没有软件一样，是毫无意义的。随着计算机技术的发展，I/O 设备在计算机系统中的地位越来越重要，其成本在整个系统中所占的比重也越来越大。早期的计算机系统主机结构简单、速度慢、应用范围窄，配置的 I/O 设备种类有限、数量不多，I/O 设备价格仅占整个系统价格的几个百分点。现代的计算机系统 I/O 设备向多样化、智能化方向发展，品种繁多，性能良好，其价格往往已占到系统总价的80%左右。

7.2.1 输入设备

常见的计算机输入设备分为图形输入、图像输入、声音输入等几类，请扫码查看。

7.2.1 输入设备

7.2.2 输出设备

输出设备主要包括显示设备和打印设备，详情扫码查看。

7.2.2 输出设备

7.2.3 外存储设备

计算机的外存储设备又称磁表面存储设备，所谓磁表面存储，是将某些磁性材料薄薄地涂在金属铝或塑料表面作载磁体来存储信息。磁盘存储器、磁带存储器均属于磁表面存储器。

磁表面存储器的优点：

（1）存储容量大，位价格低；

（2）记录介质可以重复使用；

（3）记录信息可以长期保存而不丢失，甚至可以脱机存档；

（4）非破坏性读出，读出时不需要再生信息。

当然，磁表面存储器也有缺点，主要是存取速度较慢，机械结构复杂，对工作环境要求较高。

磁表面存储器由于存储容量大、位成本低，故在计算机系统中作为辅助大容量存储器使用，用以存放系统软件、大型文件、数据库等大量程序与数据信息。

1. 磁性材料的物理特性

在计算机中，用于存储设备的磁性材料是一种具有矩形磁滞回线的磁性材料。这种磁性

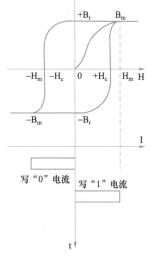

材料在外加磁场的作用下，其磁感应强度 B 与外加磁场 H 的关系可用矩形磁滞回线来描述，如图 7.1 所示。

从磁滞回线可以看出，磁性材料被磁化以后，工作点总是在磁滞回线上。只要外加的正向脉冲电流（即外加磁场）幅度足够大，那么在电流消失后磁感应强度 B 并不等于零，而是处在 $+B_r$ 状态（正剩磁状态）；反之，当外加负向脉冲电流时，磁感应强度 B 将处在 $-B_r$ 状态（负剩磁状态）。这就是说，当磁性材料被磁化后，会形成两个稳定的剩磁状态，就像触发器电路有两个稳定的状态一样。利用这两个稳定的剩磁状态，可以表示二进制代码 1 和 0。如果规定用 $+B_r$ 状态表示代码"1"，$-B_r$ 状态表示代码"0"，那么要使磁性材料记忆"1"，就要加正向脉冲电流，使磁性材料正向磁化；要使磁性材料记忆"0"，则要加负向脉冲电流，使磁性材料反向磁化。磁性材料上呈现剩磁状态的地方形成了一个磁化元或存储元，

图 7.1　磁性材料的磁带回线　　它是记录一个二进制信息位的最小单位。

2. 磁表面存储器的读写原理

在磁表面存储器中，利用一种称为"磁头"的装置来形成和判别磁层中的不同磁化状态。换句话说，写入时，利用磁头使载磁体（盘片）具有不同的磁化状态，而在读出时又利用磁头来判别这些不同的磁化状态。磁头实际上是由软磁材料作铁芯并绕有读写线圈的电磁铁，如图 7.2 所示。

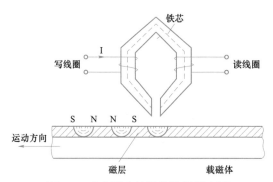

图 7.2　磁表面存储器的读写原理图

1）写操作

当写线圈中通过一定方向的脉冲电流时，铁芯内就产生一定方向的磁通。由于铁芯是高导磁率材料，而铁芯空隙处为非磁性材料，故在铁芯空隙处集中很强的磁场，如图 7.2 所示，在这个磁场作用下，载磁体就被磁化成相应极性的磁化位或磁化元。若在写线圈里通入相反方向的脉冲电流，即可得到相反极性的磁化元。如果我们规定按图 7.2 中所示电流方向为写"1"，那么写线圈里通以相反方向的电流时即为写"0"。上述过程称为"写入"。

显然，一个磁化元就是一个存储元，一个磁化元中存储一位二进制信息。当载磁体相对于磁头运动时，就可以连续写入一连串的二进制信息。

2）读操作

如何读出记录在磁表面上的二进制代码信息呢？也就是说，如何判断载磁体上信息的不同剩磁状态呢？

当磁头经过载磁体的磁化元时，由于磁头铁芯是良好的导磁材料，故磁化元的磁力线很容易通过磁头而形成闭合磁通回路。不同极性的磁化元在铁芯里的方向是不同的。当磁头对载磁体做相对运动时，由于磁头铁芯中磁通的变化，使读出线圈中感应出相应的电动势 e，其值为

$$e = -k \frac{d\Phi}{dt}$$

式中，负号表示感应电势的方向与磁通的变化方向相反。不同的磁化状态，所产生的感应电势方向不同。这样，不同方向的感应电势经读出放大器放大鉴别，即可判知读出的信息是"1"还是"0"。

归纳起来，通过电—磁变换，利用磁头写线圈中的脉冲电流，可把一位二进制代码转换成载磁体存储元的不同剩磁状态；反之，通过磁—电变换，利用磁头读出线圈，可将由存储元的不同剩磁状态表示的二进制代码转换成电信号输出。这就是磁表面存储器存取信息的原理。

3. 磁盘驱动器和控制器

磁盘驱动器是一种精密的电子和机械装置，因此各部件的加工安装有严格的技术要求。对磁盘驱动器，还要求在超净环境下组装。

各类磁盘驱动器的具体结构虽然有差别，但基本结构相同，主要由定位驱动系统、主轴系统和数据转换系统组成。图 7.3 所示为磁盘驱动器的外形和结构示意图。

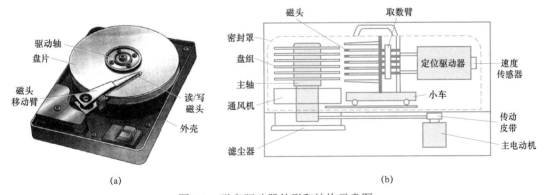

(a)   (b)

图 7.3　磁盘驱动器外形和结构示意图
（a）外形；（b）结构示意图

磁盘控制器是主机与磁盘驱动器之间的接口，电路板实物如图 7.4（a）所示，主机与磁盘驱动器交换数据的控制逻辑如图 7.4（b）所示。其有两个方面的接口：一个是与主机的接口，控制外存与主机总线之间的交换数据；另一个是与设备的接口，根据主机命令控制设备的操作。前者称为系统级接口，后者称为设备级接口。

(a)

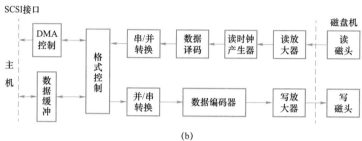

(b)

图 7.4　磁盘控制器

（a）电路板实物；（b）磁盘控制器逻辑

4. 信息在磁盘上的组织格式

磁盘由若干个盘片构成，盘片的上、下两面都能记录信息，通常把磁盘片表面称为记录面，每个记录面都有一个磁头。记录面上一系列同心圆称为磁道。每个盘片表面通常有几百到几千个磁道，每个磁道又分为若干个扇区，所有盘片的同一磁道称为一个柱面，如图 7.5 所示。从图 7.5 中可以看出，外面扇区比里面扇区面积要大，但每个扇区能存储的信息量是一样的。磁盘上的这种磁道和扇区的排列称为格式。

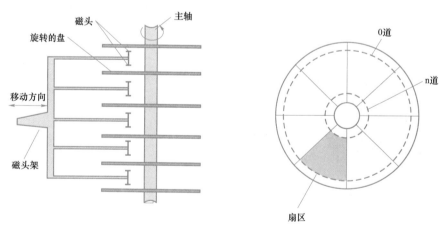

图 7.5　磁盘格式

根据磁盘的工作过程，定长记录方式下直接寻址的最小单位即一个扇区，磁盘地址格式划分如下：

台号	柱面号（磁道号）	盘面号（磁头号）	扇区号

如果某文件长度超过一个磁道的容量，则应将它记录在同一个柱面上，因为不需要重新找道，故数据读/写速度快。

5. 磁盘存储器的技术指标

1）存储密度

存储密度分为道密度、位密度和面密度。

（1）道密度：沿磁盘半径方向单位长度上的磁道数，单位为道/英寸。

（2）位密度：磁道单位长度上能记录的二进制代码位数，单位为位/英寸。

（3）面密度：位密度和道密度的乘积，单位为位/平方英寸。

2）存储容量

一个磁盘存储器所能存储的字节总数，称为磁盘存储器的存储容量。

3）存取时间

存取时间是指从发出读写命令后，磁头从某一起始位置移动至新的记录位置，到开始从盘片表面读出或写入信息加上传送数据所需要的时间。

存取时间的大小通常由以下三个因素决定：

（1）找道时间：将磁头定位至所要求的磁道上所需的时间。

（2）等待时间：找道完成后至磁道上需要访问的信息到达磁头下的时间。

找道时间和等待时间都是随机变化的，因此往往使用平均值来表示，平均找道时间是最大找道时间与最小找道时间的平均值。平均等待时间与磁盘转速有关，它用磁盘旋转一周所需时间的一半来表示。

（3）数据传送时间：传输信息所需要的时间，这是三个因素中影响最小的因素。

4）数据传输率

磁盘存储器在单位时间内向主机传送数据的字节数。

假设磁盘旋转速度为 r（r/s），每条磁道容量为 N（B），则数据传输率为

$$D_r = rN（B/s）$$

【例 7.1】磁盘组有 6 片磁盘，每片有 2 个记录面，最上、最下两个面不用。存储区域内径 22 cm，外径 33 cm，道密度为 40 道/cm，内层位密度为 400 位/cm，转速为 6 000 r/min。每个磁道有 16 个扇区。问：

（1）共有多少柱面？

（2）盘组总存储容量是多少？

（3）数据传输率多少？

（4）采用定长数据块记录格式，直接寻址的最小单位是什么？寻址命令中如何表示磁盘地址？

解：（1）有效存储区域为

$$33/2 - 22/2 = 16.5 - 11 = 5.5（cm）$$

因为道密度=40 道/cm，所以 $40 \times 5.5 = 220$（道），即 220 个柱面。

（2）内层磁道周长为

$$2\pi R = 2 \times 3.14 \times 11 = 69.08（cm）$$

每道信息量为

$$400 \text{ 位/cm} \times 69.08 \text{ cm} = 27\ 632 \text{ 位} = 3\ 454 \text{ B}$$

每面信息量为

$$3\ 454 \text{ B} \times 220 = 759\ 880 \text{ B}$$

磁盘有 10 个面，则盘组总容量为

$$759\ 880 \text{ B} \times 10 = 7\ 598\ 800 \text{ B}$$

（3）磁盘数据传输率 $D_r = rN$，N 为每条磁道容量，$N = 3\ 454$ B；r 为磁盘转速，$r = 6\ 000$ r/60 s = 100 r/s。

$$D_r = rN = 100 \times 3\ 454 = 345\ 400 \text{ (B/s)}$$

（4）采用定长数据块格式，只有一个磁盘组，所以不需要台号编码；220 个柱面，则柱面号需要 8 位，磁盘有 10 个记录面，即磁头号需要 4 位编码，一个磁道的扇区数为 16，则扇区编号需 4 位。磁盘组的编址方式可用如下格式：

15 8	7 4	3 0
柱面号（磁道号）	盘面号（磁头号）	扇区号

7.3 I/O 接口

接口可以看作是两个系统或两个部件之间的交接部分，它既可以是两种硬设备之间的连接电路，也可以是两个软件之间的共同逻辑边界。I/O 接口通常是指主机与 I/O 设备之间设置的一个硬件电路及其相应的软件控制。不同的 I/O 设备都有其相应的设备控制器，而它们往往都是通过 I/O 接口与主机取得联系的。主机与 I/O 设备之间设置接口的理由如下：

（1）一台机器通常配有多台 I/O 设备，它们各自有其设备号（地址），通过接口可实现 I/O 设备的选择。

（2）I/O 设备种类繁多，速度不一，与 CPU 速度相差可能很大，通过接口可实现数据缓冲，达到速度匹配。

（3）有些 I/O 设备可能串行传送数据，而 CPU 一般为并行传送，通过接口可实现数据串 – 并格式的转换。

（4）I/O 设备的输入/输出电平可能与 CPU 的输入/输出电平不同，通过接口可实现电平转换。

（5）CPU 启动 I/O 设备工作，要向 I/O 设备发送各种控制信号，通过接口可传送控制命令。

（6）I/O 设备需将其工作状态（如"忙""就绪""错误""中断请求"等）及时向 CPU 报告，通过接口可监视设备的工作状态，并可保存状态信息，供 CPU 查询。

值得注意的是，接口（Interface）和端口（Port）是两个不同的概念。端口是指接口电路中的一些寄存器，这些寄存器分别用来存放数据信息、控制信息和状态信息，相应的端口分别称为数据端口、控制端口和状态端口。若干个端口加上相应的控制逻辑才能组成接口。CPU 通过输入指令，从端口读入信息；通过输出指令，可将信息写入到端口中。

7.3.1 设备控制器

设备控制器是计算机中的一个实体，其主要职责是控制一个或多个 I/O 设备，以实现 I/O 设备和计算机之间的数据交换。它是 CPU 与 I/O 设备之间的接口，接收从 CPU 发来的命令，并去控制 I/O 设备工作，以使处理机从繁杂的设备控制事务中解脱出来。

设备控制器是一个可编址的设备，当它仅控制一个设备时，只有一个唯一的设备地址；若控制可连接多个设备，则应含有多个设备地址，并使每一个设备地址对应一个设备。

设备控制器的复杂性因不同设备而异，相差甚大，于是可把设备控制器分成两类：一类是用于控制字符设备的控制器，另一类是用于控制块设备的控制器。在微型机和小型机中的控制器，常做成印制电路卡形式，因而也常称为接口卡，可将它插入计算机。有些控制器还可以处理两个、四个或八个同类设备。

7.3.2 接口的功能

1. 进行地址译码和设备选择

CPU 送来选择外设的地址码后，接口必须对地址进行译码，以产生设备选择信息，使主机能与指定外设交换信息。

2. 实现主机和外设的通信联络控制

解决主机与外设时序配合问题，协调不同工作速度的外设和主机之间的交换信息，以保证整个计算机系统能统一、协调地工作。

3. 实现数据缓冲

CPU 与外设之间的速度往往不匹配，为消除速度差异，接口必须设置数据缓冲寄存器，用于数据的暂存，以避免因速度不一致而丢失数据。

4. 信号格式的转换

外设与主机两者的电平、数据格式都可能存在差异，接口应提供计算机与外设的信号格式的转换功能，如电平转换、并/串或串/并转换、模/数或数/模转换等。

5. 传送控制命令和状态信息

CPU 要启动某一外设时，通过接口中的命令寄存器向外设发出启动命令；外设准备就绪时，则将"准备好"的状态信息送回接口中的状态寄存器，并反馈给 CPU。外设向 CPU 提出中断请求时，CPU 也应有相应的响应信号反馈给外设。

7.3.3 接口的组成

接口包括硬件电路和软件编程两部分，硬件电路包括基本逻辑电路、端口译码电路和供选电路等。软件编程包括初始化程序段、传送方式处理程序段、主控程序段、程序终止与退出程序段及辅助程序段等。图 7.6 所示为总线结构的计算机，每一台 I/O 设备都是通过 I/O 接口挂到系统总线上的。图 7.6 中的 I/O 总线包括数据线、设备选择线、命令线和状态线。

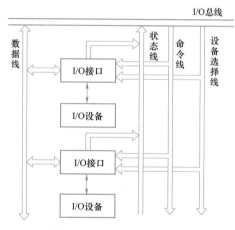

图 7.6　I/O 总线和接口部件

1. 数据线

数据线是 I/O 设备与主机之间数据代码的传送线，其根数一般等于存储字长的位数或字符的位数，它通常是双向的，也可以是单向的。若采用单向数据总线，则必须用两组才能实现数据的输入和输出功能，而双向数据总线只需一组即可。

2. 设备选择线

设备选择线是用来传送设备码的，它的根数取决于 I/O 指令中设备码的位数。如果把设备码看作是地址号，那么设备选择线又可称为地址线。设备选择线可以有一组，也可以有两组，其中一组用于主机向 I/O 设备发送设备码，另一组用于 I/O 设备向主机回送设备码。当然设备选择线也可采用一组双向总线来代替两组单向总线。

3. 命令线

命令线主要用以传输 CPU 向设备发出的各种命令信号，如启动、清除屏蔽、读、写等，它是一组单向总线，其根数与命令信号多少有关。

4. 状态线

状态线是将 I/O 设备的状态向主机报告的信号线，例如，设备是否准备就绪、是否向 CPU 发出中断请求等，它也是一组单向总线。

一个适配器有两个接口：一个同系统总线相连，采用并行方式；另外一个同设备相连，可能采用并行方式或是串行方式。I/O 接口内部逻辑框图如图 7.7 所示。I/O 接口内部包括控制端口、状态端口和数据端口。

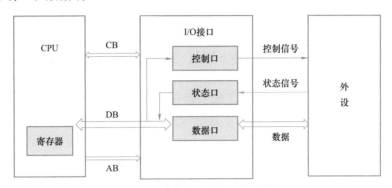

图 7.7　总线接口内部逻辑框图

7.3.4　接口的编址

I/O 端口是指接口电路中可被 CPU 直接访问的寄存器，主要有数据端口、状态端口和控制端口，若干端口加上相应的控制逻辑电路组成接口。通常，CPU 能对数据端口执行读、写操作，但对状态端口只能执行读操作，对控制端口只能执行写操作。

CPU 和外部设备之间是通过 I/O 接口进行联系，从而达到相互间传输信息的目的的。每个 I/O 芯片上都有一个或几个端口，一个端口往往对应于芯片上的一个寄存器或一组寄存器。微机系统要为每个端口分配一个地址，这个地址称为端口号，各个端口号和存储器单元地址一样，具有唯一性。外设都是通过读写设备上的寄存器来进行数据交互的，外设寄存器也称为 I/O 端口，而 I/O 端口有两种编址方式：独立编址和统一编址。

1. 统一编址

外设结构中的 I/O 寄存器（即 I/O 端口）与主存单元一样被看待，每个端口占用一个存储单元的地址，将主存的一部分划出来用作 I/O 地址空间，如在 PDP－11 中，把最高的 4 KB 主存作为 I/O 设备寄存器地址。此方式也称为"I/O 内存"方式，外设寄存器位于"内存空间"。

这种方式的优点是可以利用存储器的寻址方式来寻址 I/O 端口；缺点就是 I/O 端口占用了存储空间，使存储容量减小，而且进行 I/O 操作时，因地址编码较长，将导致速度较慢。

比如：Samsung 的 S3C2440，是 32 位 ARM 处理器，它的 4 GB 地址空间被外设、RAM 等瓜分：

0×8000 1000	LED 8×8 点阵的地址
0×4800 0000～0×6000 0000	SFR（特殊暂存器）地址空间
0×3800 1002	键盘地址

$0 \times 3000\ 0000 \sim 0 \times 3400\ 0000$	SDRAM 空间
$0 \times 2000\ 0020 \sim 0 \times 2000\ 002e$	IDE
$0 \times 1900\ 0000 \sim 0 \times 190F\ FFFF$	网卡 CS8900

2. 独立编址

独立编址是指 I/O 地址与存储地址分开编址，I/O 端口地址不占用存储空间的地址范围，这样，在系统中就存在了另一种与存储地址无关的 I/O 地址，CPU 必须具有专门用于输入/输出操作的指令（IN、OUT 等）和控制逻辑。独立编址下，地址总线上过来一个地址，设备不知道是给 I/O 端口的还是给寄存器的，于是处理器通过 MEMR/MEMW 和 IOR/IOW 两组控制信号来实现对 I/O 端口和存储器的不同寻址。如，Intel 80x86 就采用独立编址。

独立编址也称为 I/O 端口方式，外设寄存器位于 I/O（地址）空间。

对于 x86 架构来说，通过 IN/OUT 指令访问 I/O 端口。8086 一共有 65 536 个 8 bit 的 I/O 端口，组成 64 KB 的 I/O 地址空间，编号为 $0 \sim 0 \times FFFF$，80x86 用低 16 位地址线 A0～A15 来寻址。I/O 地址空间和 CPU 的物理地址空间是两个不同的概念，例如 8086 的 I/O 地址空间为 64 KB，而 CPU 物理地址空间是 1 MB（存储器地址 20 位）。

这种方式的优点是不占用内存空间；使用 I/O 指令，程序清晰，很容易看出是 I/O 操作还是存储器操作；译码电路比较简单（因为 I/O 端口的地址空间一般比较小，所用地址线也比较少）。缺点是只能用专门的 I/O 指令，访问端口的方法不如访问存储器的方法多。

比如：在 Intel 8086＋Redhat9.0 下用 "more/proc/ioports" 可以看到：

```
0000－001f:dma1
0020－003f:pic1
0040－005f:timer
0060－006f:keyboard
0070－007f:rtc
0080－008f:dma page reg
00a0－00bf:pic2
00c0－00df:dma2
00f0－00ff:fpu
0170－0177:ide1
……
```

不过 Intel x86 平台普遍使用了名为内存映射（MMIO）的技术，该技术是 PCI 规范的一部分，I/O 设备端口被映射到内存空间，映射后，CPU 访问 I/O 端口就如同访问内存一样。

对于某一既定的系统，它要么是独立编址，要么是统一编址，具体采用哪一种则取决于 CPU 的体系结构。

7.3.5 通用 I/O 标准接口

I/O 接口标准是国际上公布的互连各个模块的标准，是把各种不同的模块组成计算机系统时必须遵守的规范。典型的总线标准有 ISA、EISA、VESA、PCI、AGP、PCI-Express、USB 等，它们的主要区别是总线宽度、带宽、时钟频率、寻址能力不同，以及是否支持突发传送等。

（1）ISA，Industry Standard Architecture，工业标准体系结构，是最早出现的微型计算机的系统总线，应用在 IBM 的 AT 机上。

（2）EISA，Extended Industry Standard Architecture，扩展的 ISA，是为配合 32 位 CPU 而设计的扩展总线，EISA 对 ISA 完全兼容。

（3）VESA，Video Electronics Standards Association，视频电子标准协会，是一个 32 位的局部总线，是针对多媒体 PC 要求高速传送活动图像的大量数据而推出的。

（4）PCI，Peripheral Component Interconnect，外部设备互连，是高性能的 32 位或 64 位总线，是专为高度集成的外围部件、扩充插板和处理器/存储器系统设计的互连机制。目前常用的 PCI 适配器有显卡、声卡、网卡等。PCI 总线支持即插即用，其是一个与处理器时钟频率无关的高速外围总线，属于局部总线。

（5）AGP，Accelerated Graphics Port，加速图形接口，是一种视频接口标准，专用于连接主存和图形存储器，用于传输视频和三维图形数据，属于局部总线。

（6）PCI-E、PCI-Express，是最新的总线接口标准，它将全面取代现行的 PCI 和 AGP。

（7）RS-232C，是由美国电子工业协会（EIA）推荐的一种串行通信总线，是应用于串行二进制交换的数据终端设备（DTE）和数据通信设备（DCE）之间的标准接口。

（8）USB，Universal Serial Bus，通用串行总线，是一种连接外部设备的 I/O 总线，属于设备总线，具有即插即用、热插拔等优点，有很强的连接能力。

（9）PCMCIA，Personal Computer Memory Card International Association，广泛应用于笔记本电脑的一种接口标准，是一个用于扩展功能的小型插槽，具有即插即用的功能。

（10）IDE，Integrated Drive Electronics，集成设备电路，更准确地称为 ATA，是一种 IDE 接口磁盘驱动器接口类型，硬盘和光驱通过 IDE 接口与主板连接。

（11）SCSI，Small Computer System Interface，小型计算机系统接口，是一种用于计算机和智能设备之间（硬盘、软驱）系统级接口的独立处理器标准。

（12）SATA，Serial Advanced Technology Attachment，串行高级技术附件，是一种基于行业标准的串行硬件驱动器接口，是由 Intel、IBM、Dell 等公司共同提出的硬盘接口规范。

7.4 I/O 控制方式

输入/输出系统实现主机与 I/O 设备之间的数据传送，可以采用不同的控制方式，各种方式在代价、性能、解决问题的着重点等方面各不相同。常用的 I/O 方式有程序查询、程序中断、DMA 和通道等，其中前两种方式更依赖于 CPU 中程序指令的执行。

7.4.1 程序查询方式

信息交换的控制完全由 CPU 执行程序实现，程序查询方式接口中设置一个数据缓冲寄存器（数据端口）和一个设备状态寄存器（状态端口）。主机进行 I/O 操作时，先发出询问信号，读取设备的状态，并根据设备状态决定下一步操作究竟是进行数据传送还是等待。

1. 程序查询方式的工作流程

程序查询方式工作流程如图 7.8 所示。

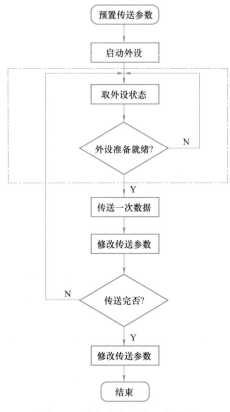

图 7.8　程序查询方式工作流程

（1）CPU 执行初始化程序，并预置传送参数。

（2）向 I/O 接口发出命令字，启动 I/O 设备。

（3）从外设接口读取其状态信息。

（4）CPU 不断查询 I/O 设备状态，直到外设准备就绪。

（5）传送一次数据。

（6）修改地址和计数器参数。

（7）判断传送是否结束，若未结束则转至第（3）步，直到计数器为 0。

在这种控制方式下，CPU 一旦启动 I/O，就必须停止现行程序的运行，并在现行程序中插入一段程序。程序查询方式的主要特点是 CPU 有"踏步"等待现象，CPU 与 I/O 串行工作。这种方式的接口设计简单、设备量少，但 CPU 在信息传送过程中要花费很多时间来查询和等待，而且在一段时间内只能和一台外设交换信息，效率大大降低。

2. 程序查询方式的接口电路

程序查询方式接口电路的基本组成如图 7.9 所示。

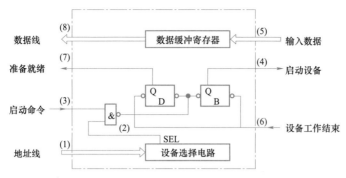

图 7.9　程序查询方式接口电路（输入）的基本组成

图 7.9 中设备选择电路用以识别本设备地址，当地址线上的设备号与本设备号相符时，SEL 有效，可以接收命令；数据缓冲寄存器用于存放欲传送的数据；D 是完成触发器，B 是工作触发器。以输入设备为例，该接口的工作过程如下：

（1）当 CPU 通过 I/O 指令启动输入设备时，指令的设备码字段通过地址线送至设备选择电路。

（2）若该接口的设备码与地址线上的代码吻合，则其输出 SEL 有效。

（3）I/O 指令的启动命令经过"与非"门将工作触发器 B 置"1"，将完成触发器 D 置"0"。

（4）由 B 触发器启动设备工作。

（5）输入设备将数据送至数据缓冲寄存器。

（6）由设备发出设备工作结束信号，将 D 置"1"，B 置"0"，表示外设准备就绪。

（7）D 触发器以"准备就绪"状态通知 CPU，表示"数据缓冲满"。

（8）CPU 执行输入指令，将数据缓冲寄存器中的数据送至 CPU 的通用寄存器，再存入主存相关单元。

【例 7.2】在程序查询方式的输入输出系统中，假设不考虑处理时间，每一次查询操作需要 100 个时钟周期，CPU 的时钟频率为 50 MHz。现有鼠标和硬盘两个设备，而且 CPU 必须每秒对鼠标进行 30 次查询，硬盘以 32 位字长为单位传输数据，即每 32 位被 CPU 查询一次，传输率为 2 MB/s。求 CPU 对这两个设备查询所花费的时间比率，由此可得出什么结论？

解：（1）CPU 每秒对鼠标进行 30 次查询，所需的时钟周期数为

$$100 \times 30 = 3\,000$$

根据 CPU 的时钟频率为 50 MHz，即每秒 50×10^6 个时钟周期，故对鼠标的查询占用 CPU 的时间比率为

$$[3\,000/(50 \times 10^6)] \times 100\% = 0.000\,06\%$$

可见，对鼠标的查询基本不影响 CPU 的性能。

（2）对于硬盘，每 32 位被 CPU 查询一次，故每秒查询

$$2\,\text{MB}/4\,\text{B} = 512\,\text{K} \ \text{次}$$

则每秒查询的时钟周期数为

$$100 \times 512 \times 1\,024 = 52.4 \times 10^6$$

故对磁盘的查询占用 CPU 的时间比率为

$$[(52.4 \times 10^6)/(50 \times 10^6)] \times 100\% = 105\%$$

可见，即使 CPU 将全部时间都用于对硬盘的查询也不能满足磁盘传输的要求，因此 CPU 一般不采用程序查询方式与磁盘交换信息。

7.4.2 中断控制方式

1. 程序中断的基本概念

程序中断是指在计算机执行现行程序的过程中，出现某些急需处理的异常情况或特殊请求，CPU 暂时中止现行程序，而转去对这些异常情况或特殊请求进行处理，处理完毕后再返回到现行程序的断点处，继续执行原程序。

早期的中断技术是为了处理数据传送。随着计算机的发展，中断技术不断被赋予新的功能，主要功能如下：

（1）实现 CPU 与 I/O 设备的并行工作。

（2）处理硬件故障和软件错误。

（3）实现人机交互，用户干预机器需要用到中断系统。

（4）实现多道程序、分时操作，多道程序的切换需借助于中断系统。

（5）实时处理需要借助中断系统来实现快速响应。

（6）实现应用程序和操作系统（管态程序）的切换，称为"软中断"。

（7）多处理器系统中各处理器之间的信息交流和任务切换。

程序中断方式的思想：CPU 在程序中安排好在某个时机启动某台外设，然后 CPU 继续执行当前的程序，不需要像查询方式那样一直等待外设准备就绪。一旦外设完成数据传送的准备工作，就主动向 CPU 发出中断请求，请求 CPU 为自己服务。在可以响应中断的条件下，CPU 暂时中止正在执行的程序，转去执行中断服务程序为外设服务，在中断服务程序中完成一次主机与外设之间的数据传送，传送完成后，CPU 返回原来的程序，如图 7.10 所示。

图 7.10　程序中断方式示意图

2. 程序中断的工作流程

1）中断请求

中断源是请求 CPU 中断的设备或事件，一台计算机允许有多个中断源，每个中断源向 CPU 发出中断请求的时间是随机的。为记录中断事件并区分不同的中断源，中断系统需对每个中断源设置中断请求标记触发器，当其状态为"1"时，表示中断源有请求。这些触发器可组成中断请求标记寄存器，该寄存器可集中在 CPU 中，也可以分散在各个中断源中。比如

8086CPU 最多允许 256 个中断源，每个中断源都分配一个中断类型号，8259A 芯片外部有 28 个引脚，其中 8 个引脚用来接外设信号。用 9 片 8259A 可构成 64 级中断源。

通过 INTR 线发出的是可屏蔽的外设中断，通过 NMI 线发出的是不可屏蔽的中断。可屏蔽中断的优先级最低，在关中断模式下不会被响应；不可屏蔽中断用于处理紧急和重要事件，如时钟中断、电源掉电等，其优先级最高，其次是内部异常，即使在关中断模式下也会被响应。

图 7.11 所示为 8086 中断源。

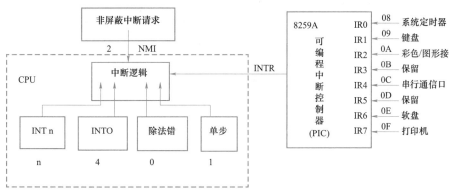

图 7.11　8086 中断源

2）中断响应判优

中断响应优先级是指 CPU 响应中断请求的先后顺序。由于许多中断源提出中断请求的时间是随机的，因此在多个中断源同时提出请求时，需要中断判优逻辑来决定中断源提出请求的顺序，中断判优逻辑是通过硬件排队器来实现的。

一般来说，不可屏蔽中断优先级＞内部异常优先级＞可屏蔽中断优先级；在内部异常中，硬件故障＞软件中断，DMA 中断优先级＞I/O 设备传送中断优先级；在 I/O 传送类优先级中，高速设备＞低速设备，输入设备＞输出设备，实时设备＞普通设备。

3）CPU 响应中断的条件

CPU 在满足一定条件下响应中断源发出的中断请求，并经过一些特定的操作，转去执行中断服务程序。CPU 响应中断必须满足以下 3 个条件：

（1）中断源有中断请求。

（2）CPU 允许中断及开中断（异常和不可屏蔽中断不受此限制）。

（3）一条指令执行完毕（异常不受此限制），且没有更紧迫的任务。

4）中断响应过程

CPU 响应中断后，经过某些操作，转去执行中断服务程序。这些操作是由硬件直接实现的，我们将它称为中断隐指令。中断隐指令并不是指令系统中的一条真正的指令，只是一种虚拟的说法，本质上是硬件的一系列自动操作。它所完成的操作如下：

（1）关中断。CPU 响应中断后，首先要保护程序的断点和现场信息，在保护断点和现场的过程中，CPU 不能响应更高级中断源的中断请求。否则，若断点或现场保存不完整，在中断服务程序结束后就不能正确地恢复并继续执行现行程序。

（2）保存断点。为保证在中断服务程序执行完后能正确地返回到原来的程序，必须将原程序的断点（指令无法直接读取的 PC 和 PSW 的内容）保存在栈或特定寄存器中。注意异常和中断的差异：异常指令通常并没有执行成功，异常处理后要重新执行，所以其断点是当前指令的地址。中断的断点则是下一条指令的地址。

（3）引出中断服务程序。识别中断源，将对应的服务程序入口地址送入程序计数器 PC。通常有两种识别中断源的方法：硬件向量法和软件查询法。本部分主要讨论比较常用的向量中断。

每个中断都有一个唯一的类型号，每个中断类型号都对应一个中断服务程序，每个中断服务程序都有一个入口地址，CPU 必须找到入口地址，即中断向量。把系统中的全部中断向量集中存放到存储器的某个区域内，这个存放中断向量的存储区就称为中断向量表。

CPU 响应中断后，通过识别中断源获得中断类型号，然后据此计算出对应中断向量的地址；再根据该地址从中断向量表中取出中断服务程序的入口地址，并送入程序计数器 PC，转而执行中断服务程序，这种方法被称为中断向量法，采用中断向量法的中断被称为向量中断。

5）中断处理过程

不同计算机的中断处理过程各具特色，就其多数而论，中断处理流程如图 7.12 所示。

中断处理流程如下：

（1）关中断。

（2）保存断点。

（3）中断服务程序寻址。

（4）保存现场和屏蔽字。进入中断服务程序后首先要保存现场和中断屏蔽字。现场信息是指用户可见的工作寄存器的内容，它存放着程序执行到断点处的现行值。

（5）开中断。允许更高级中断请求得到响应，实现中断嵌套。

（6）执行中断服务程序。这是中断请求的目的。

图 7.12　可嵌套中断处理流程

（7）关中断。保证在恢复现场和屏蔽字时不被中断。

（8）恢复现场和屏蔽字。将现场和屏蔽字恢复到原来状态。

（9）开中断、中断返回。中断服务程序的最后一条指令通常是返回指令，即使其返回到原程序的断点处，以便继续执行原程序。

其中，（1）～（3）由中断隐指令（硬件自动）完成；（4）～（9）由中断服务程序完成。

3. 多重中断和中断屏蔽技术

若 CPU 在执行中断服务程序的过程中，又出现了新的更高优先级的中断请求，而 CPU 对新的中断请求不予响应，则这种中断称为单重中断，如图 7.13（a）所示。若 CPU 暂停现行的中断服务程序，转去处理新的中断请求，则这种中断称为多重中断，又称中断嵌套，如图 7.13（b）所示。CPU 要具备多重中断的功能，必须满足下列条件：

（1）在中断服务程序中提前设置开中断指令。

（2）优先级别高的中断源有权中断优先级别低的中断源。

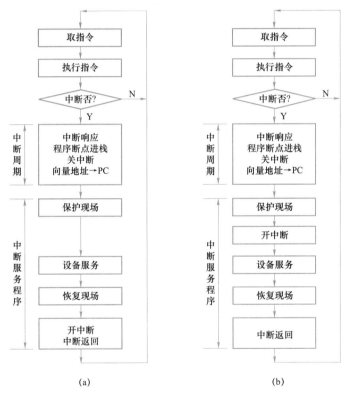

图 7.13 单重中断和多重中断流程

（a）单重中断；（b）多重中断

中断处理优先级是指多重中断的实际优先级处理次序，可以利用中断屏蔽技术动态调整，从而灵活地调整中断服务程序的优先级，使中断处理更加灵活。如果不使用中断屏蔽技术，则处理优先级和响应优先级相同。现代计算机一般使用中断屏蔽技术，每个中断源都有一个屏蔽触发器，1 表示屏蔽该中断源的请求，0 表示可以正常申请，所有屏蔽触发器组合在一起便构成一个屏蔽字寄存器，屏蔽字寄存器的内容称为屏蔽字。

【例7.3】参见图7.14所示的二维中断系统。请问：

（1）在中断情况下，CPU和设备的优先级如何考虑？请按降序排列各设备的中断优先级。

（2）若CPU执行设备B的中断服务程序，则中断屏蔽位IM2、IM1、IM0的状态是什么？如果CPU执行设备D的中断服务程序，则IM2、IM1、IM0的状态又是什么？

（3）每一级的IM能否对某个优先级的个别设备单独进行屏蔽？如果不能，采取什么办法可达到目的？

（4）假如设备C一提出中断请求，CPU立即进行响应，如何调整才能满足此要求？

解：（1）在中断情况下，CPU的优先级最低。各设备的优先次序是：A→B→C→D→E→F→G→H→I→CPU。

（2）执行设备B的中断服务程序时，IM2IM1IM0＝111；执行设备D的中断服务程序时，IM2IM1IM0＝011。

（3）每一级的IM标志不能对某个优先级的个别设备进行单独屏蔽，可将接口中的EI（中断允许）标志清零，其禁止设备发出中断请求。

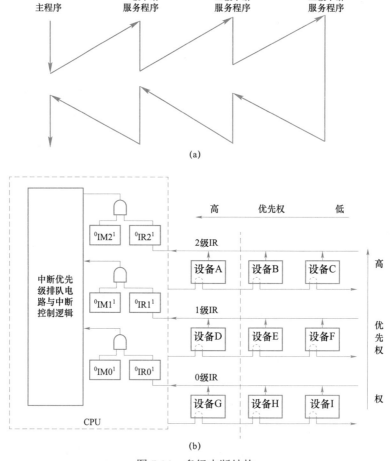

图7.14 多级中断结构

（a）多级中断示意图；（b）一维、二维多级中断结构

（4）要使设备 C 的中断请求及时得到响应，必须将 C 的优先级调到最高。可将设备 C 从第 2 级取出来，单独放在第 3 级上，使第 3 级的优先级最高，即令 IM3＝0 即可。

7.4.3 DMA 方式

DMA 方式是一种完全由硬件进行成组信息传送的控制方式，它具有程序中断方式的优点，即在数据准备阶段，CPU 与外设并行工作。DMA 方式在外设与内存之间开辟一条"直接数据通道"，信息传送不再经过 CPU，降低了 CPU 在传送数据时的开销，因此称为直接存储器存取方式。由于数据传送不经过 CPU，也就不需要保护、恢复 CPU 现场等烦琐操作。

这种方式适用于磁盘、显卡、声卡、网卡等高速设备进行大批量数据的传送，它的硬件开销比较大。在 DMA 方式中，中断的作用仅限于故障和正常传送结束时的处理。

1. DMA 方式的特点

主存和 DMA 接口之间有一条直接数据通路。由于 DMA 方式传送数据不需要经过 CPU，因此不必中断现行程序，I/O 与主机并行工作，程序执行和数据传送并行工作。

DMA 方式具有以下特点：

（1）它使主存与 CPU 的固定联系脱钩，主存既可被 CPU 访问，又可被外设访问。

（2）在数据块传送时，主存地址的确定、传送数据的计数等都由硬件电路直接实现。

（3）主存中要开辟专用缓冲区，及时供给和接收外设的数据。

（4）DMA 传送速度快，CPU 和外设并行工作，提高了系统效率。

（5）DMA 在传送开始前要通过程序进行预处理，结束后要通过中断方式进行后处理。

2. DMA 控制器的组成

在 DMA 方式中，对数据传送过程进行控制的硬件称为 DMA 控制器（DMA 接口）。当 I/O 设备需要进行数据传送时，通过 DMA 控制器向 CPU 提出 DMA 传送请求，CPU 响应之后将让出系统总线，由 DMA 控制器接管总线进行数据传送。其主要功能如下：

（1）接受外设发出的 DMA 请求，并向 CPU 发出总线请求。

（2）CPU 响应此总线请求，发出总线响应信号，接管总线控制权，进入 DMA 操作周期。

（3）确定传送数据的主存单元地址及长度，并自动修改主存地址计数和传送长度计数。

（4）规定数据在主存和外设间的传送方向，发出读写等控制信号，执行数据传送操作。

（5）向 CPU 报告 DMA 操作结束。

图 7.15 所示为一个简单的 DMA 控制器。

主存地址计数器：存放要交换数据的主存地址。

传送长度计数器：记录传送数据的长度，计数溢出时，数据即传送完毕，自动发送中断请求信号。

数据缓冲寄存器：暂存每次传送的数据。

DMA 请求触发器：每当 I/O 设备准备好数据后，给出一个控制信号，使 DMA 请求触发器置位。

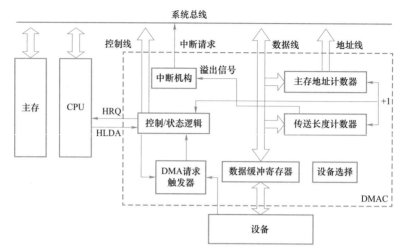

图 7.15   一个简单的 DMA 控制器

"控制/状态"逻辑：由控制和时序电路及状态标志组成，用于指定传送方向，修改传送参数，并对 DMA 请求信号、CPU 响应信号进行协调和同步。

中断机构：当一个数据块传送完毕后触发中断机构，向 CPU 提出请求。

在 DMA 传送过程中，DMA 控制器将接管 CPU 的地址总线、数据总线和控制总线，CPU 的主存控制信号被禁止使用；而当 DMA 传送结束后，将恢复 CPU 的一切权力并开始对其进行操作。由此可见，DMA 控制器必须具有控制系统总线的能力。

3. DMA 的传送方式

主存和 I/O 设备之间交换信息时，不通过 CPU。但当 I/O 设备和 CPU 同时访问主存时，可能发生冲突，为了有效地使用主存，DMA 控制器与 CPU 通常采取以下 3 种措施。

1）停止 CPU 访存

当 I/O 设备有 DMA 请求时，由 DMA 控制器向 CPU 发送一个停止信号，使 CPU 脱离总线，停止访问主存，直到 DMA 传送数据结束。数据传送结束后，DMA 控制器通知 CPU 可以使用主存，并把总线控制权交还给 CPU。

2）周期挪用（或周期窃取）

当 I/O 设备有 DMA 请求时，会遇到以下 3 种情况：

（1）此时 CPU 不在访存（如 CPU 正在执行乘法指令），因此 I/O 的访存请求与 CPU 未发生冲突。

（2）CPU 正在访存，此时必须待存取周期结束后，CPU 再将总线占有权让出。

（3）I/O 和 CPU 同时请求访存，出现访存冲突，此时 CPU 要暂时放弃总线占有权。

I/O 访存优先级高于 CPU 访存，因为 I/O 不立即访存就可能丢失数据，此时由 I/O 设备挪用一个或几个存取周期，传送完一个数据后立即释放总线，其是一种单字传送方式。

3）DMA 与 CPU 交替访存

这种方式适用于 CPU 工作周期比主存存取周期长的情况。例如，若 CPU 的工作周期是 1.2 μs，主存的存取周期小于 0.6 μs，则可将一个 CPU 周期分为 C_1 和 C_2 两个周期，其中 C_1

专供 DMA 访存，C_2 专供 CPU 访存。这种方式不需要总线使用权的申请、建立和归还过程，总线使用权是通过 C_1 和 C_2 分时控制的。

4. DMA 的传送过程

DMA 的数据传送过程分为预处理、数据传送和后处理 3 个阶段。

1）预处理

由 CPU 完成一些必要的准备工作。首先，CPU 执行几条 I/O 指令，用以测试 I/O 设备状态，向 DMA 控制器的有关寄存器置初值、设置传送方向及启动该设备等。然后，CPU 继续执行原来的程序，直到 I/O 设备准备好发送的数据（输入情况）或接收的数据（输出情况）时，I/O 设备向 DMA 控制器发送 DMA 请求，再由 DMA 控制器向 CPU 发送总线请求（有时将这两个过程统称为 DMA 请求），用以传输数据。

2）数据传送

DMA 的数据传输可以以单字节（或字）为基本单位，也可以以数据块为基本单位。对于以数据块为单位的传送（如硬盘），DMA 占用总线后的数据输入和输出操作都是通过循环来实现的。需要指出的是，这一循环也是由 DMA 控制器（而非通过 CPU 执行程序）实现的，即数据传送阶段完全由 DMA（硬件）控制。

3）后处理

DMA 控制器向 CPU 发送中断请求，CPU 执行中断服务程序做 DMA 结束处理，包括校验送入主存的数据是否正确、测试传送过程中是否出错（错误则转诊断程序）及决定是否继续使用 DMA 传送其他数据等。DMA 的传送流程如图 7.16 所示。

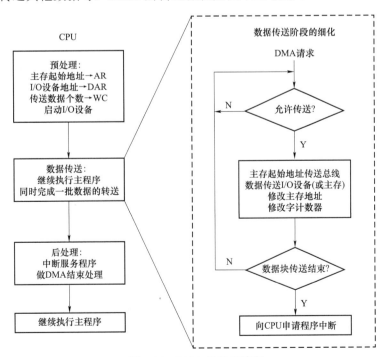

图 7.16　DMA 的传送流程

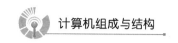

5. DMA 方式和中断方式的区别

DMA 方式和中断方式的主要区别如下：

（1）中断方式是程序的切换，需要保护和恢复现场；而 DMA 方式除了预处理和后处理外，其他时候不占用 CPU 的任何资源。

（2）对于中断请求的响应，只能发生在每条指令执行完毕时（即指令的执行周期后）；而对于 DMA 请求的响应，可以发生在每个机器周期结束时（在取指周期、间址周期、执行周期后均可），只要 CPU 不占用总线即可被响应。

（3）中断传送过程需要 CPU 的干预，而 DMA 传送过程不需要 CPU 的干预，因此数据传输率非常高，适合于高速外设的成组数据传送。

（4）DMA 请求的优先级高于中断请求。

（5）中断方式具有对异常事件的处理能力，而 DMA 方式仅局限于传送数据块的 I/O 操作。

（6）从数据传送来看，中断方式靠程序传送，DMA 方式靠硬件传送。

7.4.4　通道方式

通道是大型计算机中使用的技术。随着时代的进步，通道的设计理念有了新的发展，并应用到大型服务器甚至微型计算机中。

1. 通道的工作原理

1）通道的功能

DMA 控制器的出现已经减轻了 CPU 对数据输入/输出的控制，使得 CPU 的效率有显著的提高。而通道的出现则进一步提高了 CPU 的效率，这是因为通道是一个特殊功能的处理器，它有自己的指令和程序专门负责数据输入/输出的传输控制，而 CPU 将"传输控制"的功能下放给通道后只负责"数据处理"功能。这样，通道与 CPU 分时使用存储器，实现了 CPU 内部运算与 I/O 设备的并行工作。

图 7.17 所示为典型的具有通道的计算机系统结构。它具有两种类型的总线，一种是系统总线，它承担通道与存储器、CPU 与存储器之间的数据传输任务；另一种是通道总线，即 I/O 总线，它承担外围设备与通道之间的数据传送任务。这两类总线可以分别按照各自的时序同时进行工作。

由图 7.17 可以看出，通道总线可以接若干个 I/O 模块，一个 I/O 模块可以接一个或多个设备。因此，从逻辑结构上讲，I/O 系统一般具有四级连接：CPU 与存储器→通道→I/O 模块→外围设备。为了便于通道对各设备的统一管理，通道与 I/O 模块之间用统一的标准接口，I/O 模块与设备之间则根据设备要求不同而采用专用接口。

具有通道的机器一般是大型计算机和服务器，数据流量很大。如果所有的外设都接在一个通道上，那么通道将成为限制系统效能的瓶颈。因此大型计算机的 I/O 系统一般接有多个通道。显然，设立多个通道的另一个好处是，对不同类型的外设可以进行分类管理。

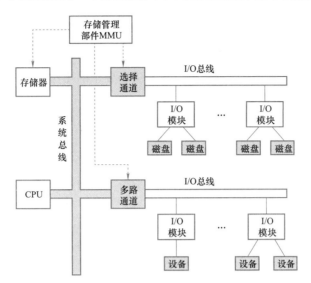

图 7.17 典型的具有通道的计算机系统结构

存储管理部件是存储器的控制部件，它的主要任务是根据事先确定的优先次序，决定下一周期由哪个部件使用系统总线访问存储器。由于大多数 I/O 设备是旋转性的设备，读写信号具有实时性，不及时处理会丢失数据，所以通道与 CPU 同时要求访存存储器时，通道优先权高于 CPU。在多个通道有访存请求时，选择通道的优先权高于多路通道，因为前者一般连接高速设备。

通道的基本功能是执行通道指令、组织外围设备和内存进行数据传输、按 I/O 指令要求启动外围设备及向 CPU 报告中断等，具体有以下五项任务。

（1）接受 CPU 的 I/O 指令，按指令要求与指定的外围设备进行通信。

（2）从存储器选取属于该通道程序的通道指令，经译码后向 I/O 控制器模块发送各种命令。

（3）组织外设和存储器之间进行数据传送，并根据需要提供数据缓存的空间，以及数据存入存储器的地址和传送的数据量。

（4）从外围设备得到设备的状态信息，形成并保存通道本身的状态信息，根据要求将这些状态信息送到存储器的指定单元，供 CPU 使用。

（5）将外设的中断请求和通道本身的中断请求按次序及时报告给 CPU。

2）CPU 对通道的管理

CPU 是通过执行 I/O 指令以及处理来自通道的中断，实现对通道的管理的。来自通道的中断有两种，一种是数据传送结束中断，另一种是故障中断。

通常把 CPU 运行操作系统管理程序时的状态称为管态，而把 CPU 执行目的程序时的状态称为目态。大型计算机的 I/O 指令都是管态指令，只有当 CPU 处于管态时，才能运行 I/O 指令，目态时不能运行 I/O 指令。这是因为大型计算机的软、硬件资源为多个用户所共享，而不是分给某个用户专用。

3）通道对设备控制器的管理

通道通过使用通道指令来控制 I/O 模块进行数据传送操作，并以通道状态字接收 I/O 模块反映的外围设备的状态。因此，I/O 模块是通道对 I/O 设备实现传输控制的执行机构。I/O 模块的具体任务如下：

（1）从通道接受通道指令，控制外围设备完成所要求的操作。

（2）向通道反映外围设备的状态。

（3）将各种外围设备的不同信号转换成通道能够识别的标准信号。

2. 通道的类型

根据通道的工作方式，通道分为选择通道和多路通道两种类型。

一个系统可以兼有两种类型的通道，也可以只有其中一种。

1）选择通道

选择通道又称高速通道，在物理上它可以连接多个设备，但是这些设备不能同时工作，在某一段时间内通道只能选择一个设备进行工作。选择通道很像一个单道程序的处理器，在一段时间内只允许执行一个设备的通道程序，且只有当这个设备的通道程序全部执行完毕后，才能执行其他设备的通道程序。

选择通道主要用于连接高速外围设备，如磁盘、磁带等，信息以数据块方式高速传输。由于数据传输率很高，所以在数据传送期间只为一台设备服务是合理的。但是这类设备的辅助操作时间很长，如磁盘机平均找道时间是 10 ms，而磁带机走带时间可以长达几分钟，在这样长的时间里通道处于等待状态，因此整个通道的利用率不是很高。

2）多路通道

多路通道又称多路转换通道，在同一时间能处理多个 I/O 设备的数据传输。它又分为数组多路通道和字节多路通道。

数组多路通道是对选择通道的一种改进，它的基本思想是当某设备进行数据传送时，通道只为该设备服务；当设备在执行寻址等控制性动作时，通道暂时断开与这个设备的连接，挂起该设备的通道程序，去为其他设备服务，即执行其他设备的通道程序。所以数组多路通道很像一个多道程序的处理器。

数组多路通道不仅在物理上可以连接多个设备，而且在一段时间内能交替执行多个设备的通道程序，换句话说在逻辑上可以连接多个设备，这些设备应是高速设备。

由于数组多路通道既保留了选择通道高速传送数据的优点，又充分利用了控制性操作的时间间隔为其他设备服务，使通道效率得到充分发挥，因此数组多路通道在大型系统中得到较多应用。

字节多路通道主要用于连接大量的低速设备，如键盘、打印机等，这些设备的数据传输率很低。例如，数据传输率是 1 000 B/s，即传送 1 字节的时间是 1 ms，而通道从设备接收或发送 1 字节只需要几百纳秒，因此通道在传送 2 字节之间有很多空闲时间，字节多路通道正是利用这个空闲时间为其他设备服务的。

字节多路通道和数组多路通道有共同之处，即它们都是多路通道，在一段时间内能交替执行多个设备的通道程序，使这些设备同时工作。

字节多路通道和数组多路通道也有不同之处，主要有以下两方面：

（1）数组多路通道允许多个设备同时工作，但只允许一个设备进行传输型操作，其他设备进行控制型操作。而字节多路通道不仅允许多个设备同时操作，而且也允许它们同时进行传输型操作。

（2）数组多路通道与设备之间数据传送的基本单位是数据块，通道必须为一个设备传送完一个数据块以后，才能为别的设备传送数据块。而字节多路通道与设备之间数据传送的基本单位是字节，通道为一个设备传送完 1 字节后，又可以为另一个设备传送 1 字节，因此各设备与通道之间的数据传送是以字节为单位交替进行的。

3. 通道结构的发展

通道结构的进一步发展，出现了两种计算机 I/O 系统结构。

（1）通道结构的 I/O 处理器，通常称为输入/输出处理器（IOP）。IOP 可以与 CPU 并行工作，提供高速的 DMA 处理能力，实现数据的高速传送。但是它不是独立于 CPU 工作的，而是主机的一个部件。有些 IOP 如 Intel8089IOP，还提供数据的变换、搜索以及字装配/拆卸能力。这种 1OP 可应用于服务器及微型计算机中。

（2）外围处理机（PPU）。PPU 基本上是独立于主机工作的，它有自己的指令系统，完成算术/逻辑运算、读/写主存储器、与外设交换信息等。有的外围处理机干脆就选用已有的通用机。外围处理机 I/O 方式一般应用于大型、高效率的计算机系统中。

7.5　I/O 系统设计

I/O 系统设计要考虑两种主要规范：时延约束和带宽约束。在这两种情况下对通信模式的认知将影响整个系统的分析和设计。请扫码查看。

7.5　I/O 系统设计

● 本章小结

1. 输入/输出系统由外围设备和输入/输出控制系统两部分组成，其具有异步性、实时性和设备无关性。

2. I/O 设备种类繁多，大体分为输入设备、输出设备、外存设备等。每一种设备都是在它自己的设备控制器控制下进行工作的，而设备控制器则通过 I/O 接口模块和主机相连，并受主机控制。

常用的计算机输入设备有图形输入设备（键盘、鼠标）、图像输入设备、语音输入设备，常用的输出设备有显示器和打印机。

磁盘属于磁表面存储器，在计算机系统中作为辅助大容量存储器使用。磁盘存储器的主

要技术指标有存储密度、存储容量、平均存取时间和数据传输速率。

3. I/O 接口通常是指主机与 I/O 设备之间设置的一个硬件电路及其相应的软件控制。I/O 端口是指接口电路中可被 CPU 直接访问的寄存器,可以采用统一编址或独立编址方式。I/O 接口标准是国际上公布的互连各个模块的标准,是把各种不同的模块组成计算机系统时必须遵守的规范。典型的总线标准有 ISA、EISA、VESA、PCI、AGP、PCI-Express、USB 等。

4. 在计算机系统中,CPU 对外围设备的管理方式如下:

（1）程序查询方式;

（2）程序中断方式;

（3）DMA 方式;

（4）通道方式。

每种方式都需要硬件和软件结合起来进行。

程序中断方式是各类计算机中广泛使用的一种数据交换方式。当某一外设的数据准备就绪后,它"主动"向 CPU 发出请求信号,CPU 响应中断请求后,暂停运行主程序,自动转移到该设备的中断服务子程序,为该设备进行服务,结束时返回主程序。中断处理过程可以嵌套进行,优先级高的设备可以中断优先级低的中断服务程序。DMA 技术的出现,使得外围设备可以通过 DMA 控制器直接访问内存,与此同时,CPU 可以继续执行程序。

DMA 方式采用以下三种方法:

（1）停止 CPU 访内;

（2）周期挪用;

（3）DMA 与 CPU 交替访内。

通道是一个特殊功能的处理器,它有自己的指令和程序专门负责数据输入/输出的传输控制,从而使 CPU 将"传输控制"的功能下放给通道,CPU 只负责"数据处理"功能。这样,通道与 CPU 分时使用内存,实现了 CPU 内部的数据处理与 I/O 设备的平行工作。通道有两种类型:选择通道;多路通道。

5. I/O 系统设计主要有两种规范:时延约束和带宽约束。设计一个带宽约束的 I/O 系统的方法如下:

（1）找出 I/O 系统中效率最低的连接;

（2）配置这个部件以保持所需的带宽;

（3）研究系统中其他部分的需求,配置它们以支持这个带宽。

● 习 题

1. 某计算机有 4 级中断,优先级从高到低为 1→2→3-4。若将优先级顺序修改,改后 1 级中断的屏蔽字为 1101,2 级中断的屏蔽字为 0100,3 级中断的屏蔽字为 1111,4 级中断的屏蔽字为 0101,则修改后的优先顺序从高到低是怎样的?

2. 利用微型机制作了对输入数据进行采样处理的系统。在该系统中,每抽取一个输入数据就要中断 CPU 一次,中断处理程序接收采样的数据,将其放到主存的缓冲区内。该中断处理需时 x 秒。另一方面缓冲区内每存储 n 个数据,主程序就将其取出进行处理,这种处理需时 y 秒。因此该系统可以跟踪到每秒多少次的中断请求?

3. 某机器 CPU 中有 16 个通用寄存器,运行某中断处理程序时仅用到其中 2 个寄存器,请问响应中断而进入该中断处理程序时是否要将通用寄存器内容保存到主存中去?需保存几个寄存器?

4. 简述基本 I/O 控制方式的异同点。

5. 假定计算机的主频为 500 MHz,CPI 为 4。现有设备 A 和 B,其数据传输率分别为 2 MB/s 和 40 MB/s,对应 I/O 接口中各有一个 32 位数据缓冲寄存器。回答下列问题,要求给出计算过程。

(1)若设备 A 采用定时查询 I/O 方式,则每次输入/输出都至少执行 10 条指令。设备 A 最多间隔多长时间查询一次才能不丢失数据?CPU 用于设备 A 输入/输出的时间占 CPU 总时间的百分比至少是多少?

(2)在中断 I/O 方式下,若每次中断响应和中断处理的总时钟周期数至少为 400,则设备 B 能否采用中断 I/O 方式?为什么?

(3)若设备 B 采用 DMA 方式,每次 DMA 传送的数据块大小为 1 000 B,CPU 用于 DMA 预处理和后处理的总时钟周期数为 500,则 CPU 用于设备 B 输入/输出的时间占 CPU 总时间的百分比最多是多少?

第8章

流水线技术

流水线是利用时间重叠的方式提高计算机并行性的一种技术，属于体系结构研究的内容。本章首先讲授流水线的基本概念、流水线的性能指标和影响流水线性能的因素，最后介绍流水线的具体实现。

8.1 流水线的基本概念

8.1.1 什么是流水线

工业上的流水线大家一定都很熟悉，例如汽车装配生产流水线，整个装配工作被分为多道工序，每道工序由一个人（或多人）完成，各道工序所花的时间也差不多。整条流水线流动起来后，每隔一定的时间间隔（差不多就是一道工序的时间）就有一辆汽车下线。如果我们跟踪一辆汽车的装配全过程，就会发现单台汽车的装配时间并没有缩短，但由于多辆车的装配在时间上错开后重叠进行，因此最终能达到总体装配速度的提高。

在计算机中也可以采用类似的方法，把一个重复的过程分解为若干个子过程（相当于上面的工序），每个子过程由专门的功能部件来实现。把多个处理过程在时间上错开，依次通过各功能部件，这样每个子过程就可以与其他的子过程并行进行。这就是流水线技术（Pipelining）。

流水线中的每个子过程及其功能部件被称为流水线的级或段（Stage），段与段相互连接，形成流水线的段数称为流水线的深度（Pipeline Depth）。

1. 指令流水线的定义

将流水线技术应用于指令的执行过程就形成了指令流水线，即一条指令的执行过程可分解为若干阶段，每个阶段由相应的功能部件完成，各阶段就形成相应的流水段，指令的执行过程就构成了一条指令流水线。比如，可以把一条指令的执行过程分为如图 8.1 所示的三个阶段。

取指	分析	执行

图 8.1　一条指令的执行过程

1）指令流水线的执行过程

（1）取指：根据 PC 内容访问主存储器，取一条指令送到 IR 中。

（2）分析：对指令操作码进行译码，按照给定的寻址方式和地址字段中的内容形成操作数的有效地址 EA，并从有效地址 EA 中取操作数。

（3）执行：根据操作码字段，完成指令规定的功能，即把运算结果写到通用寄存器或主存中。

当多条指令在处理器中执行时，可以采用以下两种方式，如图 8.2 所示。

① 顺序执行方式。前一条指令执行完后，才启动下一条指令，如图 8.2（a）所示。假设取指、分析、执行三个阶段的时间都相等，用 Δt 表示，则顺序执行 n 条指令所用的时间 T 为

$$T = 3n\Delta t$$

传统的冯·诺依曼机采用顺序执行方式，又称串行执行方式，其优点是控制简单，硬件代价小；缺点是执行指令速度较慢，在任何时刻，处理机中只有一条指令在执行，各功能部件的利用率很低。例如取指时内存是忙碌的，而指令执行部件是空闲的。

② 流水线执行方式。为了提高指令的执行速度，可以把取 k+1 条指令提前到分析第 k 条指令的期间完成，而将分析第 k+1 条指令与执行第 k 条指令同时进行，如图 8.2（b）所示。采用此种方式，执行 n 条指令所需的时间为

$$T = (2 + n)\Delta t$$

与顺序执行方式相比，采用流水线执行方式能使指令的执行时间缩短近 2/3，各功能部件的利用率明显提高。但为此需要付出硬件上较大开销的代价，控制过程也更复杂。在理想情况下，每个时钟周期都有一条指令进入流水线，处理机中同时有 3 条指令在执行，每个时钟周期都有一条指令完成，即每条指令的时钟周期（即 CPI）都为 1。

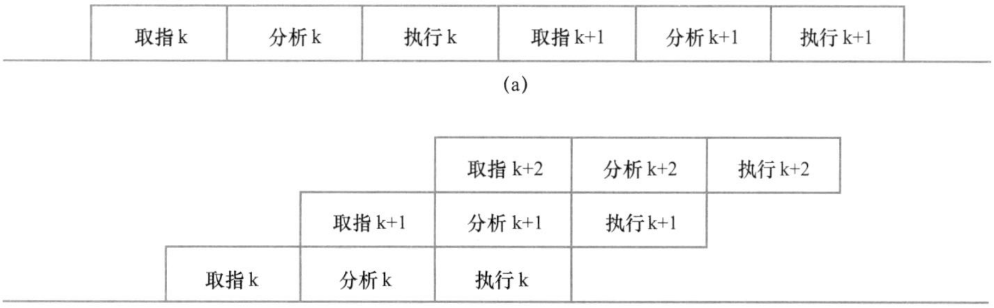

取指 k	分析 k	执行 k	取指 k+1	分析 k+1	执行 k+1

(a)

			取指 k+2	分析 k+2	执行 k+2
		取指 k+1	分析 k+1	执行 k+1	
取指 k	分析 k	执行 k			

(b)

图 8.2　顺序执行与流水执行

（a）顺序执行方式；（b）流水线执行方式

2）指令流水线的设计原则

流水线的设计原则是：指令流水段个数以最复杂指令所用的功能段个数为准；流水段的长度以最复杂的操作所花时间为准。假设某条指令的 3 个阶段所花的时间分别如下。① 取指：180 ps；② 分析：100 ps；③ 执行：120 ps。不考虑数据通路中的各种延迟，则该指令的总执行时间为 400 ps。按照流水线设计原则，每个流水段的长度为 180 ps，所以每条指令的执行时间为 540 ps，反而比串行执行时间增加了 140 ps。因此流水线的方式并不能缩短一条指令的执行时间，但是，对于整个程序来说，可以大大增加指令执行的吞吐率。

为了利于实现指令流水线，指令集应具有以下特征：

（1）指令长度应尽量一致，以利于简化取指令和指令译码操作。否则，若取指令所花时间长短不一，则会使取指部件极其复杂，且也不利于指令译码。

（2）指令格式应尽量规整，尽量保证源寄存器的位置相同，有利于在指令未知时就可以取寄存器操作数，否则需译码后才能确定指令中各寄存器编号的位置。

（3）采用 Load/Store 指令，其他指令（如运算指令）都不能访问存储器，这样可以把 Load/Store 指令的地址计算和运算指令的执行步骤规整在同一个周期中，有利于减少操作步骤。

（4）数据和指令在存储器中"对齐"存放，这样有利于减少访存次数，使所需数据在一个流水段内就能从存储器中得到。

2. 流水线的表示方法

通常用时空图来直观地描述流水线的工作过程，如图 8.3 所示。

在时空图中，横坐标表示时间，即输入流水线中的各个任务在流水线中所经过的时间。当流水线中各个流水段的执行时间都相等时，横坐标就被分割成相等长度的时间段。纵坐标表示空间，即流水线的每个流水段（对应各执行部件）。

在图 8.3 中，一条指令的执行被分为取指令、译码、执行和存结果 4 个阶段，每个阶段用一个专门部件执行。第一条指令 I_1 在时刻 t_0 进入流水线，在时刻 t_4 流出流水线；第二条指令 I_2 在时刻 t_1 进入流水线，在时刻 t_5 流出流水线。以此类推，每经过一个 Δt 时间，便有一条指令进入流水线，从时刻 t_4 开始每个 Δt 有一条指令流出流水线。

从图 8.3 中可以看出，当 $t_8 = 8\Delta t$ 时，流水线上便有 5 条指令流出。若采用串行方式执行指令，则当 $t_8 = 8\Delta t$ 时只能执行 2 条指令，可见使用流水线方式成倍提高了计算机的速度。

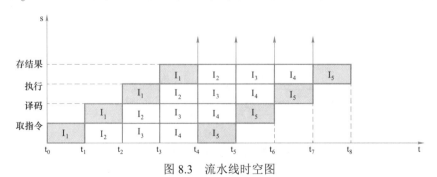

图 8.3 流水线时空图

3. 流水线方式的特点

与传统的串行执行方式相比，采用流水线方式具有以下特点：

（1）把一个任务（一条指令或一个操作）分解为几个有联系的子任务，每个子任务由一个专门的功能部件来执行，并依靠多个功能部件并行工作来缩短程序的执行时间。

（2）流水线每个功能段部件后面都要有一个缓冲寄存器，或称锁存器，其作用是保存本流水段的执行结果，供给下一流水段使用。

（3）流水线中各功能段的时间应尽量相等，否则将引起堵塞、断流。

（4）只有连续不断地提供同一种任务时才能发挥流水线的效率，所以在流水线中处理的必须是连续任务。在采用流水线方式工作的处理机中，要在软件和硬件设计等多方面尽量为流水线提供连续的任务。

（5）流水线需要有装入时间和排空时间。装入时间是指第一个任务进入流水线到输出流水线的时间，排空时间是指最后一个任务进入流水线到输出流水线的时间。比如在图 8.3 中，$t_0 \sim t_3$ 为流水装入时间，$t_5 \sim t_8$ 为流水排空时间，在这两个时间段中，流水线都不是满负荷工作。

8.1.2 流水线的分类

按照不同的分类标准，能够把流水线分成多种不同的种类。下面从几个不同的角度介绍流水线分类的基本方法。

1. 部件级、处理机级及处理机间流水线

按照流水技术用于计算机系统的等级不同，流水线可以分为部件功能级流水线、处理机级流水线和处理机间流水线。

部件级流水线（运算操作流水线）：把处理机中的部件分段，再把这些分段相互连接起来，使得各种类型的运算操作能够按流水方式进行。

处理机级流水线（指令流水线）：把指令的执行过程按照流水方式处理。把一条指令的执行过程分解为若干子过程，每个子过程在独立的功能部件中执行。

处理机间流水线：把多台处理机串行连接起来，对同一数据流进行处理，每个处理机完成整个任务中的一部分，其也称为系统级流水线，结构如图 8.4 所示。

图 8.4 系统级流水线结构

2. 单功能流水线与多功能流水线

按照流水线所完成的功能，流水线可以分为单功能流水线与多功能流水线。

（1）单功能流水线：只能完成一种固定功能的流水线。

（2）多功能流水线：流水线的各段可以进行不同的连接，以实现不同的功能。例如图 8.5 所示的 ASC 的多功能流水线，流水深度为 8，即有 8 个功能部件，实现浮点运算时，用到其中的功能部件 1、2、3、4、5、8；而进行定点乘法运算时，只用到功能部件 1、6、7、8。

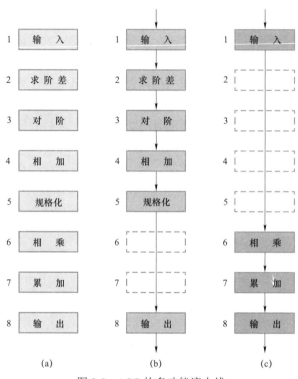

图 8.5　ASC 的多功能流水线

（a）分段；（b）浮点连接；（c）定乘连接

3. 静态流水线与动态流水线

按照同一时间内各段之间的连接方式对多功能流水线做进一步的分类，流水线可以分为静态流水线与动态流水线。

（1）静态流水线：在同一时间内，多功能流水线中的各段只能按同一种功能的连接方式工作。对于静态流水线来说，只有当输入的是一串相同的运算任务时，流水的效率才能得到充分的发挥。

（2）动态流水线：在同一时间内，多功能流水线中的各段可以按照不同的方式连接，同时执行多种功能。其优点是灵活，能够提高流水线各段的使用率，从而提高处理速度；缺点是控制复杂。

比如 ASC 的多功能流水线，若采用静态流水线，其时空图如图 8.6（a）所示，必须等一种功能连接的流水排空后才能开始另一种功能流水；若采用动态流水，则其时空图如图 8.6（b）所示，在第一种功能流水还没有排空之前就可以启动第二种功能流水，这样就允许参与不同功能流水的多个部件在时间上重叠，从而提高机器速度。

注：假设该流水线要先做几个浮点加法，然后再做一批定点乘法。

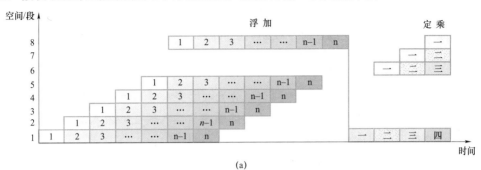

(a)

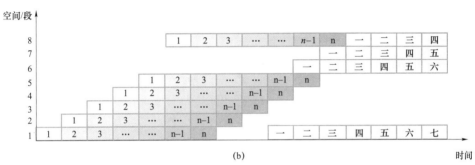

(b)

图 8.6 静、动态流水线的时空图

（a）静态流水线；（b）动态流水线

显然，对于静态流水线来说，只有输入的是一串相同的运算任务时，流水线的效率才能得到充分的发挥，如果交替输入不同的运算任务（如浮点加法和定点乘法交替），则流水线的效率会降低到和顺序处理方式一样。而动态流水线则不同，它允许多种运算在同一条流水线中同时执行，因此，在一般情况下，动态流水线的效率比静态流水线的高。但是动态流水线的控制要复杂得多，所以目前大多数的流水线是静态流水线。

4. 线性流水线与非线性流水线

按照流水线中是否有反馈回路，流水线可以分为线性流水线与非线性流水线。

（1）线性流水线：流水线的各段串行连接，没有反馈回路，数据通过流水线中的各段时，每个段最多只流过一次。

（2）非线性流水线：流水线中除了有串行的连接外，还有反馈回路，如图 8.7 所示。

图 8.7 非线性流水线举例

非线性流水线常用于递归或组成多功能流水线。在非线性流水线中，一个重要的问题是确定什么时候向流水线中引进新的任务，才能使该任务不会与先前进入流水线的任务发生冲突——争用流水段，这就是非线性流水线的调度问题。这里我们不作讨论。

5. 顺序流水线与乱序流水线

按照任务流入和流出的顺序，流水线可以分为顺序流水线与乱序流水线。

（1）顺序流水线：流水线输出端任务流出的顺序与输入端任务流入的顺序完全相同，每一个任务在流水线的各段中是一个跟着一个顺序流动的。

（2）乱序流水线：也称为无序流水线、错序流水线、异步流水线。流水线输出端任务流出的顺序与输入端任务流入的顺序可以不同，允许后进入流水线的任务先完成（从输出端流出）。

8.2 流水线的性能指标

衡量流水线性能的主要指标有吞吐率、加速比和效率。

8.2.1 吞吐率

吞吐率是指在单位时间内流水线所完成的任务数量或输出结果的数量。计算流水线吞吐率（TP）的最基本公式为

$$TP = \frac{n}{T_k} \tag{8.1}$$

式中，n——任务数；

T_k——处理完成 n 个任务所用的时间。

下面以流水线中各段执行时间都相等为例来讨论流水线的吞吐率。图 8.8 所示为各段执行时间均相等的流水线时空图。在输入流水线中的任务连续的理想情况下，一条 k 段线性流水能够在 $k+n-1$ 个时钟周期内完成 n 个任务。在图 8.8 中，k 为流水线的段数，Δt 为时钟周期，得出流水线的实际吞吐率为

$$TP = \frac{n}{(k+n-1)\Delta t} \tag{8.2}$$

当连续输入的任务数 $n \to \infty$ 时，得到最大吞吐率为

$$TP_{max} = \lim_{n \to \infty} \frac{n}{(k+n-1)\Delta t} = \frac{1}{\Delta t}$$

最大吞吐率和实际吞吐率的关系为

$$TP = \frac{n}{(k+n-1)} TP_{max}$$

可以看出，流水线的实际吞吐率小于最大吞吐率，它除了与每个段的时间有关外，还与流水线的段数 k 以及输入到流水线中的任务数 n 等有关。只有当 $n \gg k$ 时，才有 $TP \approx TP_{max}$。

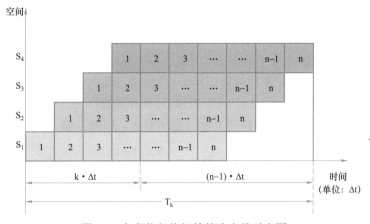

图 8.8　各段执行均相等的流水线时空图

8.2.2　加速比

完成同样一批任务，不使用流水线所用的时间与使用流水线所用的时间之比，称为流水线的加速比 S。

设 T_s 表示不使用流水线的执行时间，即顺序执行所用的时间；T_k 表示使用流水线时的执行时间，则计算流水线加速比（S）的公式为

$$S = \frac{T_s}{T_k} \tag{8.3}$$

若流水线各段执行时间都相等（都是 Δt），则由图 8.8 可知一条 k 段流水线完成 n 个任务所需要的时间为 $T_k = (k+n-1)\Delta t$。使用流水线，顺序执行 n 个任务所需要的时间为 $T_s = nk\Delta t$。将 T_s 与 T_k 的值代入式（8.3），得实际加速比为

$$S = \frac{nk\Delta t}{(k+n-1)\Delta t} = \frac{nk}{k+n-1} \tag{8.4}$$

当连续输入任务数 $n \to \infty$ 时，有

$$S_{max} = \lim_{n \to \infty} \frac{nk}{k+n-1} = k$$

当 $n \gg k$ 时，才有 $S \approx k$，流水线的加速比等于流水线的段数。从这个意义上看，流水线的段数越多越好，但这会给流水线的设计带来许多问题。

8.2.3　效率

流水线的效率是指流水线中的设备实际使用时间与整个运行时间的比值，即流水线设备的利用率。由于流水线有通过时间和排空时间，所以在连续完成 n 个任务的时间内，各段并不是满负荷工作。

在时空图上，流水线的效率定义为完成 n 个任务占用的时空区有效面积，与 n 个任务所用的时间及 k 个段所围成的时空区总面积之比。因此，流水线的效率包括了时间与空间两个因素。

  n 个任务占用的时空区有效面积就是顺序执行 n 个任务所使用的总时间 T_s，n 个任务所用的时间与 k 个段所围成的时空区总面积为 kT_k，T_k 是完成 n 个任务所使用的总时间，因此计算流水线效率（E）的公式为

$$E = \frac{n 个任务占用的时空区有效面积}{n 个任务所用的时间与 k 个流水段所围成的时空区总面积} = \frac{T_s}{kT_k} \tag{8.5}$$

  如果流水线的各段执行时间都相等，则各段的效率 e_i 相同，即

$$e_1 = e_2 = \cdots = e_k = \frac{n\Delta t}{T_k} = \frac{n}{k+n-1}$$

流水线的效率为

$$E = \frac{e_1 + e_2 + \cdots + e_k}{k} = \frac{ke_1}{k} = \frac{kn\Delta t}{kT_k}$$

可以写为

$$E = \frac{n}{k+n-1} \tag{8.6}$$

  当连续输入任务数 $n \to \infty$ 时

$$E_{max} = \lim_{n \to \infty} \frac{n}{k+n-1} = 1$$

  显然，当 $n \gg k$ 时，有 $E \approx 1$，此时流水线的各段均处于忙碌状态。根据式（8.2）和式（8.6）可得

$$E = TP \cdot \Delta t \tag{8.7}$$

即当流水线各段时间相等时，流水线的效率与吞吐率成正比，根据式（8.4）和式（8.6）可得

$$E = \frac{S}{k} \tag{8.8}$$

即流水线的效率是实际加速比 S 与它的最大加速比 k 的比值，只有当 $E=1$ 时，$S=k$，实际加速比达到最大。

  思考题 如何提高一个系统流水线的效率？

8.2.4 流水线性能分析举例

  【例 8.1】设在如图 8.9 所示的静态流水线上计算：$\prod_{i=1}^{4}(A_i + B_i)$，流水线的输出可以直接返回输入端或暂存于相应的流水寄存器中，试计算其吞吐率、加速比和效率。

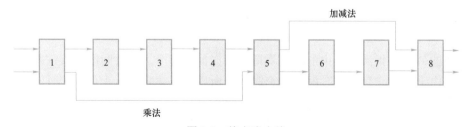

图 8.9 静态流水线

解：首先选择适合于流水线工作的算法。先计算 A_1+B_1、A_2+B_2、A_3+B_3 和 A_4+B_4；再计算 $(A_1+B_1)\times(A_2+B_2)$ 和 $(A_3+B_3)\times(A_4+B_4)$；然后求总的乘积结果。

其次，画出完成该计算的时空图，如图 8.10 所示，图中阴影部分表示相应的段在工作。

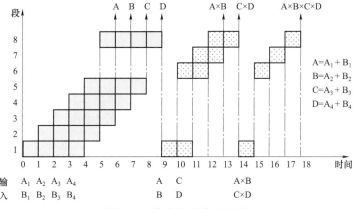

图 8.10 静态流水线时空图

最后，计算性能。由图 8.10 可见，它在 18 个 Δt 中给出了 7 个结果，其吞吐率为

$$TP = \frac{7}{18\Delta t}$$

不用流水线，由于一次求和需 $6\Delta t$，求积需 $4\Delta t$，故上述 7 个结果共需 $(4\times 6 + 3\times 4)\Delta t = 36\Delta t$，加速比为

$$S = \frac{36\Delta t}{18\Delta t} = 2$$

流水线的效率可由阴影区的面积和 8 个段总时空区面积的比值求得，即

$$E = \frac{4\times 6 + 3\times 4}{8\times 18} = 0.25$$

可见，该流水线的效率比较低，其主要原因如下。

（1）多功能流水线在做某一种运算时，总有一些段是空闲的。

（2）静态流水线在进行功能切换时，要等前一种运算全部流出流水线后才能进行后面的运算。

（3）运算之间存在关联，后面有些运算要用到前面运算的结果，这就是后面要讨论的相关问题。

（4）流水线的工作过程有建立与排空部分。

【例 8.2】有一条动态多功能流水线由 5 段组成，加法用 1、3、4、5 段，乘法用 1、2、5 段，第 4 段的时间为 $2\Delta t$，其余各段时间均为 Δt，流水线的输出可以直接返回输入端或暂存于相应的流水寄存器中，如图 8.11 所示。若在该流水线上计算，

$$\sum_{i=1}^{4}(A_i \times B_i)$$

试计算其吞吐率、加速比和效率。

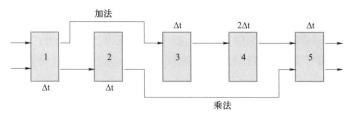

图 8.11 动态多功能流水线

解 首先,选择适合于流水线工作的算法。尽量连续处理相同任务,应先计算 $A_1 \times B_1$、$A_2 \times B_2$、$A_3 \times B_3$ 和 $A_4 \times B_4$;再计算 $(A_1 \times B_1) + (A_2 \times B_2)$、$(A_3 \times B_3) + (A_4 \times B_4)$;然后求总的累加结果。

其次,画出完成该计算的时空图。如图 8.12 所示,图中阴影部分表示相应段在工作。

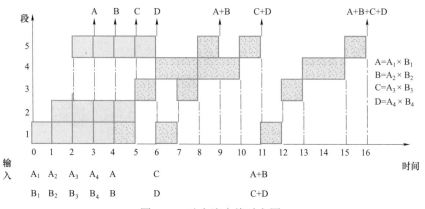

图 8.12 动态流水线时空图

最后,计算性能。由图 8.12 可见,它在 16 个 Δt 中给出了 7 个结果,所以吞吐率为

$$TP = \frac{7}{16\Delta t}$$

不用流水线,由于一次求积需 $3\Delta t$,求和需 $5\Delta t$,故上述 7 个结果共需 $(4 \times 3 + 3 \times 5)\Delta t = 27\Delta t$,加速比为

$$S = \frac{27\Delta t}{16\Delta t} \approx 1.69$$

该水线的效率可由阴影区的面积和 5 个段的总时空区面积的比值求得

$$E = \frac{4 \times 3 + 3 \times 5}{5 \times 16} = 0.338$$

这里,加法流水线的第 4 功能段时间为 $2\Delta t$,流水线各段时间不完全相等。这种情况下,流水线的最大吞吐率和实际吞吐率由时间最长的那个段决定,该段就成了整个流水线的瓶颈。此时,瓶颈段一直处于忙碌状态,而其余各段有许多时间是空闲的,导致硬件使用效率低。

解决流水线瓶颈问题的常用方法有以下两种:

1)细分瓶颈段

在图 8.11 中,第 4 功能段是加法流水线的瓶颈段,我们将它细分为 2 个子流水段 S_1、S_2,

如图 8.13 所示。这样，所产生的流水线的各段时间均为 Δt，每隔 Δt 流出一个结果。

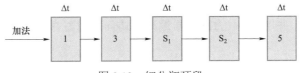

图 8.13　细分瓶颈段

2）重复设置瓶颈段

如果由于结构等方面的原因无法再细分瓶颈段，则可以通过重复设置瓶颈段的方法来消除瓶颈。重复设置的段并行工作，错开处理任务，如图 8.14 给出了重复设置 2 个第 4 功能部件的流水线，这里从第 3 功能段到并列的 S_1、S_2 之间需要设置一个数据分配器，它把从 3 流出的第一个任务分配给 S_1、第二个任务分配给 S_2，而在第 4 功能部件与第 5 功能部件之间需要设置一个数据收集器，依次分时将数据收集到第 5 功能部件中。改进后的流水线能做到每隔 Δt 流出一个结果。

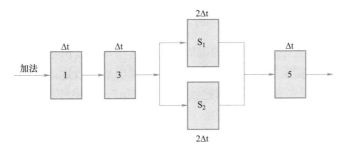

图 8.14　重复设置瓶颈段

任务：请同学们画出图 8.14 所示的流水线时空图。

8.3　流水线的相关与冲突

为了方便讨论，给出一个经典的 5 段 RISC 流水线，帮助我们更自然地理解指令流水线的原理和实现。这里，一条指令的执行过程分为以下 5 个周期，如图 8.15 所示。

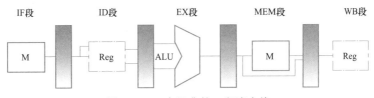

图 8.15　一个经典的 5 段流水线

1. 取指令周期（IF）

根据 PC 的值从存储器（M）中去取指令并放入 IR，同时 PC 值加 4（假设指令字长为 4 B，存储器按字节编址），指向顺序的下一条指令。

2. 指令译码/读寄存器周期（ID）

对指令进行译码，并用 IR 中的寄存器编号去访问通用寄存器组，读出所需的操作数。

3. 执行/有效地址计算周期（EX）

在这个周期，不同指令所做的操作不同。

（1）存储器访问指令：ALU 把所指定的寄存器的内容与偏移量相加，形成用于访存的有效地址。

（2）R–R 型 ALU 指令：ALU 按照操作码指定的操作对从通用寄存器读取的数据进行运算。

（3）R–D 型 ALU 指令：将通用寄存器中读取的第一操作数与 IR 中的立即数进行运算。

（4）分支指令：把偏移量与 PC 值相加，形成转移目标地址，同时对在前一个周期读出的操作数进行判断，确定分支是否成功。

4. 存储器访问/分支完成周期（MEM）

（1）Load 指令：用上一周计算出的有效地址从存储器中读出数据。

（2）Store 指令：把指定的数据写入上一周期计算出的有效地址所指向的存储器单元。

（3）分支指令：如果在前一周期判定该分支"成功"，就把转移目标地址送入 PC，分支指令执行完成。

（4）其他指令：在此周期不做任何操作。

5. 写回周期（WB）

ALU 运算指令和 Load 指令在这个周期把结果数据写入通用寄存器组，其他指令在此周期不做操作。

8.3.1　相关

相关（Dependence）是指两条指令之间存在某种依赖关系。如果指令之间没有任何关系，那么当流水线有足够的硬件资源时，它们就能在流水线中顺利地重叠执行，不会引起任何停顿。但如果两条指令相关，它们也许就不能在流水线中重叠执行或者只能部分重叠。

相关有三种类型：数据相关（也称真数据相关）、名相关、控制相关。

1. 数据相关（Data Dependence）

考虑两条指令 i 和 j，i 在 j 的前面（下同），如果下述条件之一成立，则称指令 j 与指令 i 数据相关。

（1）指令 j 使用指令 i 产生的结果；

（2）指令 j 与指令 k 数据相关，而指令 k 又与指令 i 数据相关。

其中第（2）个条件表明，数据相关具有传递性。两条指令之间如果存在第一个条件所指出的相关的链，则它们是数据相关的。数据相关反映了数据的流动关系，即如何从其产生者流动到其消费者。

例如，下面这一段代码存在数据相关。

```
Loop: L.D    F0，0（R1）//F0 为数组元素

      ADD.D  F4，F0，F2  //加上 F2 中的值

      S.D    F4，0（R1）//保存结果
      DADDIU R1，R1，- 8  //数组指针递减 8 个字节

      BNE    R1，R2，Loop//如果 R1≠R2，则分支
```

这里用箭头表示必须保证的执行顺序，它由产生数据的指令指向使用该数据的指令。

当数据的流动经过寄存器时，相关的检测比较直观和容易，因为寄存器是统一命名的，同一寄存器在所有指令中的名称都是唯一的。而当数据的流动经过存储器时，检测就比较复杂了，因为形式上相同的地址其有效地址不一定相同，如某条指令中的 10（R5）与另一条指令中的 10（R5）地址可能是不同的（R5 的内容可能发生了变化），而形式不同的地址其有效地址却可能相同。

2. 名相关（Name Dependence）

这里的名是指令所访问的寄存器或存储器单元的名称。如果两条指令使用了相同的名，但是它们之间并没有数据流动，则称这两条指令存在名相关。指令 j 与指令 i 之间的名相关有以下两种。

（1）反相关（AntiDependence）。如果指令 j 所写的名与指令 i 所读的名相同，则称指令 i 和 j 发生了反相关。反相关指令之间的执行顺序必须严格遵守，以保证 i 读的值是正确的。

（2）输出相关（Output Dependence）。如果指令 j 和指令 i 所写的名相同，则称指令 i 和 j 发生了输出相关。输出相关指令的执行顺序是不能颠倒的，以保证最后的结果是指令 j 写进去的。

与真数据相关不同，名相关的两条指令之间并没有数据的传送，只是使用了相同的名而已。如果把其中一条指令所使用的名换成别的，并不影响另外一条指令的正确执行。因此可以通过改变指令中操作数的名来消除名相关，这就是换名（Reaming）技术。对于寄存器操作数进行换名称为寄存器换名（Register Renaming）。寄存器换名既可以用编译器静态实现，也可以用硬件动态完成。

例如，考虑下述代码。

```
DIV.D     F2，F8，F4
ADD.D     F8，F0，F12
SUB.D     F10，F8，F14
```

DIV.D 和 ADD.D 存在反相关。进行寄存器换名，即把后面的两个 F8 换成 S 后，变成为

```
DIV.D       F2, F8, F4
ADD.D       S, F0, F12
SUB.D       F10, S, F14
```

这就消除了原代码中 DIV.D 和 ADD.D 存在的反相关。

3. 控制相关（Control Dependence）

控制相关是指由分支指令引起的相关，它需要根据分支指令的执行结果来确定后面该执行哪个分支上的指令。一般来说，为了保证程序应有的执行顺序，必须严格按照控制相关确定的顺序执行。

控制相关的一个最简单的例子是 if 语句中的 then 部分，例如：

```
if p1 {
    S1;
    };
S;
if p2 {
    S2;
    };
```

这里的 if pl 和 if p2 编译成目标代码以后都是分支指令。语句 S1 与 p1 控制相关，S2 与 p2 控制相关，S 与 pl 和 p2 均无关。

控制相关带来了以下两个限制：

（1）与一条分支指令控制相关的指令不能被移到该分支之前，否则这些指令就不受分支控制了。对于上述例子，then 部分中的指令不能移到 if 语句之前。

（2）如果一条指令与某分支指令不存在控制相关，就不能把该指令移到该分支之后。对于上述例子，不能把 S 移到 if 语句的 then 部分中。

8.3.2 冲突

流水线冲突（Pipeline Hazard）是指对于具体的流水线来说，由于相关的存在，使得指令流中的下一条指令不能在指定的时钟周期开始执行。

流水线冲突三种类型，可查看二维码。

8.3.2 冲突

8.4 流水线的实现

8.4.1 浮点运算流水线

前面我们在第二章介绍了浮点运算器的组成，为了提高浮点运算的速度，可以将其组织成浮点运算流水线。图 8.16 给出了浮点加减运算操作流程，可以看到浮点加减法由 0 操作数检查、对阶操作、尾数操作、结果规格化及舍入处理共 4 步完成，因此流水线浮点加法器可由 4 个过程段组成，各个过程之间设有高速的缓冲寄存器（锁存器 L），以暂时保存上一过程子任务处理的结果。在一个统一的时钟（C）控制下，数据从一个过程段流向相邻的过程段。图 8.16 给出了除 0 操作数检查之外的 3 段流水线的浮点加法器框图。

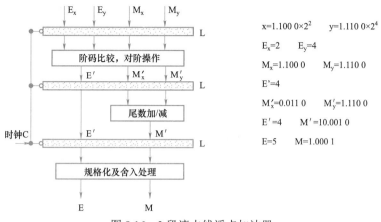

图 8.16 3 段流水线浮点加法器

假设有两个规格化的浮点数（$x = 1.100\ 0 \times 2^2$，$y = 1.110\ 0 \times 2^4$）进行相加，图 8.16 中右边标出了每个子过程和锁存器 L 中保存的流水运算结果值。

【例 8.3】假设有一个 4 级流水浮点加法器，每个过程段所需的时间为：0 操作数检查 $T_1 = 70\ ns$，对阶 $T_2 = 60\ ns$，相加 $T_3 = 90\ ns$，规格化 $T_4 = 80\ ns$，缓冲寄存器 L 的延时 $T_t = 10\ ns$。求：（1）4 级流水线加法器的加速比为多少？

（2）如果每个过程段的时间都相同，即都为 75 ns（包括缓冲寄存器时间），则加速比是多少？

解：（1）浮点加法器的流水线是一个各段时间并不完全相等的流水线，则时间最长的相加称为瓶颈段，时钟周期至少为

$$T = 90 + 10 = 100 \text{（ns）}$$

如果采用同样的逻辑电路，但不是流水线方式，则浮点加法所需的时间为

$$70 + 60 + 90 + 80 = 300 \text{（ns）}$$

因此，4 级流水线加法器的加速比为

$$S_k = 300/100 = 3$$

（2）当每个过程段的时间都是 75 ns 时，加速比为

$$S_k = 300/75 = 4$$

【例 8.4】已知计算一维向量 **x**，**y** 的求和表达式如下：

$$
\begin{array}{ccc}
\mathbf{x} & \mathbf{y} & \mathbf{z} \\
\begin{bmatrix} 56 \\ 20.5 \\ 0 \\ 114.3 \\ 69.6 \end{bmatrix} +
\begin{bmatrix} 65 \\ 14.6 \\ 336 \\ 7.2 \\ 72.8 \end{bmatrix} =
\begin{bmatrix} 121 \\ 35.1 \\ 336 \\ 121.5 \\ 142.4 \end{bmatrix}
\end{array}
$$

试用 4 段的浮点加法流水线来实现一维向量的求和运算，这 4 段流水线是阶码比较、对阶操作、尾数相加、规格化。只要求画出向量加法计算流水时空图。

解：

运算流水线对向量计算显示出很大的优越性，即流水线被填"满"时具有较高的加速比和吞吐率。我们用字母 C、S、A、N 分别表示流水线的阶码比较、对阶操作、尾数相加、规格化四个段，那么向量加法计算的流水时空图如图 8.17 所示。图中左面表示 X_i、Y_i 两个元素输入流水线的时间，右面表示求和结果 Z_i 输出流水线的时间。每隔一个时钟周期，流水线便吐出一个运算结果。

(1) 阶码比较——C

(2) 对阶操作——S

(3) 尾数相加——A

(4) 规格化——N

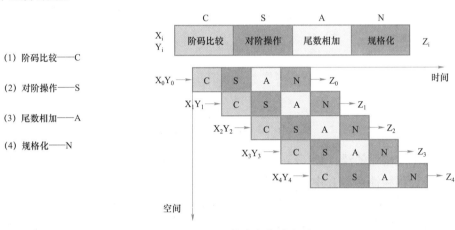

图 8.17　浮点运算流水线时空图

8.4.2　流水 CPU

计算机自诞生到现在，人们追求的目标之一是很高的运算速度。早期的计算机基于冯·诺伊曼的体系结构，采用的是串行处理，这种计算机的主要特征是：计算机的各个操作（如读/写存储器，算术或逻辑运算，I/O 操作）只能串行地完成，即任一时刻只能进行一个操作。而并行处理则使得以上各个操作能同时进行，从而大大提高了计算机的速度。

计算机的并行处理技术可贯穿于信息加工的各个步骤和阶段，概括起来主要有三种形式：时间并行；空间并行；时间并行+空间并行。

（1）时间并行指时间重叠，让多个处理过程在时间上相互错开，轮流重叠地使用同一套硬件设备的各个部分，以加快硬件周转而赢得速度。其实现方式就是采用流水处理部件。这是一种非常经济而实用的并行技术，能保证计算机系统具有较高的性能价格比。目前的高性能微型机几乎无一例外地使用了流水技术。

（2）空间并行指资源重复，以"数量取胜"为原则来大幅度提高计算机的处理速度。大规模和超大规模集成电路的迅速发展给空间并行技术带来了巨大生机，因而成为目前实现并行处理的一个主要途径。空间并行技术主要体现在多处理器系统和多计算机系统，但是在单处理器系统中也得到了广泛应用。

（3）时间并行+空间并行指时间重叠和资源重复的综合应用，既采用时间并行性又采用空间并行性。例如，奔腾 CPU 采用了超标量流水技术，在一个机器周期中同时执行两条指令，因而既具有时间并行性，又具有空间并行性。显然，第三种并行技术带来的高速效益是最好的。

1. 流水 CPU 的结构

一个计算机系统可以在不同的并行等级上采用流水线技术。图 8.18 所示为现代流水计算机的系统组成原理示意图，其中 CPU 按流水线方式组织，通常由三大部分组成，即指令部件、指令队列、执行部件，这三个功能部件可以组成一个 3 级流水线。

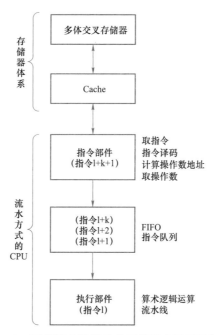

图 8.18　现代流水计算机的系统组成原理示意图

程序和数据存储在主存中，主存通常采用多体交叉存储器，以提高访问速度。Cache 是一个高速缓冲存储器，用以弥补主存和 CPU 速度上的差异。指令部件本身又构成一个流水线，即指令流水线，它由取指令、指令译码、计算操作数地址、取操作数等几个过程段组成。

指令队列是个先进先出（FIFO）的寄存器栈，用于存放经过译码的指令和取来的操作数。它也是由若干个过程段组成的流水线。

执行部件可以具有多个算术逻辑运算部件，而这些部件本身又用流水线方式构成。

由图 8.18 可见，当执行部件正在执行第 1 条指令时，指令队列中存放着1+1，1+2，…，1+k 条指令，而与此同时，指令部件正在取第 1+k+1 条指令。

为了使存储器的存取时间能与流水线的其他各过程段的速度相匹配，一般都采用多体交叉存储器。例如，IBM 360/91 计算机，根据一个机器周期输出一条指令的要求、存储器的存取周期、CPU 访问存储器的频率，采用了八模块交叉存储器。在现有的流水线计算机中，存储器几乎都采用交叉存取的方式工作。

执行段的速度匹配问题，通常采用并行的运算部件以及部件流水线的工作方式来解决。一般采用的方法如下：

（1）将执行部件分为定点执行部件和浮点执行部件两个可并行执行的部分，分别处理定点运算指令和浮点运算指令。

（2）在浮点执行部件中，又有浮点加法部件和浮点乘/除部件，它们也可以同时执行不同的指令。

（3）浮点运算部件都以流水线方式工作。

超标量流水计算机是时间并行技术和空间并行技术的综合应用。所谓超标量流水，是指它具有两条以上的指令流水线。如图 8.19 所示，当流水线满载时，每一个时钟周期可以执行 2 条指令。Pentium 微型机就是一个超标量流水计算机。

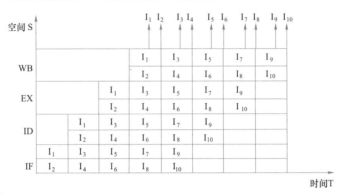

图 8.19　超标量流水线时空图

2. RISC CPU 实例——MC88110

由于篇幅有限，本部分内容以二维码展示，请扫码下载文件查看。

RISC CPU 实例——MC88110

● 本章小结

1. 应用流水线技术可提高计算机的性能。把流水线技术应用于指令的执行过程就形成了指令流水线，应用于运算的执行过程就形成了运算操作流水线。

2. 流水线把一个处理过程分解为若干个子流水段，各段时间应尽量相等，适用于大量重复的时序过程。

3. 流水线有很多种分类方法，按照功能可分为单功能流水线和多功能流水线，多功能流水线又可分为静态流水线和动态流水线。

4. 流水线的性能指标主要有吞吐率 TP、加速比 S 和效率 E。当各流水段相等时，流水线的效率 E 与吞吐率 TP 成正比，是实际加速比 S 与它的最大加速比 k（深度）的比值。

5. 当流水线各段时间不完全相等时，时间最长的段将称为瓶颈段，解决瓶颈问题的常用方法是细分瓶颈段和重复设置瓶颈段。

6. 流水线的相关包括数据相关、名相关和控制相关，其中，名相关引起结构冲突，数据相关引起数据冲突，控制相关引起控制冲突。消除冲突采用的方法主要有插入气泡和采用定向技术。

7. 现代计算机都通过并行技术提高性能。并行性包括同时性和并发性，通常主要有三种途径开发并行性：时间并行、空间并行和时间并行+空间并行。

8. RISC CPU 三个基本要素是：一个有限的简单的指令系统；CPU 配备大量的通用寄存器；强调对指令流水线的优化。MC 88110CPU 是一个 RISC 处理器，组成超标量流水线。指令流水线在每个机器时钟周期完成两条指令，采用按序发射、按序完成的指令动态调度策略。

● 习　题

1. 某 CPU 主频为 1.03 GHz，采用 4 级指令流水线，每条流水段的执行需要 1 个时钟周期。假定 CPU 执行了 100 条指令，在执行过程中没有发生任何流水线阻塞，此时流水线的吞吐率为多少？

2. 设指令由取指、分析、执行 3 个子部件完成，并且每个子部件的时间均为 Δt，若采用常规标量单流水线处理机（即处理机的度为 1），连续执行 12 条指令，共需多少时间？

3. 【2019 统考真题】在采用"取指、译码/取数、执行、访存、写回" 5 段流水线的处理器中，执行以下指令序列，其中 s0、s1、s2、s3 和 t2 表示寄存器编号。

I1:add s2,s1,s0 //R[s2]←R[s1]+R[s0]

I2:load s3,0(t2)//R[s3]←M[R[t2]+0]

I3:add s2,s2,s3//R[s2]←R[s2]+R[s3]

I4:store s2,0(t2)//M[R[t2]+0]←R[s2]

请分析以上指令序列中存在哪些数据。

4. 设有 k=4 段指令流水线，它们是取指令、译码、执行、存结果，各流水段的持续时间均为 Δt。

（1）连续输入 n=8 条指令，请画出指令流水线时空图。

（2）推导流水线实际吞吐率公式，它定义为单位时间输出的指令数。

（3）推导流水线的加速比公式，它定义为顺序执行 n 条指令所用的时间与流水执行 n 条指令所用的时间之比。

5. 现有四级流水线，分别完成取指令、指令译码、运算、回写四步操作，假设完成各部操作的时间依次为 120 ns、100 ns、90 ns、60 ns。试问：流水线的操作周期应设计为多少？试给出相邻两条指令发生数据相关的例子。

6. 流水线中有 3 类数据相关冲突：写后读（RAW）相关；读后写（WAR）相关；写后写（WAW）相关。判断以下 3 组指令各存在哪种类型的数据相关。

第一组：

I1:ADD R1,R2,R3;(R2+R3)→R1

I2:SUB R4,R1,R5;(R1−R5)→R4

第二组：

I3:STA M(x),R3;(R3)→M(x),M(x)是存储器单元

I4:ADD R3,R4,R5;(R4+R5)→R3

第三组：

I5:MUL R3,R1,R2;(R1)*(R2)→R3

I6:ADD R3,R4,R5;(R4+R5)→R3

7. 某台单流水线多操作部件处理机，包含取指、译码、执行 3 个功能段，在该机上执行以下程序：取指和译码功能段各需要 1 个时钟周期，MOV 操作需要 2 个时钟周期，ADD 操作需要 3 个时钟周期,MUL 操作需要 4 个时钟周期，每个操作都在第一个时钟周期接收数据，在最后一个时钟周期把结果写入通用寄存器。

K:MOV R1,R0;(R0)→R1

K+1:MUL R0,R1,R2;(R1)×(R2)→R0

K+2:ADD R0,R2,R3;(R2)+(R3)→R0

（1）画出流水线功能段结构图。

（2）画出指令执行过程流水线的时空图。

8. 假设指令流水线分为取指（IF）、译码（ID）、执行（EX）、回写（WB）4 个过程，共有 10 条指令连续输入此流水线。

（1）画出指令周期流程图。

（2）画出非流水线时空图。

（3）画出流水线时空图。

（4）假设时钟周期为 100 ns，求流水线的实际吞吐量（单位时间执行完毕的指令数）。

第9章

高性能计算机

自 20 世纪 80 年代中期以来，随着微处理器的发展，单处理机的性能达到了前所未有的高速增长。但由于单处理机的指令级并行性的开发空间缩小和功耗问题，人们开始转向了多处理机研发，并行计算机软件也有了较大发展，当前已经进入了多处理机唱主角的新时期。本章介绍高性能计算机的概念和并行技术的发展，分析多个高性能计算机的处理器结构和关键技术，引导学生要有科技兴国的理念和创新精神。

9.1 高性能计算机概述

9.1.1 高性能计算机的概念

高性能计算机（High Performance Computing，HPC）是一种性能比普通计算机高的计算机，它执行一般个人电脑无法处理的大资料量与高速运算，其内部配置了多个处理器共同组成高性能计算机的一部分，也可以通过多台计算机实现高性能计算操作。高性能计算机需要在相应的高性能计算系统或者环境当中运行，HPC 系统的类型有多种，其范围从标准计算机的大型集群，到高度专用的硬件。大多数基于集群的 HPC（高性能计算）系统使用高性能网络互连，比如那些来自 InfiniBand 或 Myrinet 的网络互连。基本的网络拓扑和组织可以使用一个简单的总线拓扑，在性能很高的环境中，网状网络系统在主机之间提供较短的潜伏期，所以可改善总体的网络性能和传输速率。

高性能计算机基本组成组件与个人电脑的概念无太大差异，但规格与性能则强大许多，是一种超大型电子计算机，具有很强的计算和处理数据的能力，主要特点表现为高速度和大容量，其配有多种外部和外围设备及丰富的、高功能的软件系统。现有的超级计算机运算速度大多可以达到每秒一太次以上。

高性能计算机是计算机中功能最强、运算速度最快、存储容量最大的一类计算机，多用于国家高科技领域和尖端技术研究，是一个国家科研实力的体现，它对国家安全、经济和社会发展具有举足轻重的意义，是国家科技发展水平和综合国力的重要标志。

传统的单处理机通过提高主频的方法来提升性能已经受到了制约，因此高性能计算机采用的是并行处理体系结构。

9.1.2　系统结构中并行性技术的发展

1. 并行性的概念

所谓并行性，是指计算机系统具有可以同时进行运算或操作的特性，它包括同时性与并发性两种含义。

同时性——两个或两个以上的事件在同一时刻发生。

并发性——两个或两个以上的事件在同一时间间隔发生。

计算机系统中的并行性有不同的等级。从处理数据的角度看，并行性等级从低到高可分以下几级：

（1）字串位串：同时只对一个字的一位进行处理。这是最基本的串行处理方式，不存在并行性。

（2）字串位并：同时对一个字的全部位进行处理，不同字之间是串行的。这里已开始出现并行性。

（3）字并位串：同时对许多字的同一位进行处理。这种方式有较高的并行性。

（4）全并行：同时对许多字的全部位进行处理。这是最高一级的并行。

从执行程序的角度看，并行性等级从低到高可分以下几级：

（1）指令内部并行：一条指令执行时各微操作之间的并行。

（2）指令级并行：并行执行两条或多条指令。

（3）任务级或过程级并行：并行执行两个以上过程或任务（程序段）。

（4）作业或程序级并行：并行执行两个以上作业或程序。

在单处理机系统中，这种并行性升到某一级别后（如任务级或作业级并行），则需要通过软件（如操作系统中的进程管理、作业管理）来实现。而在多处理机系统中，由于已有了完成各个任务或作业的处理机，故其并行性是由硬件实现的。

在一个计算机系统中，可以采取多种并行性措施，既可以有数据处理方面的并行性，又可以有执行程序方面的并行性。当并行性提高到一定级别时，则称为进入并行处理领域。例如，处理数据的并行性达到字并位串级，或者执行程序的并行性达到任务或过程级，即可认为进入并行处理领域。

并行处理着重挖掘计算过程中的并行事件，使并行性达到较高的级别。因此，并行处理是系统结构、硬件、软件、算法、语言等多方面综合研究的领域。

2. 提高并行性的技术途径

计算机系统中提高并行性的措施多种多样，就其基本思想而言，可归纳成以下4条途径。

1）时间重叠

在并行性概念中引入时间因素，即多个处理过程在时间上相互错开，轮流重叠地使用同一套硬件设备的各个部分，以加快硬件周转时间而赢得速度。因此时间重叠可称为时间并行技术。

2）资源重复

在并行性概念中引入空间因素，以数量取胜的原则，通过重复设置硬件资源，大幅度提高计算机系统的性能。随着硬件价格的降低，这种方式在单处理机中广泛使用，而多处理机本身就是实施"资源重复"原理的结果。因此资源重复可称为空间并行技术。

3）时间重叠＋资源重复

在计算机系统中同时运用时间并行和空间并行技术，这种方式在计算机系统中得到广泛应用，成为并行性主流技术。

4）资源共享

这是一种软件方法，它使多个任务按一定时间顺序轮流使用同一套硬件设备。例如，多道程序、分时系统就是遵循"资源共享"原理而产生的。资源共享既降低了成本，又提高了计算机设备的利用率。

3. 单处理机系统中并行性的发展

在发展高性能单处理机的过程中，起着主导作用的是时间重叠原理。实现时间重叠的物质基础是"部件功能专用化"，即把一件工作按功能分割为若干相互联系的部分，把每一部分指定给专门的部件完成；然后按时间重叠原理把各部分执行过程在时间上重叠起来，使所有部件依次分工完成一组同样的工作。例如，解释指令的 5 个子过程分别需要 5 个专用部件，即取指令部件（IF）、指令译码部件（ID）、指令执行部件（EX）、访问存储器部件（M）、写回结果部件（WB）。将它们按流水方式连接起来，就满足时间重叠原理，从而使得处理机内部同时处理多条指令，提高了处理机的速度。显然，时间重叠技术开发了计算机系统中的指令级并行。

在单处理机中，资源重复原理的运用也已经十分普遍。例如不论是非流水线处理机，还是流水线处理机，多体存储器和多操作部件都是成功应用的结构形式。在多操作部件处理机中，通用部件被分解成若干个专用操作部件，如加法部件、乘法部件、除法部件、逻辑运算部件等，一条指令所需的操作部件只要有空闲，就可以执行这条指令，这就是指令级并行。

在单处理机中，资源共享的概念实质上是用单处理机模拟多处理机的功能，形成所谓虚拟机的概念。例如分时系统，在多终端情况下，每个终端上的用户感到好像自己有一台处理机一样。

单处理机并行性发展的代表有 SPARC、奔腾系列机和安腾系列机。

4. 多处理机系统中并行性的发展

多处理机系统也遵循时间重叠、资源重复、资源共享原理，向着 3 种不同的多处理机方向发展，但在采取的技术措施上与单处理机系统有些差别。

为了反映多机系统各机器之间物理连接的紧密程度与交互作用能力的强弱，使用了耦合度这样一个术语。多机系统的耦合度分为紧耦合系统和松耦合系统两大类。

紧耦合系统又称直接耦合系统，指计算机间物理连接的频带较高，一般是通过总线或高速开关实现计算机间的互连，可以共享主存。由于其具有较高的信息传输率，因而可以快速并行处理作业或任务。

松耦合系统又称间接耦合系统，一般是通过通道或通信线路实现计算机间的互连，可以共享外存设备（磁盘、磁带等）。机器之间的相互作用是在文件或数据集一级上进行的。松耦合系统表现为两种形式：一种是多台计算机和共享的外存设备连接，不同机器之间实现功能上的分工（功能专用化），机器处理的结果以文件或数据集的形式送到共享外存设备，供其他机器继续处理；另一种是计算机网络，其通过通信线路连接，以求得更大范围的资源共享。

多处理机中为了实现时间重叠，将处理功能分散给各专用处理机去完成，即功能专用化，各处理机之间则按时间重叠原理工作。如输入/输出功能的分离，导致由通道向专用外围处理机发展；许多主要功能，如数组运算、高级语言编译、数据库管理等，也逐渐被分离出来，交由专用处理机完成，机间的耦合程度逐渐加强，从而发展成为异构型多处理机系统。

通过设置多台相同类型的计算机而构成的容错系统，可使系统工作的可靠性在处理机一级得到提高。各种不同的容错多处理机系统方案对计算机间互连网络的要求是不同的，但正确性、可靠性是首要要求。如果提高对互连网络的要求，使其具有一定的灵活性、可靠性和可重构性，则可将其发展成一种可重构系统。在这种系统中，平时几台计算机都正常工作，像通常的多处理机系统一样，但一旦发生故障，就会使系统重新组织，降低档次继续运行，直到排除故障为止。

随着硬件价格的降低，人们追求的目标是通过多处理机的并行处理来提高整个系统的速度。为此，对计算机间互连网络的性能提出了更高的要求。高带宽、低延迟、低开销的机间互连网络，是高效实现程序段或任务一级并行处理的前提条件。为了使并行处理的任务能在处理机之间随机地进行调度，就必须使各处理机具有同等的功能，从而成为同构型多处理机系统。

5. 并行处理机的系统结构类型

M J.Flynn 从计算机系统结构的并行性能出发，按照指令流和数据流的不同组织方式，把计算机系统结构分为以下四种类型，如图 9.1 所示。

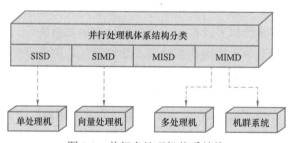

图 9.1　并行多处理机体系结构

图 9.2 进一步说明了上述分类的组成方式。其中，图 9.2（a）表示一个 SISD 的结构，CU 代表控制单元，PU 代表处理单元，MU 代表存储单元，IS 代表单一指令流，DS 代表单一数据流。这是单处理机系统进行取指令和执行指令的过程。

图 9.2（b）表示 SIMD 的结构，仍是一个单一控制单元 CU，但现在是向多个处理单元（$PU_1 \sim PU_n$）提供单一指令流，每个处理单元可有自己的专用存储器（局部存储器 $LM_1 \sim LM_n$）。这些专用存储器组成分布式存储器。

图 9.2（c）和图 9.2（d）表示 MIMD 的结构，两者均有多个控制单元（$CU_1 \sim CU_n$），每个控制单元向自己的处理部件（$PU_1 \sim PU_n$）提供一个独立的指令流。不同的是，图 9.2（c）

是共享存储器多处理机，而图 9.2（d）是分布式存储器多处理机。

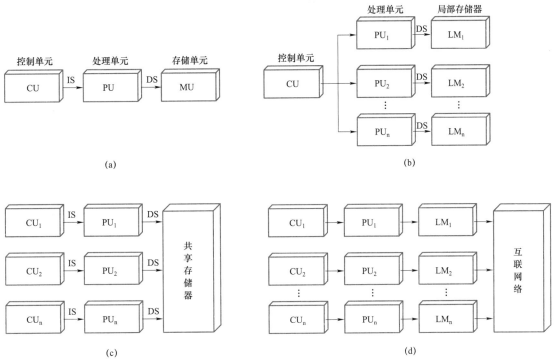

图 9.2 并行处理机的组成

（a）SISD；（b）SIMD（分布式存储器）；（c）MIMD（共享存储器）；（d）MIMD（分布式存储器）

6. Amadahl 定律

阿姆达尔（Amadahl）定律是计算机系统设计的重要定量原理之一，于 1967 年由 IBM360 系列机的主要设计者阿姆达尔首先提出。该定律是指：系统中对某一部件采用更快执行方式所能获得的系统性能改进程度，取决于这种执行方式被使用的频率，或所占总执行时间的比例。阿姆达尔定律实际上定义了采取增强（加速）某部分功能处理的措施后可获得的性能改进或执行时间的加速比。

$$加速比 = \frac{系统性能_{改进后}}{系统性能_{改进前}} = \frac{总执行时间_{改进前}}{总执行时间_{改进后}}$$

加速比反映了改进后的计算机比改进前快了多少倍，其依赖于下面两个因素：

（1）可改进比例：指在改进前的系统中，可改进部件的执行时间在总的执行时间中所占的比例，即

$$可改进比例 = \frac{可改进部件的执行时间}{总的执行时间}$$

（2）部件加速比：可改进部件改进前所需的执行时间与改进后执行时间的比，即

$$部件加速比 = \frac{改进前的部件执行时间}{改进后部件的执行时间}$$

比如：一个需要运行 60 s 的程序中有 20 s 的运算可以加速，那么它的可改进比例 = 20/60，假如这个 20 s 可以提速为 10 s，那么它的部件加速比 = 20/10，比原本提高两倍。但不可改进的那部分执行时间没有变化。所以

$$总执行时间_{改进后} = \frac{可改进比例 \times 总执行时间_{改进前}}{部件加速比} + (1 - 可改进比例) \times 总执行时间_{改进前}$$

$$= 总执行时间_{改进前} \times \left[(1 - 可改进比例) + \frac{可改进比例}{部件加速比} \right]$$

则系统的加速比为

$$加速比 = \frac{1}{(1 - 可改进比例) + \dfrac{可改进比例}{部件加速比}}$$

【例 9.1】 将计算机系统中某一功能的处理速度加快 20 倍，但该功能的处理时间仅占整个系统运行时间的 40%，则采用此增强性能方法后，能使整个系统的性能提高多少？

解： 由题可知，可改进比例 = 40% = 0.4，部件加速比 = 20。

根据 Amdahl 定律可知

$$加速比 = 1/((1 - 0.4) + 0.4/20) = 1.613$$

即采用此增强性能方法后，能使整个系统的性能提高到原来的 1.613 倍。

【例 9.2】 某计算机系统采用浮点运算部件后，使浮点运算速度提高到原来的 20 倍，而系统运行某一程序的整体性能提高到原来的 5 倍，试计算该程序中浮点操作所占的比例。

解： 由题可知，部件加速比 = 20，系统加速比 = 5。

根据 Amdahl 定律可知

$$5 = 1/((1 - 可改进比例) + 可改进比例/20)$$

由此可得，可改进比例 = 84.2%，即程序中浮点操作所占的比例为 84.2%。

Amdahl 定律还表达了一种性能改进的递减规则，即如果仅对计算任务中的一部分进行性能改进，则改进得越多，所得到的总体性能的提升就越有限。

如果让部件加速比趋于 ∞，则系统的加速比趋于 1/（1 - 可改进比例）。这就是 Amdahl 定律的一个重要推论：如果只针对整个任务的一部分进行改进和优化，那么所获得的加速比不超过 1/（1 - 可改进比例）。

9.2　并行处理机的组织与结构

9.2.1　超标量处理机与超长指令字处理机

1. 超标量处理机

在计算机系统的最底层，流水线技术将时间并行性引入处理机，而多发射处理机则把空间并行性引入处理机。超标量（Superscalar）设计采用多发射技术，在处理机内部设置多条并行执行的指令流水线，通过在每个时钟周期内向执行单元发射多条指令实现指令级并行。

下面以 DEC 公司的 Alpha 为例，介绍超标量超流水处理机的结构。

DEC 公司的 Alpha 21064 微处理器采用了超标量流水线结构。如图 9.3 所示，它主要由 4 个部件和 2 个 Cache 组成。4 个部件是整数执行部件 EBOX、浮点执行部件 FBOX、地址部件 ABOX、中央控制部件 IBOX。ABOX 包括地址发生器、存储管理部件、读数缓冲器和写数缓冲器。IBOX 负责取指令、指令译码、指令发射、流水线控制、程序计数器 PC 的计算等。

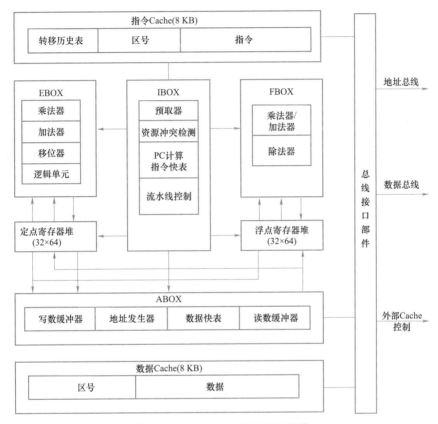

图 9.3　Alpha 21064 微处理器结构

Alpha 21064 微处理器有两个容量各为 8 KB 的 Cache，即 I-Cache 和 D-Cache。两个 Cache 都采用直接映像方式，因此每个 Cache 中都包含一个区号字段。另外，由于采用动态转移预测技术，故在 I-Cache 中，每个数据块（32 个字节）包含一个 8 位的转移历史字段。

中央控制部件 IBOX 可以同时从 I-Cache 中读入两条指令，同时对读入的两条指令进行译码，并且对这两条指令做资源冲突检查，进行数据相关和控制相关分析。如果没有相关冲突，则 IBOX 就把这两条指令同时发射给 EBOX、ABOX、FBOX 三个指令执行部件中的两个。

处理机采用顺序发射乱序完成的方式控制指令流水线。如果同时从 I-Cache 读入 IBOX 的两条指令中，由于资源冲突或数据相关等原因，第一条指令能够发射，而第二条指令不能发射，则 IBOX 只发射第一条指令；如果第一条指令不能发射，此时，即使第二条指令可以发射，IBOX 也不发射第二条指令，而是让流水线暂停，一直等到第一条指令可以发射时，再启动流水线。

在 I-Cache 中有一个转移历史表，它与 IBOX 中的转移预测逻辑一起实现条件转移的动态预测。在 I-Cache 的每个存储单元中设置一个"转移历史位"，在执行转移指令时，把转移发生或不发生的情况记录在这个"转移历史位"中，当下次再执行到这条指令时，根据"转移历史位"中记录的信息预测转移是否发生。

整数执行部件 EBOX 内有一个 32×64 位寄存器组成的定点寄存器堆，它有 4 个读出端口和 2 个写入端口，可以同时把 2 个源操作数或结果送到整数操作部件 EBOX 及地址部件 ABOX 中。整数操作部件的数据宽度为 64 位，包括加法器、桶式移位器、逻辑部件和整数乘法器等。在 EBOX 内还有多条专用数据通路，可以把运算结果直接送到执行部件，而不必先写到寄存器中。

浮点执行部件 FBOX 采用流水线结构，它有两套浮点操作指令：一套是针对 DEC 浮点数格式，另一套针对 IEEE754 浮点数格式，共有 36 条浮点操作指令。FBOX 内有一个 32×64 位的浮点寄存器堆，它有 3 个输出端口和 2 个输入端口，另外还有一个用户可以访问的控制寄存器 FPCR，包含舍入控制、陷阱允许、异常事故标志等信息。除了除法指令之外，FBOX 每个流水线周期可以接收一条指令，执行指令的延迟时间是 6 个流水线周期。在 FBOX 内也设置专用数据通路，当有数据相关时，可以通过专用数据通路把运算结果直接写到执行部件中。

Alpha 21064 处理机的指令流水线结构如图 9.4 所示，共有 3 条指令流水线，每个流水线周期可以发射两条指令。整数操作和地址计算有 7 个流水级，浮点操作有 10 个流水级。流水线都由中央控制部件 IBOX 控制，3 条指令流水线的前 4 个流水级，即取指令 IF、交换双发射指令 SWAP、指令译码 I_0、访问寄存器堆 I_1 都在中央控制部件 IBOX 中执行，而流水线的后几个流水级分别在整数执行部件 EBOX、地址部件 ABOX 和浮点执行部件 FBOX 中完成。在所有的指令执行部件 EBOX、IBOX、ABOX、FBOX 中都设置有专用数据通路，因此，在流水线执行过程中，能够直接把本条指令的操作结果作为下一条指令的操作数使用，而不必先写到寄存器堆中，然后再读出来。

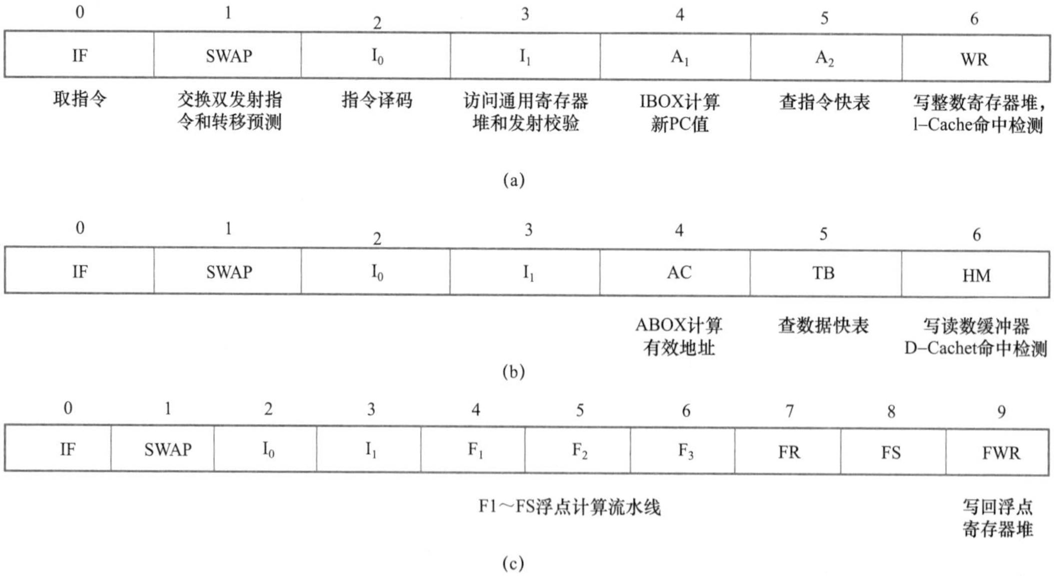

0	1	2	3	4	5	6
IF	SWAP	I_0	I_1	A_1	A_2	WR
取指令	交换双发射指令和转移预测	指令译码	访问通用寄存器堆和发射校验	IBOX计算新PC值	查指令快表	写整数寄存器堆，I–Cache命中检测

(a)

0	1	2	3	4	5	6
IF	SWAP	I_0	I_1	AC	TB	HM
				ABOX计算有效地址	查数据快表	写读数缓冲器 D–Cachet命中检测

(b)

0	1	2	3	4	5	6	7	8	9
IF	SWAP	I_0	I_1	F_1	F_2	F_3	FR	FS	FWR

F1~FS浮点计算流水线　　　　　　　　　　　写回浮点寄存器堆

(c)

图 9.4　Alpha 21064 处理机的指令流水线结构

（a）整数操作流水线；（b）访问存储器流水线；（c）浮点计算流水线

每一条指令流水线实际上是把一条指令的执行过程分成了两部分：一部分是 4 个流水级的静态流水线，在中央控制部件 IBOX 中执行；另一部分是动态流水线。对于整数操作部件 EBOX 和地址部件 ABOX 而言，动态流水线有 3 个流水级；对于浮点操作部件 FBOX 而言，动态流水线有 6 个流水级。

由于资源冲突、数据相关或控制相关等原因，指令在静态流水线中可以停留若干个流水线周期。当指令进入动态流水线之后，必须一直往前流动，不允许停留。因此，每一条指令必须在静态流水线（即 IBOX）中完成全部的资源冲突检测、数据相关或控制相关分析，当指令从静态流水线发射到动态流水线时，有关的相关性问题应当说已获得解决。

从图 9.4 中看到，3 条指令流水线的平均级数是 8 级，且每个时钟周期能够发射两条指令，因此，Alpha 21064 可以认为是超标量超流水处理机。

2. 超长指令字处理机

超长指令字（Very Long Instruction Word，VLIW）方法的思路是：由编译程序在编译时找出指令间潜在的并行性，进行适当调度安排，把多个能并行执行的操作组合在一起，成为一条具有多个操作段的超长指令，由这条超长指令去控制 VLIW 处理机中多个互相独立工作的功能部件，每个操作段控制一个功能部件，相当于同时执行多条指令。

VLIW 处理机是一种单指令、多操作码、多数据的系统结构。VLIW 的字长与机器中的执行部件数有关。一般来说，对于每一个执行部件需要有一个长度为 16～32 位的操作段，因此 VLIW 处理机的指令字长度为 100～1 000 位。其典型的机器有 Cydrome 公司的 Cydra 5（1989 年）和飞利浦公司的 TM－1（1996 年）。

VLIW 处理机用一条长指令实现多个操作的并行执行，以减少对存储器的访问。并行操作主要是在流水的执行阶段进行的，如图 9.5 所示，在执行阶段可并行执行 3 个操作，相当于指令级并行度为 3。

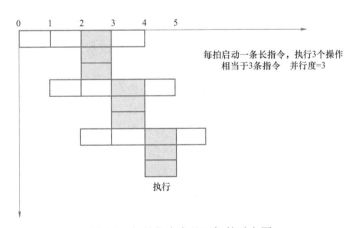

图 9.5　超长指令字处理机的时空图

VLIW 处理机的主要特点如下：

（1）VLIW 的生成是由编译器来完成的，由它将串行的操作序列合并为可并行执行的指令序列，以最大限度实现操作并行性。

（2）单一的控制流只有一个控制器，每个时钟周期启动一条长指令。

（3）VLIW 被分成多个控制字段，每个字段直接独立地控制每个功能部件。

（4）含有大量的数据通路和功能部件。由于编译器在编译时间已解决可能出现的数据相关和资源冲突，故控制硬件比较简单。

图 9.6 给出了 VLIW 处理机的结构模型，它含有两个存取部件（LD/ST）、一个浮点加部件（FADD）、一个浮点乘部件（FMUL）。所有功能部件均由同一时钟驱动，在同一时刻控制每个功能部件的操作字段组成一个超长指令字。显然，指令字长度和功能部件数有关。

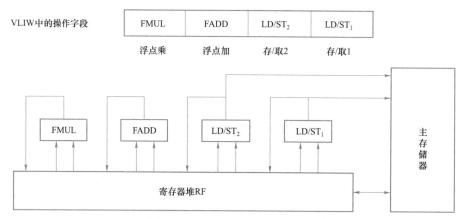

图 9.6　VLIW 处理机的结构模型

9.2.2　多线程与超线程处理机

当通过简单提高处理机主频从而提升单处理机的性能的传统方法受到制约时，处理机厂商被迫转向处理机片内并行技术。除了传统的指令级并行技术之外，多线程技术和超线程技术也是提高单芯片处理能力的片内并行技术。

由于现代处理机广泛采用指令流水线技术，因而处理机必须面对一个固有的问题：如果处理机访存时 Cache 缺失（失效），则必须访问主存，这会导致执行部件长时间的等待，直到相关的 Cache 块被加载到 Cache 中。因此，为了解决指令流水线必须暂停的问题，可以采用片上多线程（On-Chip Multithreading）技术。该技术允许 CPU 同时运行多个硬件线程，如果某个线程被迫暂停，其他线程仍可以执行，这样能保证硬件资源被充分利用。

硬件多线程技术是提高处理机并行度的有效手段，以前常被应用于高性能计算机的处理机。2002 年秋，英特尔公司推出一款采用超线程（Hyper Threading，HT）技术的 Pentium4 处理机，使多线程技术进入桌面应用环境。超线程技术是同时多线程技术在英特尔处理机上的具体实现。在经过特殊设计的处理机中，原有的单个物理内核经过简单扩展后被模拟成两个逻辑内核，并能够同时执行两个相互独立的程序，从而减少了处理机的闲置时间，充分利用了中央处理机的执行资源。

1. 从指令级并行到线程级并行

1）超标量处理机的水平浪费和垂直浪费

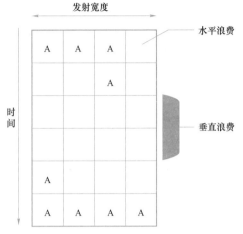

图 9.7 超标量处理机的水平浪费和垂直浪费

超标量技术和超长指令字技术都是针对单一指令流中的若干指令来提高并行处理能力的，当单一的指令流出现 Cache 缺失等现象时，指令流水线就会断流，而指令之间的相关性也会严重影响执行单元的利用率。例如，资源冲突会导致处理机流水线不能继续执行新的指令而造成垂直浪费，而指令相关会导致多条流水线中部分流水线被闲置，造成水平浪费。

图 9.7 显示了一个有四条流水线的超标量处理机的指令执行实例，每个方框代表一个可用的指令发射时间，水平方向表示并行执行指令的 4 条指令流水线（指令发射槽），垂直方向表示时钟周期，"A"表示某指令流 A 占用的周期，白框为浪费的周期。

显然，水平浪费和垂直浪费造成了处理机执行部件的空闲。

因此，如何减少处理机执行部件的空闲时间成为提升处理机性能的关键，而线程级并行（Thread-Level Parallelism，TLP）技术正是针对这一问题而引入的。

2）硬件线程的概念

多任务系统必须解决的首要问题就是如何分配宝贵的处理机时间，这通常是由操作系统负责的。操作系统除了负责管理用户程序的执行外，也需要处理各种系统任务。在操作系统中，通常使用进程（Process）这一概念描述程序的动态执行过程。通俗地讲，程序是静态实体，而进程是动态实体，是执行中的程序。进程不仅包含程序代码，也包含了当前的状态（这由程序计数器和处理机中的相关寄存器表示）和资源。因此，如果两个用户用同样一段代码分别执行相同功能的程序，那么其中的每一个都是一个独立的进程。虽然其代码是相同的，但是数据却未必相同。

传统的计算机系统把进程当作系统中的一个基本单位，操作系统将内存空间、I/O 设备和文件等资源分配给每个进程，调度和代码执行也以进程作为基本单位。但进程调度是频繁进行的，因而在处理机从一个进程切换到另一个进程的过程中，系统要不断地进行资源的分配与回收、现场的保存与恢复等工作，为此付出了较大的时间与空间的开销。

因此，在现代操作系统中，大多引入线程作为进程概念的延伸，线程是在操作系统中描述能被独立执行的程序代码的基本单位。进程只作为资源分配的单位，不再是调度和执行的基本单位；而每个进程又拥有若干线程，线程则是调度和执行的基本单位。除了拥有一点儿在运行中必不可少的独立资源（如程序计数器、一组寄存器和栈）之外，线程与属于同一个进程的其他线程共享进程所拥有的全部资源。由于线程调度时不进行资源的分配与回收等操作，因而线程切换的开销比进程切换少得多。

在处理机设计中引入硬件线程（Hardware Thread）的概念，其原理与操作系统中的软件多线程并行技术相似。硬件线程用来描述一个独立的指令流，而多个指令流能共享同一个支持多线程的处理机。当一个指令流因故暂时不能执行时，可以转向执行另一个线程的指令流。由于各个线程相互独立，因而大大降低了因单线程指令流中各条指令之间的相互依赖导致的指令流水线冲突现象，从而有效提高处理机执行单元的利用率。因此，并行的概念就从指令级并行扩展至线程级并行。

图 9.8 显示了一个支持两个线程的超标量处理机的指令执行实例。其中，"A"表示线程 A（指令流 A）占用的周期，"B"表示线程 B（指令流 B）占用的周期。在每个时钟周期内，所有的流水线都用于执行同一线程的指令，但在下一个时钟周期则可以选择另一个线程的指令并行执行。

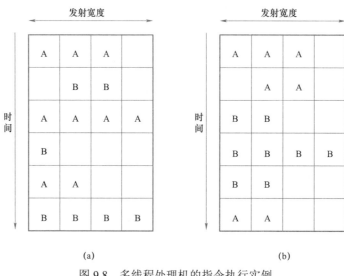

图 9.8　多线程处理机的指令执行实例

（a）细粒度多线程；（b）细粒度多线程

3）细粒度多线程和粗粒度多线程

根据多线程处理机具体实现方法的差异，又可以分为细粒度多线程（交错多线程）处理机和粗粒度多线程（阻塞多线程）处理机。

细粒度多线程如图 9.8（a）所示，处理机交替执行 A、B 两个线程的指令，在每个时钟周期都进行线程切换。由于多个线程交替执行，并且处于阻塞状态的线程在切换时被跳过，故在一定程度上降低了指令阻塞造成的处理机吞吐率损失。当然，每个线程的执行速度降低了，因此就绪状态的线程会因为其他线程的执行而延迟。

粗粒度多线程如图 9.8（b）所示，只有在遇到代价较高的长延迟操作（如因 Cache 缺失需要访问主存）时才由处理机硬件进行线程切换，否则会一直执行同一个线程的指令。因此，粗粒度多线程比细粒度多线程有更低的线程切换开销，且每个线程的执行速度几乎不会降低。但是粗粒度多线程也有弱点，就是在线程切换的过程中需要排空或填充指令流水线。只有当长延迟操作导致线程被阻塞的时间远长于指令流水线排空或填充的时间时，粗粒度多线程才是有意义的。

多线程处理机通常为每个线程维护独立的程序计数器和数据寄存器，处理机硬件能够快速实现线程间的切换。由于多个相互独立的线程共享执行单元的处理机时间，并且能够进行快速的线程切换，因而多线程处理机能够有效地减少垂直浪费情况，从而利用线程级并行来提高处理机资源的利用率。

2. 同时多线程结构

从图 9.4 中可以看出，多线程处理机虽然可以减少长延迟操作和资源冲突造成的处理机执行单元浪费，但并不能完全利用处理机中的所有资源。这是因为每个时钟周期执行的指令都来自同一个线程，因而不能有效地消除水平浪费。为了最大限度地利用处理机资源，同时多线程（Simultaneous Multi-Threading，SMT）技术被引入现代处理机中。

同时多线程技术结合了超标量技术和细粒度多线程技术的优点，允许在一个时钟周期内发射来自不同线程的多条指令，因而可以同时减少水平浪费和垂直浪费。

图 9.9 显示了一个支持两个线程的同时多线程处理机的指令执行实例。在一个时钟周期内，处理机可以执行来自不同线程的多条指令。当其中某个线程由于长延迟操作或资源冲突而没有指令可以执行时，另一个线程甚至能够使用所有的指令发射时间。因此，同时多线程技术既能够利用线程级并行减少垂直浪费，又能够在一个时钟周期内同时利用线程级并行和指令级并行来减少水平浪费，从而大大提高处理机的整体性能。

同时多线程技术是一种简单、低成本的并行技术。与单线程处理机相比，同时多线程处理机只需花费很小的代价，即可使性能得到很大改善，其在原有的单线程处理机内部为多个线程提供各自的程序计数器、相关寄存器以及其他运行状态信息，一个"物理"处理机被模拟成多个"逻辑"处理机，以便多个线程同步执行并共享处理机的执行资源，应用程序无须做任何修改就可以使用多个逻辑处理机。

图 9.9 同时多线程处理机的指令执行实例

由于多个逻辑处理机共享处理机内核的执行单元、高速缓存和系统总线接口等资源，因而在实现多线程时多个逻辑处理机需要交替工作。如果多个线程同时需要某一个共享资源，则只有一个线程能够使用该资源，其他线程要暂停并等待资源空闲时才能继续执行。因此，同时多线程技术就性能提升而言远不能等同于多个相同时钟频率处理机核组合而成的多核处理机，但从性能—价格比的角度看，同时多线程技术是一种对单线程处理机执行资源的有效而经济的优化手段。

由于同时运行的多个线程需要共享执行资源，因而处理机的实时调度机制非常复杂。就调度策略而言，取指部件要在单线程执行时间延迟与系统整体性能之间取得平衡。与单线程处理机相比，并发执行的多个线程必然拉长单个线程的执行时间，但处理机可以通过指定一个线程为最高优先级而减小其执行延迟，只有当优先线程阻塞时才考虑其他线程。为了最大限度地提高处理机整体性能，同时多线程处理机也可以采用另外一种策略，即处理机的取指部件可以选择那些可以带来最大性能好处的线程优先取指并执行，代价是牺牲单个线程的执行时间延迟。

为了实现同时多线程，处理机需要解决一系列问题。例如，处理机内需要设置大量寄存器保存每个线程的现场信息，需要保证由于并发执行多个线程带来的 Cache 冲突不会导致显著的性能下降，确保线程切换的开销尽可能小。

3. 超线程处理机结构

超线程技术是同时多线程技术在英特尔系列处理机产品中的具体实现。

自 2002 年起，英特尔公司先后在其奔腾 4 处理机和至强（XEON）处理机等产品中采用超线程技术，奔腾 4 处理机和至强处理机基于同样的 Intel NetBurst 微体系结构（Micro-Architecture，处理机体系结构在硅芯片上的具体实现）。

图 9.10 显示了支持超线程技术的 NetBurst 微体系结构的流水线结构，每条指令的执行过程都需要经过 10 个功能段组成的流水线。

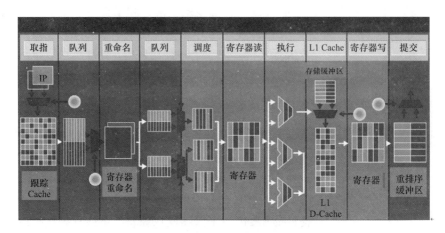

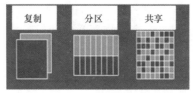

图 9.10 支持超线程技术的 NetBurst 微体系结构的流水线结构

原有的流水线只支持单线程运行。统计表明，单线程 NetBurst 微体系结构的流水线在执行典型的指令序列时仅仅利用了大约 35% 的流水线资源。

为了支持两个硬件线程同时运行，需要对流水线进行改造，改造的方式是让每级流水线中的资源通过三种方式之一复用于两个线程：复制、分区或共享。

其中，复制方式是在处理机设计时分别为两个线程设置独立的部件。被复制的资源包括所有的处理机状态、指令指针 IP（程序计数器）寄存器、寄存器重命名部件和一些简单资源（如指令 TLB 等）。复制这些资源仅仅会少许提高处理机的成本，而每个线程使用这些资源的方式与单线程相同。

分区方式则是在处理机设计时把原有的用于单线程的独立资源分割成两部分，分别供两个线程使用。采用分区方式的主要是各种缓冲区和队列，如重排序缓冲区、取数/存数缓冲区和各级队列等。与单线程相比，每个线程使用的缓冲区或队列的容量减半，而处理机成本并没有增加。

共享方式则是由处理机在执行指令的过程中根据使用资源的需要在两个线程之间动态分享资源。乱序执行部件和 Cache 即采用共享方式复用，这种方式同样不增加处理机成本，但单线程运行时存在的资源闲置能够得到有效改善。

由于不同的资源采用不同的复用方式，因此当指令在不同的资源之间转移时，处理机需在图中箭头和多路开关标识的选择点根据需要动态选择能够使用下级资源的线程。

多线程技术只对传统的单线程超标量处理机结构做了很少的改动，但却获得了很大的性能提升。启用超线程技术的内核比禁用超线程技术的内核吞吐率要高出 30%。当然，超线程技术需要解决一系列复杂的技术问题，例如，作业调度策略、取指和发射策略、寄存器回收机制、存储系统层次设计等比单线程处理机要复杂许多。

9.2.3　多处理机与多计算机

1. 多处理机

1）多处理机的概念

在单个处理机的性能一定的情况下，进一步提高计算机系统处理能力的简单方法就是让多个处理机协同工作，共同完成任务。广义而言，使用多台计算机协同工作来完成所要求的任务的计算机系统称为多处理机（Multiprocessor）系统。具体而言，多处理机系统由多台独立的处理机组成，每台处理机都能够独立执行自己的程序和指令流，相互之间通过专门的网络连接，实现数据的交换和通信，共同完成某项大的计算或处理任务。多处理机系统中的各台处理机由操作系统管理，实现作业级或任务级并行。

与广义多处理机系统不同，狭义多处理机系统仅指在同一计算机内处理机之间通过共享存储器方式通信的并行计算机系统，运行在狭义多处理机上的所有进程能够共享映射到公共内存的单一虚拟地址空间，任何进程都能通过执行 load 或 store 指令来读写一个内存字。

与狭义多处理机相对应，由不共享公共内存的多个处理机系统构成的并行系统称为多计算机（Multicomputers）系统，每个系统都有自己的私有内存，通过消息传递的方式进行互相通信。

2）多处理机系统的分类

现有的多处理机系统分为以下四种类型：并行向量处理机（PVP）、对称多处理机（SMP）、大规模并行处理机（MPP）、分布共享存储器多处理机（DSM），如图 9.11 所示。

并行向量处理机如图 9.11（a）所示，它是由少数几台巨型向量处理机采用共享存储器的方式互连而成，在这种类型中，处理机的数目不可能很多。

对称多处理机如图 9.11（b）所示，它由一组处理机和一组存储器模块经过互联网络连接而成，有多个处理机且是对称的，每台处理机的能力都完全相同；每次访问存储器时，数据在处理机和存储器模块间的传送都要经过互联网络；由于是紧耦合系统，故不管访问的数据在哪一个存储器模块中，访问存储器所需的延迟时间都是一样的。

分布共享存储器多处理机如图 9.11（c）所示，同 PVP 和 SMP 一样，它也属于紧耦合系统。它的共享存储器分布在各台处理机中，每台处理机都带有自己的本地存储器，组成一个处理机—存储器单元。但是这些分布在各台处理机中的实际存储器又合在一起统一编址，在逻辑上组成一个共享存储器。这些处理机—存储器单元通过互联网络连接在一起，每台处理机除了能访问本地存储器外，还能通过互联网络直接访问在其他处理机—存储器单元中的"远程存储器"。处理机在访问远程存储器时所需的延迟时间与访问本地存储器时所需的延迟时间是不一样的，访问本地存储器要快得多。

大规模并行处理机如图 9.11（d）所示，它属于松耦合多处理机系统。每个计算机模块称为一个节点，每个节点有一台处理机及其局部存储器（LM）和节点接口（NIC），有的还有本身的 IVO 设备，这几部分通过节点内的总线连在一起。计算机模块又通过节点接口连接到互联网络上。由于 VLSI 技术的发展，整个节点上的计算机已可以做在一个芯片上。

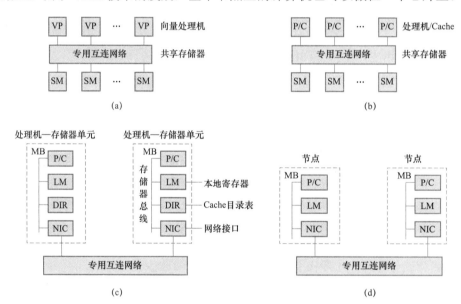

图 9.11　多处理机的四种类型

（a）并行向量处理机（PVP）；（b）对称多处理机（SMP）；（c）分布共享存储器多处理机（DSM）；

（d）大规模并行处理机（MPP）

在这种松耦合的多计算机系统中，各台计算机间传送数据的速度低，延迟时间长，且各节点间的距离是不相等的，因此把经常要在节点间传送数据的任务放在相邻的节点中执行。由于松耦合的多计算机系统互联网络的成本低得多，故同紧耦合多处理机系统相比，其优点是可以组成计算机数目很多的大规模并行处理系统。也就是说，可以比较经济合理地用微处理机构成几百台乃至几千台的多计算机系统。

鉴于当前并行处理系统的发展趋势，下面重点讲述对称多处理机 SMP。

3）SMP 的基本概念

不久前，所有的单用户个人计算机和大多数工作站还只含有单一通用的微处理机，随着性能需求的增长和微处理机价格的持续下跌，计算机制造商推出了 SMP 系统。SMP 既指计算机硬件体系结构，也指反映此体系结构的操作系统行为。SMP 定义为具有以下特征的独立计算机系统。

（1）有两个以上功能相似的处理机。

（2）这些处理机共享同一主存和 I/O 设施，以总线或其他内部连接机制互连在一起，这样，存储器存取时间对每个处理机都是大致相同的。

（3）所有处理机共享对 I/O 设备的访问，或通过同一通道，或通过提供到同一设备路径的不同通道。

（4）所有处理机能完成同样的功能。

（5）系统被一个集中式操作系统（OS）控制，OS 提供各处理机及其程序之间的作业级、任务级、文件级和数据元素级的交互。

其中，（1）～（4）是十分明显的。（5）表示了 SMP 与机群系统之类的松耦合多处理系统的对照，后者的交互物理单位通常是消息或整个文件；而在 SMP 中，个别的数据元素能成为交互级别，于是处理机间能够有高度的相互协作。

SMP 的操作系统能跨越所有处理机来调度进程或线程。SMP 有以下几个超过单处理机的优点。

（1）性能：如果可以对一台计算机完成的工作进行组织，使得某些工作部分能够并行完成，则具有多个处理机的系统与具有同样类型的单处理机的系统相比，将产生更高的性能。

（2）可用性：在一个对称多处理机系统中，所有处理机都能完成同样的功能，故单个处理机的故障不会造成系统的停机，系统在性能降低的情况下继续运行。

（3）增量式增长：用户可以通过在系统中添加处理机来提高系统性能。

（4）可扩展性：厂商能提供一个产品范围，它们基于系统中配置的处理机数目不同而有不同的价格和性能特征。

（5）SMP 的一个有吸引力的特点是多个处理机的存在对用户是透明的，由操作系统实际关注各个处理机上进程或线程的调度，以及处理机间的同步。

4）SMP 的结构

图 9.12 所示为对称多处理机的一般结构。

对个人计算机、工作站和服务器而言，互连机构使用分时共享总线。分时共享总线是构成一个多处理机系统的最简单机构，结构和界面基本上同于使用总线互连的单处理机系统。分时共享总线由控制、地址和数据线组成。为便于来自 I/O 处理器的 DMA 传送，其应具备以下特征：

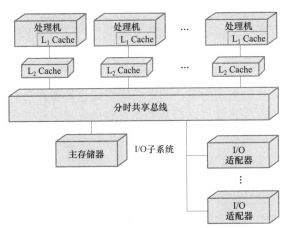

图 9.12　对称多处理机（SMP）的一般结构

（1）寻址：必须能区别总线上各模块，以确定数据的源和目标。

（2）仲裁：任何 I/O 模块都能临时具备主控器（Master）功能。要提供一种机制来对总线控制的竞争请求进行仲裁，可使用某种类型的优先级策略。

（3）分时共享：当一个模块正在控制总线时，其他模块是被锁住的，而且如果需要，则应能挂起它的操作，直到当前的总线访问完成。

这些单处理机特征在对称多处理机配置中是直接可用的，但可能会出现多个处理机以及多个 I/O 适配器都试图掌管总线，并对一个或多个存储器模块进行存取操作的更为复杂的情况。

与其他方法比较，总线组织方式有以下几个优点：

（1）简易性：这是多处理机系统组成的最简单方式。物理接口以及每个处理机的寻址、仲裁和分时逻辑保持与单处理机系统相同。

（2）灵活性：以附加更多处理机到总线的方式来扩充系统，一般来说也是容易的。

（3）可靠性：本质上来说，总线是一个被动介质，并且总线上任一设备的故障不会引起整个系统的失败。

总线组织的主要缺点在于性能。所有的存储器访问都要通过公共总线，于是系统速度受限于总线周期。为改善性能，就要求为每个处理机配置 Cache，这将急剧减少总线访问的次数。一般来说，工作站和个人机 SMP 都有两级 Cache，L1 Cache 是内部的（与处理机同一芯片）；L2 Cache 或是内部的，或是外部的。现在，某些处理机还使用了 L3 Cache。

Cache 的使用导致了某些新的设计考虑，因为每个局部 Cache 只保存部分存储器的映像，如果在某个 Cache 中修改了一个字，可想象出其他 Cache 中的此字将会是无效的。为防止这个问题，必须通知其他处理机：已经发生了修改。这个问题称为 Cache 的一致性问题，并且一般是以硬件解决。

2. 多计算机系统

多计算机系统有各种不同的形状和规模，机群（Cluster，也称集群）系统就是一种常见的多计算机系统。机群系统是由一组完整计算机通过高性能的网络或局域网互连而成的系统，这组计算机作为统一的计算机资源一起工作，并能产生一台机器的印象。术语"完整计算机"意指一台计算机离开机群系统仍能运行自己的任务。机群系统中的每台计算机一般称为节点。

本部分主要对机群系统进行介绍。

1）机群的基本结构

机群系统由独立的计算机搭建而成，因此机群系统设计者在进行硬件设计时所面临的主要问题往往不是如何设计这些计算机，而是如何合理地选择现有商用计算机产品，这可以减少系统的开发与维护费用。相对于硬件而言，设计机群系统的软件时具有很大的灵活性，除了操作系统和并行程序设计环境外，其他管理软件（如监控模块等）有时会由机群系统的设计人员自行开发，以便实现特殊的功能。

就机群的硬件结构而言，机群是一种价格低廉、易于构建、可扩放性极强的并行计算机系统，它由多台同构或异构的独立计算机通过高性能网络或局域网互连在一起，协同完成特定的并行计算任务。从用户的角度来看，机群就是一个单一、集中的计算资源。

图 9.13 所示为含有 4 台 PC 机的简单机群的逻辑结构，图中 NIC 表示网络接口，PCI 表

示 I/O 接口。这是一种无共享的结构，4 台 PC 机通过交换机（Switch）连接在一起，目前大多数机群系统都采用这种结构。如果将图 9.13 中的交换机换为共享磁盘，则可以得到共享磁盘结构的机群系统。

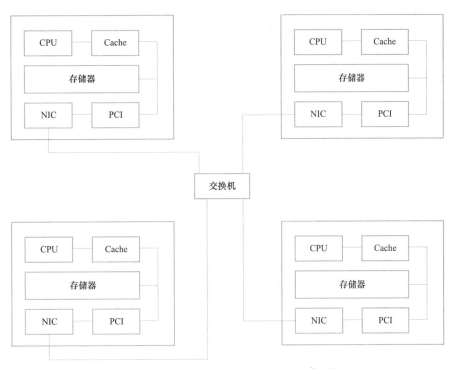

图 9.13　一个包含 4 节点的简单 PC 机群

构成机群的每台独立计算机都是机群的一个节点，每个节点都是一个完整的计算机系统，拥有本地磁盘和操作系统，可以作为一个单独的计算资源供用户使用。除了 PC 机外，机群的节点还可以是工作站，甚至是规模较大的对称多处理机。

按照机群系统中各节点的功能不同，可以将它们分为以下 3 类。

（1）计算节点，用于完成计算任务。

（2）管理/登录节点，它们是外部设备和机群系统之间连接的桥梁，任何用户和系统的管理员都只能通过此类节点才能登录到系统中。此外，管理/登录节点还应具有管理和作业提交等功能。

（3）I/O 节点，作为 NFS 文件系统的主节点，I/O 节点一般由存储设备、网络文件系统（NFS）等组成，外挂磁盘阵列或者连接其他存储设备，负责文件的 I/O 操作，其他节点访问存储设备的请求都要通过 I/O 节点完成。

这 3 类节点所需的具体硬件配置也不相同。计算节点需要提供很强的计算能力，对于某些应用而言特别需要强大的浮点计算能力。此外，计算节点还应提供适量的内存，使运算时的数据能完全驻留在物理内存中，并能够支持高速、低延迟的通信网络。而系统对管理/登录节点要求不高，只要采用相对经济的配置就可以了。

机群的各个节点一般通过商品化网络连接在一起，如以太网、Myrinet、Infiniband、Quadrics 等，部分商用机群也采用专用网络连接，如 SP Switch、NUMAAlink、Crossbar、Cray Interconnect

等。网络接口与节点的 I/O 总线以松耦合的方式相连，如图 9.13 中的 NIC 与 PCI。

无论是计算机还是互连网络，可供设计者选择的产品都非常多，而且不同厂家的产品在功能、性能以及价格上也都有所差别，如何选择合适的产品，主要取决于用户对机群的具体要求。

机群的软件也是机群系统的重要组成部分。由于机群系统结构松散、节点独立性强、网络连接复杂，故导致机群系统管理不便、难以使用。为了解决这一问题，国际上流行的方式是在各节点的操作系统之上再建立一层操作系统来管理整个机群，这就是机群操作系统。

除了提供硬件管理、资源共享以及网络通信等功能外，机群操作系统还必须完成的另外一项重要功能是实现单一系统映像（Single System Image，SSI），这是机群的一个重要特征。正是通过 SSI 才使得机群在使用、控制、管理和维护上更像一个单独的计算资源。

9.3　多核处理机

多核处理机是指在一颗处理机芯片内集成两个或两个以上完整且并行工作的计算引擎（核），也称为片上多处理机（Chip Multi-Processor，CMP）。核（Core，又称内核或核心）是指包含指令部件、算术/逻辑部件、寄存器堆和一级或两级 Cache 的处理单元，这些核通过某种方式互联后，能够相互交换数据，对外呈现为一个统一的多核处理机。

多核技术的兴起一方面是由于单核技术面临继续发展的瓶颈，另一方面也是由于大规模集成电路技术的发展使单芯片容量增长到足够大，能够把原来大规模并行处理机结构中的多处理机和多计算机节点集成到同一芯片内，让各个处理机核实现片内并行运行。因此，多核处理机是一种特殊的多处理机架构，所有的处理机都在同一块芯片上，不同的核执行不同的线程，在内存的不同部分操作。多核也是一个共享内存的多处理机，所有的核共享同一个内存空间，多个核在一个芯片内直接连接，多线程和多进程可以并行运行。

不同于多核结构，在传统的多处理机结构中，分布于不同芯片上的多个处理机通过片外系统总线连接，因此需要占用更大的芯片尺寸、消耗更多的热量，并需要额外的软件支持。多个处理机可以分布于不同的主板上，也可以构建在同一块电路板上，处理机之间通过高速通信接口连接。

图 9.14（a）～图 9.14（f）所示为不同结构的处理机形态。图 9.14（a）所示为单核处理机结构，由执行单元、CPU 状态、中断逻辑和片上 Cache 组成。图 9.14（b）所示为多处理机结构，由两个完全独立的单核处理机构成双处理机系统。图 9.14（c）所示为多线程处理机结构，在一个物理处理机芯片内集成两个逻辑处理机，二者共享执行单元和片上 Cache，但各自有自己的 CPU 状态和中断逻辑。图 9.14（d）所示为多核处理机结构，两个完全独立的单处理机核集成在同一个芯片内，构成双核处理机，每个核都有自己私有的片上 Cache。图 9.14（e）同样是多核处理机结构，但与图 9.14（d）显示的多核处理机结构的差别在于两个核共享片内 Cache。图 9.14（f）所示为多核多线程处理机结构，这是多核与多线程相结合的片上并行技术，两个完全独立的处理机核集成在同一个芯片内，每个核又是双线程的，故该处理机为双核四线程结构。

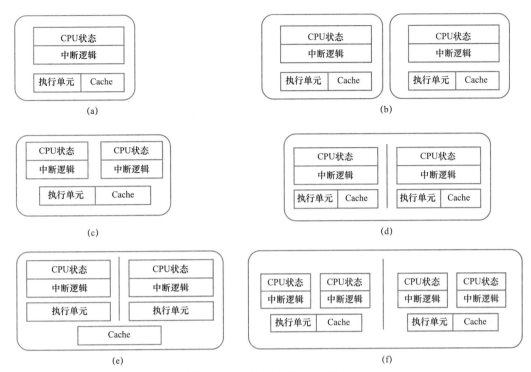

图 9.14 多处理并行处理机结构

（a）单核处理机结构；（b）多处理机结构；（c）多线程处理机结构；（d）多核处理机结构；

（e）共享 Cache 的多核处理机结构；（f）支持多线程的多核处理机结构

9.3.1 多核处理器的组织结构

1. 同构多核处理机与异构多核处理机

与多处理机的分类方法类似，按多核处理机内计算内核的地位对等与否划分，多核处理机可以分为同构多核和异构多核两种类型。

1）同构多核（Homogenous Multi-Core）处理机

同构多核处理机内的所有计算内核结构相同、地位对等。同构多核处理机大多由通用的处理机核心构成，每个处理机核心可以独立地执行任务，其结构与通用单核处理机结构相近。同构多核处理机的各个核心之间可以通过共享总线 Cache 结构互连，也可以通过交叉开关互连结构或片上网络结构互连。在英特尔公司通用桌面计算机上的多核处理机通常采用同构多核结构。

2）异构多核（Heterogeneous Multi-Core）处理机

异构多核处理机内的各个计算内核结构不同、地位不对等。异构多核处理机根据不同的应用需求配置不同的处理机核心，一般多采用"主处理核＋协处理核"的主从架构。异构多核处理机的优势在于可以同时发挥不同类型处理机各自的长处来满足不同种类的应用性能和功耗需求。异构多核处理机将结构、功能、功耗、运算性能各不相同的多个核心集成在芯片上，并通过任务分工和划分将不同的任务分配给不同的核心，让每个核心处理自己擅长的任务。

目前的异构多核处理机通常同时集成通用处理机、数字信号处理机（DSP）、媒体处理机、网络处理机等多种类型的处理机核心，并针对不同需求配置应用其计算性能。其中，通用处理机核常作为处理机控制主核，并用于通用计算；而其他处理机核则作为从核，用于加速特定的应用。例如，多核异构网络处理机配有负责管理调度的主核和负责网络处理功能的从核，经常用于科学计算的异构多核处理机在主核之外可以配置用于定点运算和浮点运算等计算功能的专用核心。

研究表明，异构组织方式比同构的多核处理机执行任务更有效率，实现了资源的最优化配置，而且降低了系统的整体功耗。

2. 多核处理机的对称性

同构多核和异构多核是对处理机内核硬件结构和地位一致性的划分。如果再考虑各个核之上的操作系统，从用户的角度看，可以把多核处理机的运行模式划分为对称多处理（Symmetrie Multi-Processing，SMP）和非对称多处理（Asymmetric Multi-Processing，AMP）两种类型。

多核处理机中的对称多核（SMP）结构是指处理机片内包含相同结构的核，多个核紧密耦合，并运行一个统一的操作系统。每个核的地位是对等的，共同处理操作系统的所有任务。SMP 由多个同构的处理机核和共享存储器构成，由一个操作系统的实例同时管理所有处理机核，并将应用程序分配至各个核上运行。只要有一个内核空闲可用，操作系统就在线程等待队列中分配下一个线程给这个空闲内核来运行。应用程序本身可以不关心有多少个核在运行，由操作系统自动协调运行，并管理共享资源。

同构多核处理机也可以构成非对称（AMP）多核结构。若处理机芯片内部是同构多核，但每个核运行一个独立的操作系统或同一操作系统的独立实例，那就变成非对称多核。AMP多核系统也可以由异构多核和共享存储器构成。

3. 多核处理机的 Cache 组织

在设计多核处理机时，除了处理机的结构和数量外，Cache 的级数和大小也是需要考虑的重要问题。根据多核处理机内的 Cache 配置，可以把多核处理机的组织结构分成以下四种。

1）片内私有 L1 Cache 结构

图 9.15（a）显示的多核结构是简单的多核计算机片内 Cache 结构。系统 Cache 由 L_1 和 L_2 两级组成。处理机片内的多个核各自有自己私有的 L_1 Cache，一般被划分为指令 L_1 Cache（L_1-I）和数据 L_1 Cache（L_1-D），而多核共享的 L_2 Cache 则存在于处理机芯片之外。

ARM 公司 ARM11 微体系结构的 MPCore 多核嵌入式处理机就采用这种结构。

2）片内私有 L_2 Cache 结构

在图 9.15（b）显示的多核结构中，处理机片内的多个核仍然保留自己私有的指令 L_1 Cache（L_1-I）和数据 L_1 Cache（L_1-D），但 L_2 Cache 被移至处理机片内，且 L_2 Cache 为各个核私有，多核共享处理机芯片之外的主存。

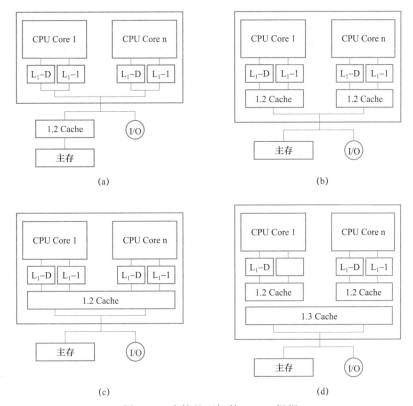

图 9.15　多核处理机的 Cache 组织

（a）片内私有 L_1 Cache；（b）片内私有 L_2 Cache；（c）片内共享 L_2 Cache；（d）片内共享 L_3 Cache

AMD 公司专门为服务器和工作站设计的皓龙（Opteron）处理机就采用这种结构。

3）片内共享 L_2 Cache 结构

在图 9.15（c）显示的多核结构与图 9.15（b）显示的多核结构相似，都是片上两级 Cache 结构。不同之处在于处理机片内的私有 L_2 Cache 变为多核共享 L_2 Cache，多核仍然共享处理机芯片之外的主存。

对处理机的每个核而言，片内私有 L_2 Cache 的访问速度更高，但在处理机片内使用共享的 L_2 Cache 取代各个核私有的 L_2 Cache 能够获得系统整体性能的提升，其原因如下：

（1）共享 Cache 有助于提高整体 Cache 命中率。如果处理机内的多个核先后访问主存同一个页面，首次访问该地址的操作会将该页面调入共享 Cache，其他核在此后访问同样的主存页面时可以直接在共享 Cache 中快速存取，从而减少访问主存的次数，并且在私有 Cache 结构中，不同核访问主存相同页面会在各自私有 Cache 中都保存该主存页面的副本，而共享 Cache 则不会重复复制数据。

（2）共享 Cache 的存储空间可以在不同核之间动态按需分配，实现"统计时分复用"，而私有 Cache 的大小是固定不变的。

（3）共享 Cache 还可以作为处理机间交互信息的通道。

（4）多核处理机必须解决多级 Cache 的一致性问题，而只设计 L_1 一级私有 Cache 可以降低解决 Cache 一致性问题的难度，从而提供额外的性能优势。

英特尔公司的第一代酷睿双核（Core Duo）低功耗处理机就采用这种结构。

4）片内共享 L_3 Cache 结构

随着处理机芯片上的可用存储器资源的增长，高性能的处理机甚至把 L_3 Cache 也从处理机片外移至片内。图 9.15（d）显示的多核结构在图 9.15（b）显示的片内私有 L_2 Cache 结构的基础上增加了片内多核共享 L_3 Cache，使存储系统的性能有了较大提高。

由于处理机片内核心数和片内存储空间容量都在增长，故在共享 L_2 Cache 结构或私有 L_2 Cache 结构上增加共享的 L_3 Cache 显然有助于提高处理机的整体性能。

英特尔公司于 2008 年推出的 64 位酷睿 i7（Core i7）四核处理机就采用这种结构。

9.3.2　多核处理机的关键技术

9.3.2　多核处理机的
关键技术

尽管多核技术与单核技术相比存在性能高、集成度高、并行度高、结构简单和设计验证方便等诸多优势，但从单核到多核的转变并不是直接把多个芯片上的多个处理机集成到单一芯片之中这么简单，多核处理机必须解决诸多技术难题。

9.3.3　片上多核处理器的通信机制

9.3.3　片上多核处理器的
通信机制

多核处理机片内的多个核心虽然各自执行自己的代码，但是不同核心间需要进行数据的共享和同步，因此多核处理机硬件结构必须支持高效的核间通信，片上通信结构的性能也将直接影响处理机的性能。

当前主流的片上通信方式有三种：总线共享 Cache 结构、交叉开关互连结构和片上网络结构。

9.4　多核处理机实例

9.4.1　ARM 多核处理机

9.4.1　ARM 多核处理机

Cortex－A15 MPCore 处理机是 ARM 公司 2010 年 9 月推出的 ARMv7－A 体系结构的多核产品。借助先进的多核处理机架构，Cortex－A15 MPCore 处理机在高性能产品应用中的运行主频最高可达 2.5 GHz，在提供强大的计算性能的同时，又保持着 ARM 特有的低功耗特性。该处理机有非常强的可扩展性（Scalability），支持单片 1～4 个处理机内核，可广泛应用于移动计算、高端数字家电、无线基站和企业级基础设施产品等领域。详情扫码查看。

9.4.2　英特尔酷睿多核处理机

2012 年 4 月，英特尔在北京发布了多款基于 Ivy Bridge（简称 IVB）微架构（Micro-

Architecture）的第三代智能酷睿（Core i）系列处理机，是当时业界制造工艺最为先进的处理机。2011 年推出的采用 32 nm 半导体工艺的第二代智能酷睿处理机微架构 Sandy Bridge 处理机实现了处理机核、图形核心、视频引擎的单芯片封装。与 Sandy Bridge（简称 SNB）相比，Ivy Bridge 对处理机架构没有做太大调整，但采用了更加先进的 22 nm 制造工艺，并结合 3D 晶体管技术，在大幅度提高晶体管密度的同时，处理机片上图形核心执行单元的数量翻了一番，核芯显卡等部分性能有了一倍以上的提升。此外，制造工艺的改进带来了更小的核心面积、更低的功耗以及更加容易控制的发热量。

1. 酷睿多核处理机的整体结构

Ivy Bridge 微架构处理机由处理核心、三级 Cache、图形核心、内存控制器、系统助手（System Agent）、显示控制器、显示接口、PCI-E I/O 控制器、DMI 总线控制器等众多模块整合而成。Ivy Bridge 微架构处理机采用模块化设计，有很强的可扩展性，支持多种不同主处理机核心数、不同性能的图形核心和 Cache 容量的组合配置。

从 Sandy Bridge 微架构开始，每个处理机内部处理除了中央处理机核之外，还集成了图形处理单元（GPU）核。这种与中央处理机封装在同一芯片上的图形处理单元又称为核芯显卡。Sandy Bridge 与 Ivy Bridge 处理机上的处理机核和图形处理核采用完全融合的方式，在同一块晶圆中分别划分出 CPU 区域和 GPU 区域，CPU 和 GPU 各自承担数据处理与图形处理任务。这种整合设计大大降低了处理机核、图形处理核、内存及内存控制器间的数据周转时间，可有效提升处理效能并大幅降低芯片组的整体功耗。在 Ivy Bridge 系列处理机中包含了两种集成 GPU 核：GT_1 和 GT_2。GT_1 有 6 个执行单元（Execution Unit，EU）和 24 个算术逻辑单元（ALU）及一个纹理单元；GT_2 有 16 个执行单元、64 个 ALU 和 2 个纹理单元。

处理机内的各个 CPU 核之外还集成了最后一级 Cache（Last-Level Cache，LLC），即与主存储器直接相连的 L3 Cache。

目前发布的 Ivy Bridge 微架构有 4 种设计版本：4 个中央处理机核心+8 MB 缓存+GT_2 图形核心；2 个中央处理机核心+4 MB 缓存+GT_2 图形核心；4 个中央处理机核心+6 MB 缓存+GT_1 图形核心；2 个中央处理机核心+3 MB 缓存+GT_1 图形核心。图 9.16（a）～图 9.16（d）分别显示了 Ivy Bridge 微架构支持的四种配置。

2. 酷睿多核处理机的环形总线

图 9.17 显示了 Ivy Bridge 四核处理机的完整体系结构，在图 9.17 中可以看出，Ivy Bridge 微架构采用全新的环形总线（Ring Bus）结构连接各个 CPU 核、最后一级 Cache、图形处理单元（GPU）以及系统助手等模块。

系统助手从功能上类似于以前的北桥芯片，但包含了更为丰富的功能，包括集成内存控制器、支持 16 条 PCI-E 2.0 通道的 PCI-E 控制器、显示控制器、电源控制单元（PCU）以及 DMI 总线（英特尔开发用于连接主板南北桥的总线）的 I/O 接口等。

环形总线由四条独立的环组成，分别是数据环（Data Ring）、请求环（Request Ring）、响应环（Acknowledge Ring）和监听环（Snoop Ring）。借助于环形总线，CPU 与 GPU 可以共享 LLC，从而大幅提升 GPU 的性能。在环形总线上分布着多个环节点（Ring Stop），环节点在每个 CPU 核、GPU 核或最后一级 Cache 上有两个连接点。

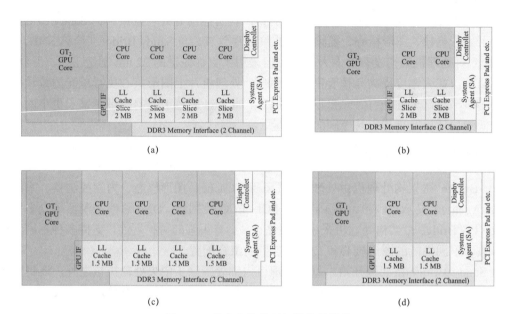

(a)   (b)

(c)   (d)

图 9.16　酷睿多核处理机的整体结构

（a）4 个中央处理机核心 + GT_2 图形核心；（b）2 个中央处理机核心 + GT_2 图形核心；
（c）4 个中央处理机核心 + GT_1 图形核心；（d）2 个中央处理机核心 + GT_1 图形核心

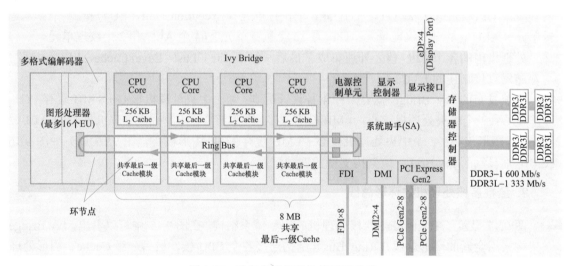

图 9.17　酷睿多核处理机的环形总线

在以往的产品中，多个核心共享最后一级 Cache，核心需要访问 Cache 时必须先经过流水线发送请求，再进行优先级排队后才能进行，环形总线则可以大大减少核心访问最后一级 Cache 的时间延迟。环形总线将最后一级 Cache 分割成了若干部分，其上的每个节点与其相邻的另两个节点采用点到点的连接方式，故环形总线是由多个子环组成的。借助于每个环节点，核心可以快速访问最后一级 Cache。又由于每个核心与最后一级 Cache 之间可以实现并行访问，故使整体带宽可以显著提升。

9.4.3 英特尔至强融核众核处理机

为了满足人类社会对计算性能的无止境需求,处理机内部的核心数量不断增加。当处理机内的核心的数量超过 32 个时,即称为众核(Many–Core)处理机。

2012 年,英特尔公司发布了基于英特尔集成众核(Many Integrated Core, MIC)架构的至强融核(XEON phi)产品。

9.4.4 龙芯多核处理机

龙芯(Loongson)3 号是中国科学院计算技术研究所研发的国产多核处理机系列产品,集高性能、低成本和低功耗于一身,主要面向服务器和高性能计算应用。龙芯 3 号单芯片内集成多个高性能 64 位超标量通用处理机核以及大容量 L_2 Cache,并通过高速 I/O 接口实现多芯片互连,以组成更大规模的系统。龙芯 3 号尤其可以满足国家安全需求。首台采用龙芯 3A 处理机的万亿次高性能计算机 KD–60 于 2010 年 4 月通过鉴定,实现了我国高性能计算机国产化的重大突破。

1. 龙芯 3A 处理机的整体结构

龙芯 3A 是龙芯 3 号多核处理机系列的第一款产品,每个处理机芯片集成 4 颗 64 位的四发射超标量 GS464 高性能处理机核,最高工作主频为 1 GHz,片内集成 4 MB 的分体共享 L_2 Cache(由 4 个体模块组成,每个体模块容量为 1 MB)。处理机内部通过目录协议维护多核及 I/O DMA 访问的 Cache 一致性。处理机芯片内还集成了 DDR2/DDR3 存储器控制器、Hyper-Transport(HT)控制器、PCI–X/PCI 总线控制器及 LPC、UART、SPI 等外围接口部件。图 9.18 显示了龙芯 3A 四核处理机的整体结构。

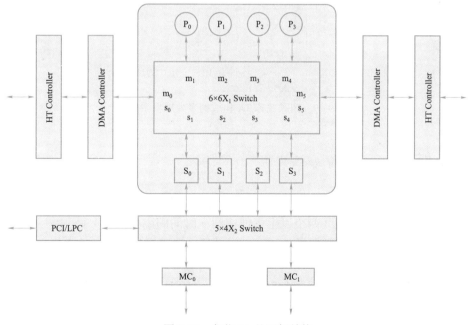

图 9.18 龙芯 3A 处理机结构

每个处理机有两级 AXI 交叉开关。第一级互连采用 6×6 的 AXI 交叉开关（X_1 Switch）连接 P_0、P_1、P_2 和 P_3 四个处理机核心（作为主设备），统一编址的 S_0、S_1、S_2 和 S_3 四个 L_2 Cache 模块（作为从设备），以及两个 I/O 端口（每个端口使用一个主端口和一个从端口），每个 I/O 端口通过一个 DMA 控制器连接一个 16 位的 HT 控制器（每个 16 位的 HT 端口可以拆分成两个 8 位的 HT 端口使用）。第二级互连采用 5×4 的交叉开关（X_2 Switch），连接四个 L_2 Cache 模块、两个 DDR2 存储器控制器（MC）和 I/O 接口（包括 PCI、LPC、SPI 等）以及芯片内部的控制寄存器模块。两级互连开关都采用读写分离的数据通道，数据通道宽度为 128 位，工作频率与处理机核相同，用于提供高速的片上数据传输。

2. 龙芯 3A 处理机的互连结构

龙芯 3A 采用可扩展的互连结构，片内二维 Mesh 网络利用 AXI 交叉开关进行片内核间互连，片间通过 HT 接口进行可伸缩互连，构建多处理机系统。

图 9.19 显示了四颗龙芯 3A 处理机构成的 2×2 Mesh 网络结构，系统由 16 个处理机核心构成，全系统统一编址，硬件自动维护各处理机间的数据一致性。互连系统的物理实现对软件透明，不同配置的系统可以运行相同的操作系统。

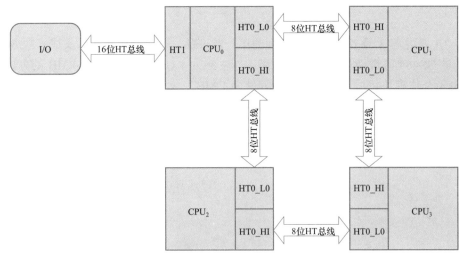

图 9.19　四颗龙芯 3A 构成的多处理机系统

● 本章小结

1. 并行性是指计算机系统具有同时进行运算或操作的特性，它包括同时性（两个以上事件在同一时刻发生）与并发性（两个以上事件在同一时间间隔内发生）两种含义。并行性的 4 种技术是：① 时间并行（时间重叠）；② 空间并行（资源重复）；③ 时间并行＋空间并行；④ 资源共享（软件方法）。

2. Flynn 将计算机体系结构分为 SISD、SIMD、MISD 和 MIMD 四种类型。虽然 MISD 没有实际机器，但是四种类型的分类方法确实纲目清晰，有利于认识计算机系统的总体结构。

3. 传统单处理机依靠超标量技术和超长指令字技术提高指令级并行性，而多线程技术和超线程技术则把重点放在线程级并行性上，在处理机内部增加少量部件，将一个物理处理机模拟成多个逻辑处理机，从而减少访存延迟造成的执行部件浪费，提高处理机内部资源的使用率。

4. 多处理机属于 MIMD 结构，是传统上为提高作业级或任务级并行性所采用的并行体系结构。多处理机系统由多台独立的处理机组成，通过通信网络或共享存储器进行通信，共同完成处理任务。SMP 是多处理机的常见形式，组成 SMP 的每台处理机的能力都完全相同。

5. 多核处理机在一个处理机芯片内集成多个完整的计算引擎（内核），通过开发程序内的线程级或进程级并行性提高性能。多核处理机具有高并行性、高通信效率、高资源利用率、低功耗、低设计复杂度、低成本等优势，可以根据多个核心的物理特征把多核系统分为同构多核和异构多核，也可以在逻辑上把多核系统分为 SMP 结构和 AMP 结构。SMP 向上提供了一个完整的运行平台，上层应用程序不需要意识到多核的存在，而 AMP 必须由应用程序来对各个核心分配任务。多核系统必须解决核间通信、Cache 一致性等诸多问题。

表 9.1 比较了单处理机、超线程处理机、多核处理机和多处理机的相关特征。

表 9.1　各处理机的相关特征

项目	处理机核数	执行单元数量	处理机状态
单处理机	单个	单个	单套
超线程处理机	单个，多线程复用	单个，多线程复用	多套
多核处理机	多个，并行运行	多个，并行运行	多套
多处理机	多个，独立运行	多个，独立运行	多套

● 习　题

1. 解释下列术语

时间并行；空间并行；紧耦合系统；松耦合系统；同构多核；异构多核；

多处理机线程级并行；同时多线程；SMP；AMP；SIMD

2. 目前流行的高性能并行计算机系统结构通常可以分为哪几类？

3. 根据机群系统的使用目的可以将机群系统分为哪几类？它们分别有什么特点？

4. 以下关于超线程技术的描述，不正确的是（　　）。

A. 超线程技术可以把一个物理内核模拟成两个逻辑核心，降低处理部件的空闲时间

B. 相对而言，超线程处理机比多核处理机具有更低的成本

C. 超线程技术可以和多核技术同时应用

D. 超线程技术是一种指令级并行技术

5. 总线共享 Cache 结构的缺点是（　　）。

A. 结构简单　　　　　　　　　　　　B. 通信速度高

C. 可扩展性较差　　　　　　　　　　D. 数据传输并行度高

6. 以下表述不正确的是（　　）。

A. 超标量技术让多条流水线同时运行，其实质是以空间换取时间

B. 多核处理机中，要利用并发挥处理机的性能，必须保证各个核心上的负载均衡

C. 现代计算机系统的存储容量越来越大，足够软件使用，故称为存储墙

D. 异构多核处理机可以同时发挥不同类型处理机各自的优势来满足不同种类的应用性能和功耗需求

7. 设 F 为多处理机系统中 n 台处理机可以同时执行的程序代码的百分比，其余代码必须用单台处理机顺序执行，每台处理机的执行速率为 xMIPS（每秒百万条指令），并假设所有处理机的处理能力相同。试用参数 n、F、x 推导出系统专门执行该程序时的有效 MIPS 速率表达式。

8. 根据习题 7 的表达式，假设 n = 32，x = 8 MIPS，要求得到的系统性能为 64 MIPS，试求 F 值。

9. 假设使用 100 台多处理机系统获得加速比为 80，求原计算机程序中串行部分所占的比例是多少？

第10章

课程教学实验

本课程实验可采用 TEC-9 实验系统平台。TEC-9 适用于"计算机组成原理""计算机组成与结构"和"数字逻辑与数字系统"三门课程的实验教学，是一种多用仪器。学习该仪器的使用可提高学生的动手能力，加强学生对计算机整体和各组成部分的理解，以及培养学生对数字系统和计算机系统的综合设计能力。

10.1 TEC-9 实验系统介绍

10.1.1 TEC-9 的特点

（1）采用 8 位计算机模型。计算机模型分为数据通路、控制器、时序电路、控制台、数字逻辑实验区五部分，各部分之间采用可插拔的导线连接或进行开关直接选通。

（2）指令系统采用 4 位操作码，可容纳 16 条指令，已实现了加、减、逻辑与、存数、取数、条件转移、无条件转移、开中断、关中断、中断返回、停机 11 条指令，可在此基础上进行修改和扩充。

（3）采用双端口存储器作为主存，实现了数据总线和指令总线双总线体制，体现了当代 CPU 的设计思想。

（4）由 2 片 74181 实现运算器 ALU，4 个通用寄存器由 1 片 ispLSI1016 组成，设计新颖。

（5）控制器采用微程序控制器和硬连线控制器两种类型，体现了当代计算机控制器设计技术的完备性。

（6）控制存储器中的微指令代码可以通过实验台 PS2 键盘修改，省去插拔 EEPROM 芯片。

（7）控制台包含 8 个数据开关，用于置数功能；16 个逻辑电平开关，用于置信号电平；

控制台有复位和启动 2 个单脉冲发生器,以及一个单独的单脉冲,用于数字电路的实验和中断。控制台有 5 种操作:写存储器、读存储器、读寄存器、写寄存器、启动程序运行。

(8)微程序控制器中的微代码输出、微地址总线、程序地址总线、数据总线、存储器地址总线、进位及双端口存储器的读、写冲突位 BUSYL 和 BUSYR 等都有指示灯,便于查看指令的执行过程。

(9)实验台采用监控电路,使用 128×64 字符图形液晶屏,可以方便查看和修改寄存器、存储器和控制存储器中的内容。

(10)实验台采用了一键恢复功能,在微程序控制器代码被破坏时,通过一键恢复即可恢复到出厂状态。在恢复时需输入修改密码,以防止被恶意恢复。

10.1.2　TEC-9 的组成

TEC-9 实验系统由以下几部分组成:控制台、数据通路、控制器、时序电路、数字逻辑实验区、电源模块。下面分别对本课程实验需要用到的组成部分进行介绍。

1. 数据通路

图 10.1 所示为 TEC-9 实验系统,图 10.2 所示为数据通路总体图,下面介绍图中各个主要部件的作用。

图 10.1　TEC-9 实验系统

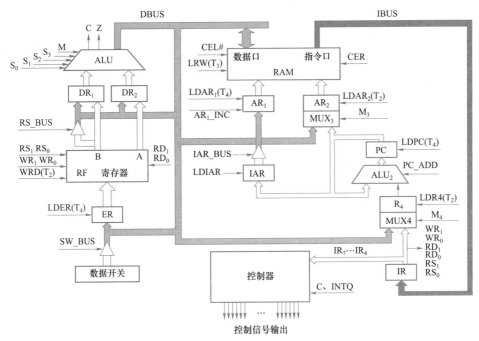

图 10.2 数据通路总体图

1）运算器 ALU

运算器 ALU 由两片 74LS181 组成，在选择端 M 和 $S_0 \sim S_3$ 的控制下，ALU 对数据 A、B 进行各种算术、逻辑运算。有关 74181 运算的具体操作请看第二章。

2）寄存器 DR_1 和 DR_2

DR_1 和 DR_2 是数据缓冲寄存器，各由 2 片 74LS298 构成，用来给 ALU 提供操作数。DR_1、DR_2 分别与 ALU 的 B 口、A 口相连，提供操作数 B 和操作数 A。

3）双端口通用寄存器堆 RF

双端口通用寄存器堆 RF 由一片 ispLSI1016 构成，其中包含 4 个 8 位寄存器（R_0、R_1、R_2、R_3）；有三个控制端口，其中，两个控制读操作，一个控制写操作。

4）暂存寄存器 ER

暂存寄存器 ER 是一片 74LS374，主要用于暂时保存运算器的结果。当 LDER＝1 时，在 T_4 的上升沿，将数据总线 DBUS 上的数据打入暂存寄存器 ER。ER 的输出送往双端口通用寄存器堆 RF，作为写入数据使用。

5）开关寄存器 SW_BUS（三态门）

开关寄存器 SW_BUS 是一片 74LS244，当 SW_BUS＝1 时，允许控制台数据开关 $SW_7 \sim SW_0$ 的数据送往总线 DBUS。

6）双端口存储器 RAM

双端口存储器 RAM 由一片 IDT7132 及少量控制电路构成。IDT7132 是 2048 字节的双端口静态随机存储器，本实验系统实际使用 256 字节（只连接地址引脚 $A_7 \sim A_0$）。IDT7132 的两个端口可以同时进行读、写操作，在本实验系统中，RAM 左端口连接数据总线 DBUS，可进行读、写操作；右端口连接指令总线 IBUS，输出到指令寄存器 IR，作为只读端口使用。左端口读出的数据放在数据总线 DBUS 上，由数据总线指示灯 $DBUS_7 \sim DBUS_0$ 显示；右端口读出的指令放在指令总线 IBUS 上，打入寄存器 IR 后由指令寄存器指示灯 $IR_7 \sim IR_0$ 显示。

7）地址寄存器 AR_1 和 AR_2

地址寄存器 AR_1 和 AR_2 提供双端口存储器的地址。AR_1 是 1 片 GAL22V10，从数据总线 DBUS 接收数据，提供双端口存储器左端口地址。AR_1 的控制信号是 $LDAR_1$ 和 AR_1_INC。当 AR_1_INC = 1 时，在 T_4 的上升沿，AR_1 的值加 1；当 $LDAR_1$ = 1 时，在 T_4 的上升沿，将数据总线 DBUS 的数据打入地址寄存器 AR_1。

AR_2 由 2 片 74LS298 组成，有两个数据输入端，一个来自程序计数器 PC，另一个来自数据总线 DBUS。AR_2 的控制信号是 $LDAR_2$ 和 M_3。M_3 用于选择数据来源，当 M_3 = 1 时，选中数据总线 DBUS；当 M_3 = 0 时，选中程序计数器 PC。$LDAR_2$ 控制何时接收地址，当 $LDAR_2$ = 1 时，在 T_2 的下降沿将选中的数据源上数据打入 AR_2。

8）程序计数器 PC、地址加法器 ALU_2、地址缓存器 R_4

程序计数器 PC、地址加法器 ALU_2、地址缓存器 R_4 联合完成三种操作，即 PC 加载、PC + 1、PC + D，用来控制程序执行顺序。

R_4 是由 2 片 74LS298 构成的具有存储功能的两路选择器，当 M_4 = 1 时，选中数据总线 DBUS；当 M_4 = 0 时，从指令寄存器 IR 的低 4 位 $IR_3 \sim IR_0$ 接收数据。当 LDR_4 = 1 时，在 T_2 的下降沿将选中的数据打入 R_4。

ALU_2 由一片 GAL22V10 构成，当 PC_ADD = 1 时，完成 PC 和 R_4 相加，即 PC + D；当 PC_ADD = 0 时，ALU_2 输出 R_4。

程序计数器 PC 也由一片 GAL22V10 构成，当 PC_INC = 1 时，完成 PC + 1，实现顺序执行指令；当 LDPC = 1 时，ALU_2 的输出在 T_4 的上升沿被打入 PC 寄存器。

9）指令寄存器 IR

指令寄存器 IR 是一片 74LS374。当 LDIR = 1 时，在 T_4 的上升沿，它从双端口存储器的右端口接收指令，指令的操作码部分 $IR_7 \sim IR_4$ 送往控制器译码，产生数据通路的控制信号；指令的操作数部分送往寄存器堆 RF，选择参与运算的寄存器。IR_1、IR_0 与 RD_1、RD_0 连接，选择目标操作数寄存器；IR_3、IR_2 与 RS_1、RS_0 连接，选择源操作数寄存器。IR_1、IR_0 也与 WR_1、WR_0 连接，以便将运算结果送往目标操作数寄存器。

2. 指令系统

本实验系统采用 8 位模型，指令字长也是 8 位，即单字长指令。已预先设计了 11 条基本的机器指令，指令功能及格式见表 10.1。

在表 10.1 中，ADD、SUB、AND 是运算类指令，属于 RR 型二地址指令，两个操作数均来自寄存器堆。STA、LDA 是访存指令，属于 RS 型，要访问的存储单元地址由指定寄存器给出。JMP 和 JC 是转移指令，JMP 是无条件跳转，直接由寄存器给出下条指令的位置；JC 是条件跳转，指令 JC D 中的 D 是一个 4 位的正数，用 $D_3 \sim D_0$ 表示，其功能是当 C = 1（即运算类指令有进位）时，将位移量 D 送 R_4 并经 ALU_2 与 PC 相加，实现跳转。其他指令属于控制类指令。XX 表示选用 0 或 1 编码不影响指令功能。

表 10.1 机器指令系统

名称	助记符	功能	指令格式					
			IR_7	IR_6	$IR_5 \ IR_4$		$IR_3 \ IR_2$	$IR_1 \ IR_0$
加法	ADD RD，RS	RD+RS→RD	0	0	0	0	$RS_1 \ RS_0$	$RD_1 \ RD_0$
减法	SUB RD，RS	RD−RS→RD	0	0	0	1	$RS_1 \ RS_0$	$RD_1 \ RD_0$
逻辑与	AND RD，RS	RD & RS→RD	0	0	1	1	$RS_1 \ RS_0$	$RD_1 \ RD_0$
存数	STA RD，[RS]	RD→[RS]	0	1	0	0	$RS_1 \ RS_0$	$RD_1 \ RD_0$
取数	LDA RD，[RS]	[RS]→RD	0	1	0	1	$RS_1 \ RS_0$	$RD_1 \ RD_0$
无条件转移	JMP [RS]	[RS]→PC	1	0	0	0	$RS_1 \ RS_0$	X X
条件转移	JC D	若 C=1，则 PC+D→PC	1	0	0	1	D_3 D_2	D_1 D_0
停机	STP	暂停执行	0	1	1	0	X X	X X
中断返回	IRET	返回断点	1	0	1	0	X X	X X
开中断	INTS	允许中断	1	0	1	1	X X	X X
关中断	INTC	禁止中断	1	1	0	0	X X	X X

3. 微程序控制器

控制器用来产生数据通路操作所需的控制信号。TEC−9 提供了一个微程序控制器，以便能进行计算机组成与结构基本实验。在进行课程实习时，学生可设计自己的控制器。图 10.3 所示为控制器框图。

1）控制存储器

控制存储器由 5 片 HN58C65/28C64 构成。HN58C65/28C64 是 E^2PROM，存储容量为 8 K 字节，本实验系统只使用了 128 字节。微指令格式采用水平型，微指令字长 38 位，其中顺序控制部分 10 位，包括判别字段 4 位、后继微地址 6 位；操作控制字段 28 位，各位进行直接控制；信号名为高有效信号，只有 CN#为低有效信号

判断标志位 P_3 和控制台开关 SWB、SWA 结合在一起确定微程序的分支，完成不同的控制台操作。判断标志位 P_2 与指令操作码（IR 的高 4 位 IR7～IR4）结合确定微程序的分支，转向各种指令的不同微程序流程。判断标志位 P_1 标志一条指令的结束，与中断请求信号 INTQ 结合，实现对程序的中断处理。判断标志位 P_0 与进位标志 C 结合确定微程序的分支，实现条件转移指令。

操作控制字段 28 位，全部采用直接表示法，控制数据通路的操作。在设计过程中，根据微程序流程图对控制信号进行了适当的综合与归并，把某些在微程序流程图中作用相同或者类似的信号归并为一个信号。下面列出微程序提供的控制信号，见表 10.2。

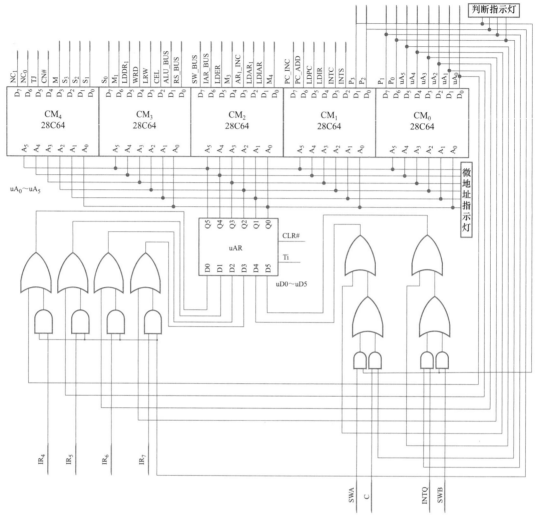

图 10.3　控制器框图

表 10.2　控制信号表

控制信号	解释说明
S_3，S_2，S_1，S_0	选择运算器的运算类型
M	选择运算器的运算模式：M＝0，算术运算；M＝1，逻辑运算
Cn#	运算器最低位的＋1信号，为0时运算器最低位有进位
LRW	当 LRW＝1 且 CEL＝1 时，对双端口存储器左端口进行读操作； 当 LRW＝0 且 CEL＝1 时，对左端口进行写操作
CEL	双端口存储器左端口使能信号，为1时允许对左端口进行读、写操作
M_1（M_2）	当 M_1（M_2）＝1时，操作数寄存器 DR_1（DR_2）从数据总线 DBUS 接收数据； 当 M_1（M_2）＝0时，操作数寄存器 DR_1（DR_2）从寄存器堆 RF 接收数据
ALU_BUS	ALU 输出三态门使能信号，为1时将 ALU 运算结果送 DBUS
RS_BUS	通用寄存器右端口三态门使能信号，为1时将 RF 的 B 端口数据送 DBUS

控制信号	解释说明
SW_BUS	控制台输出三态门使能信号，为 1 时将控制台开关 $SW_7 \sim SW_0$ 数据送 DBUS
WRD	双端口寄存器堆写入信号，为 1 时将数据总线上的数据在 T_2 的上升沿写入由 WR_1、WR_0 指定的寄存器
$LDDR_2$	对操作数寄存器 DR_2 进行加载的控制信号，为 1 时在 T_3 的下降沿将由 RS_1、RS_0 指定的寄存器中的数据打入 DR_2
$LDDR_1$	对操作数寄存器 DR_1 进行加载的控制信号，为 1 时在 T_3 的下降沿将由 RD_1、RD_0 指定的寄存器中的数据打入 DR_1
$LDAR_1$（$LDAR_2$）	对地址寄存器 AR_1 进行加载的控制信号。此信号也可用于作为允许对地址寄存器 AR_2 加载
AR_1_INC	对 AR_1 进行加 1 操作的电位控制信号
LDPC（LDR_4）	为 1 时，对程序计数器 PC 进行加载。此信号也用于作为 R_4 的加载允许信号 LDR_4
PC_INC	为 1 时，对 PC 进行加 1 操作的电位控制信号
PC_ADD	为 1 时，完成 PC 和 R_4 相加的电位控制信号，即 PC+D
LDIR（CER）	为 1 时，对指令寄存器进行加载的控制信号。也可用于 RAM 右端口选择信号
INTS	置中断允计标志 INTE 为 1
INTC	清除中断允许标志 INTE
M_4	当 $M_4 = 1$ 时，R_4 从数据总线 DBUS 接收数据； 当 $M_4 = 0$ 时，R_4 从指令寄存器 IR 接收数据
M_3	当 $M_3 = 1$ 时，AR_2 从数据总线 DBUS 接收数据； 当 $M_3 = 0$ 时，AR_2 从程序计数器 PC 接收数据
LDER	为 1 时，允许对暂存寄存器 ER 加载，在 T_4 的上升沿保存 C、Z 标志位
LDIAR	为 1 时，对中断寄存器 IAR 加载
TJ	停机指令，暂停微程序运行

2）微地址寄存器 uAR

微地址寄存器 uAR 是 1 片 74LS273，对控制存储器提供微程序地址。当 CLR#=0 时，将异步清零，使微程序从 000000B 开始执行。在每一个 T_1 的上升沿，新的微指令地址打入微地址寄存器中。微地址由指示灯 $uA_5 \sim uA_0$ 显示。控制台信号 SWC 直接连接 74LS273，作为 uD_6，用于实验读寄存器操作。

3）微程序地址译码电路

微程序地址译码电路产生后继微程序地址，它由 2 片 74LS32 和 2 片 74LS08 构成。微程序地址译码电路数据来源是：控制存储器产生的后继微程序地址 $uA_5 \sim uA_0$，控制存储器产生的标志位 $P_3 \sim P_0$，指令操作码 $IR_7 \sim IR_4$，进位标志位 C，中断请求标志 INTQ，控制台方式标志位 SWB、SWA。

TEC-9 地址转移逻辑：判断标志位 P_2 与指令操作码（IR 的高 4 位 $IR_7 \sim IR_4$）结合确定微程序的分支，转向各种指令的不同微程序流程。

$$uA_3 = P_2 \cdot IR_7 + uA_3$$
$$uA_2 = P_2 \cdot IR_6 + uA_2$$
$$uA_1 = P_2 \cdot IR_5 + uA_1$$
$$uA_0 = P_2 \cdot IR_4 + uA_0$$

即用指令操作码的高 4 位 $IR_7 \sim IR_4$ 的值直接修改微地址的低 4 位。

4）控存 E^2PROM 的改写

TEC-9 中的 5 片 E^2PROM（$CM_4 \sim CM_0$）是控存，里面装有微程序的微代码。由于它是电可擦除和编程的 E^2PROM，因此可以不用将 $CM_4 \sim CM_0$ 从插座上取出就能实现对其进行编程的目的。

3. 控制台

控制台由若干拨动开关和指示灯组成，用于设置控制台指令、人工控制数据通路、设置数据代码信号和显示相关数据组成等。

1）数据开关 $SW_7 \sim SW_0$

八位数据开关，通过 74LS244 接到数据通路部分的数据总线 DBUS 上，用于向数据通路中的寄存器和存储器置数。当开关拨到上面位置时输出 1，开关拨到下面位置时输出 0。当 SW_BUS = 1 时，$SW_7 \sim SW_0$ 的数据送往数据总线 DBUS。SW_7 对应 DBUS 最高位，SW_0 对应 DBUS 最低位。

2）电平开关 $K_{15} \sim K_0$

实验中用于模拟数据通路部分所需的电平控制信号。拨动开关，拨到上面位置输出 1，拨到下面位置输出 0。例如，将 K_1 与 $LDDR_1$ 相连，则 K_1 拨到上面位置时，表示 $LDDR_1$ 为 1。

3）微动开关 CLR#、QD

按一次 CLR# 开关，产生一个负的单脉冲 CLR#和正的单脉冲 CLR。CLR#对全机进行复位。CLR#到时序和控制器的连接已经在印制板上实现，控制存储器和数据通路部分不使用 CLR#。按一次 QD 按钮，即产生一个正的启动脉冲 QD 和负的单脉冲 QD#。QD 可使机器运行。

4）工作方式选择开关

（1）工作模式设置开关见表 10.3。

表 10.3 工作模式设置开关

SWC SWB SWA	功能
0 0 0	启动程序：程序从指定的地址开始运行
0 0 1	读双端口存储器
0 1 0	写双端口存储器
0 1 1	写寄存器堆
1 0 0	读寄存器堆

启动程序（PR）：按下复位按钮 CLR#后，微地址寄存器清零。此时，SWC = 0、SWB = 0、SWA = 0，用数据开关 $SW_7 \sim SW_0$ 设置 RAM 中的程序首地址，按 QD 按钮后，启动程序执行。

写存储器（WRM）：按下复位按钮 CLR#，置 SWC = 0、SWB = 1、SWA = 0。① 在 $SW_7 \sim$

SW$_0$ 中置好存储器地址，按 QD 按钮将此地址打入 AR1。② 在 SW$_7$～SW$_0$ 中置好数据，按 QD，将数据写入 AR1 指定的存储器单元，此时 AR 加 1。③ 返回②。依次进行下去，直到按复位键 CLR#为止。这样就实现了对 RAM 的连续手动写入。这个控制台操作的主要作用是向 RAM 中写入自己编写的程序和数据。

读存储器（RRM）：按下复位按钮 CLR#，置 SWC=0、SWB=0、SWA=1。① 在 SW$_7$～SW$_0$ 中置好存储器地址，按 QD 按钮将此地址打入 AR$_1$，RAM 地址单元的内容读至 DBUS 显示。② 按 QD 按钮，此时 AR$_1$ 加 1，RAM 新地址单元的内容读至 DBUS 显示。③ 返回②，依次进行下去，直到按复位键 CLR#为止。这样就实现了对 RAM 的连续读出显示。这个控制台操作的主要作用是检查写入 RAM 的程序和数据是否正确，并在程序执行后检查程序执行的结果（在存储器中的部分）是否正确。

寄存器写操作（WRF）：按下复位按钮 CLR#，置 SWC=0、SWB=1、SWA=1。① 首先在 SW$_7$～SW$_0$ 置好存储器地址，按 QD 按钮，则将此地址打入 AR$_1$ 寄存器和 AR$_2$ 寄存器。② 在 SW$_1$、SW$_0$ 置好寄存器选择信号 WR$_1$、WR$_0$，按 QD 按钮，通过双端口存储器的右端口将 WR$_1$、WR$_0$（即 SW$_1$、SW$_0$）送到指令寄存器 IR 的低 2 位。③ 在 SW$_7$～SW$_0$ 中置好要写入寄存器的数据，按 QD 按钮，将数据写入由 WR$_1$、WR$_0$ 指定的寄存器。④ 返回②继续执行，直到按复位按钮 CLR#。这个控制台操作主要在程序运行前，向相关的通用寄存器中置入初始数据。

说明：第①、②操作是为了实现写一条写寄存器号指令，先在存储器写好地址，再将要写的有效寄存器号写入存储器，并从指令端口读出到指令总线

寄存器读操作（RRF）：按下复位按钮 CLR#，置 SWC=1、SWB=0、SWA=0。① 首先在 SW$_7$～SW$_0$ 中置好存储器地址，按 QD 按钮，则将此地址打入 AR$_1$ 寄存器和 AR$_2$ 寄存器。② 在 SW$_3$、SW$_2$ 中置好寄存器选择信号 RS$_1$、RS$_0$，按 QD 按钮，通过双端口存储器的右端口将 RS$_1$、RS$_0$（即 SW$_3$、SW$_2$）送到指令寄存器 IR 的第 3、2 位。RS$_1$、RS$_0$ 选中的寄存器的数据读出到 DBUS 上显示出来。③ 返回②继续执行，直到按复位键 CLR#为止。这个控制台操作的主要作用是在程序执行前检查写入寄存器堆中的数据是否正确，在程序执行后检查程序执行的结果（在寄存器堆中的部分）是否正确。

（2）控制器选择开关，见表 10.4。

微程序：选择控制器为微过程控制器，将自动一一对应连接好微程序信号与数据通路信号。

脱机：微过程控制器、数据通路、硬布线控制器三部分信号完全独立。

硬布线：选择控制器为硬布线控制器，将自动一一对应连接好硬布线控制器与数据通路间的信号。

DP、DZ、DB 三个开关只能有一个为高电平有效。

表 10.4　控制器选择开关

DP	DZ	DB	功能
0	0	0	连续运行
0	0	1	单步工作方式，硬布线
0	1	0	单指：运行一条指令
1	0	0	单拍

DP（单拍）、DB（单步）是两种特殊的非连续工作方式。当 DP=1 时，计算机处于单拍工作方式，按一次 QD 按钮，只发送一组时序信号 $T_1 \sim T_4$，执行一条微指令。

DB 方式只对硬连线控制器适用，当 DB=1 时，按一次 QD 按钮，发送一组 $W_1 \sim W_3$，执行一条机器指令。当 DP=0，DB=0，且 DZ=0 时，TEC-9 处于连续工作方式，按 QD 按钮，连续执行双端口 RAM 中存储的程序。

10.1.3 TEC-9 监控使用说明

1. 介绍

为了方便用户使用，实验台设有 LCD128×64 字符图形液晶显示部分，用户可以通过 PS2 键盘，非常方便地查看和修改微程序控制器内容、寄存器堆和双端口存储器的内容。在实验时，可以实时显示寄存器堆中 4 个寄存器和当前 PC 地址及其后两个地址与该地址中的内容。

查看与修改微程序控存和双端口存储器内容时，可以通过 PS2 键盘中的方向键盘（上、下、左、右）和翻页键（Page up、Page Down）进行查看或移动光标。在修改微程序控存和存储器时，只能输入有效的十六进制数字符。输入字符只能在 PS2 键盘主输入区输入，系统不能识别 PS2 辅助键盘。

2. 使用说明

（1）打开实验台电源，监控系统显示如图 10.4 所示。

注意：接入 PS2 键盘时，必须在关电的情况下插入，不能带电拔插 PS2 键盘。密码输入有效字符为 0～9 和 a～z 字母，按回车键结束密码输入。

（2）按 "F10" 键，进入主菜单状态，如图 10.5 所示，进入主菜单后，实验台上控制台信号断开，如果需进行实验操作，则须按 "ESC" 键退出主菜单状态。

图 10.4　监控系统显示

图 10.5　主菜单状态

① F2 写存储器：按 "F2" 键进入写双端口存储器，如图 10.6 所示。

在图 10.6 中，左边显示为存储器地址，右边为该地址内容。通过方向键移动光标，则不修改该内容；如果输入有效的十六进制字符，则自动修改该位置处内容。

② F3 读存储器：按 "F3" 键进入读双端口存储器，如图 10.7 所示。

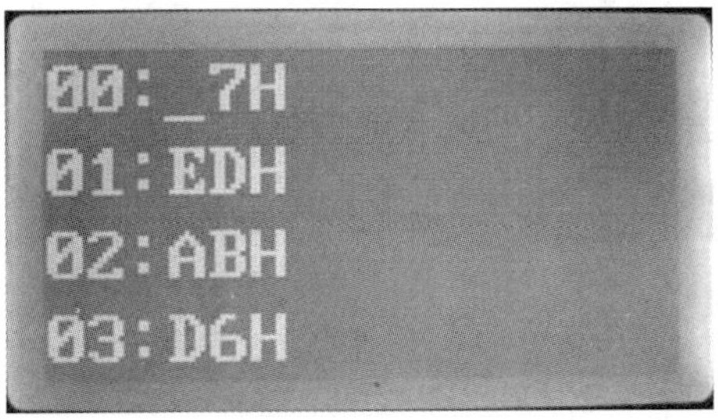

图 10.6　写双端口存储器 　　　　　图 10.7　读双端口存储器

可以通过上下方向键和翻页键查看其他存储器地址的内容。

③ F4 写微程序：按 "F4" 键进入微程序控制器内容。为防止学生误操作，在进入该功能时需输入修改密码，密码正确后进入修改状态。如图 10.8 所示。

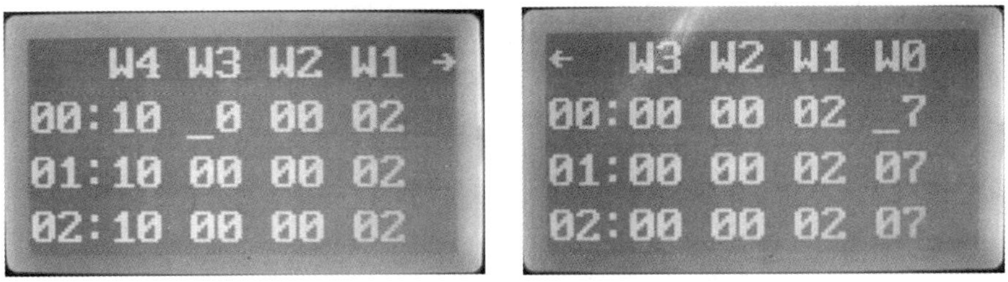

图 10.8　微程序控制器内容

在图 10.8 中，左边显示为控制存储器地址，右边为该地址内容。LCD 一屏只能显示 4 个控存内容，当光标移动到一行的最后一列或第一列时，继续移动光标将自动切换显示控存内容。

④ F5 读微程序：按 "F5" 键进入读微程序控制器内容，只能读，不能改写。

⑤ F6 写寄存器：按 "F6" 键进入写寄存器，如图 10.9 所示。

在图 10.9 中，左边显示寄存器号，右边显示对应的寄存器中的内容。通过方向键移动光标，则不修改该内容；如果输入有效的十六进制字符，则自动修改该位置处内容。

⑥ F7 恢复到出厂：按 "F7" 键进入恢复到出厂状态，如图 10.10 所示。

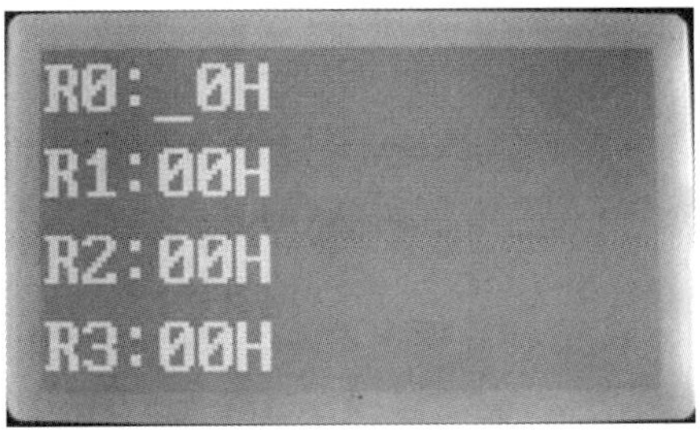

图 10.9　写寄存器　　　　　图 10.10　恢复到出厂状态

输入 "N"，退出回到主菜单；选择 "Y"，提示输入密码。输入密码错误，将提示 "密码错误，按 "ESC" 键返回到主菜单，输入密码正确将恢复内容。恢复成功后界面如图 10.11 所示。

⑦ F8 修改密码：按 "F8" 键进入修改密码界面，该密码为恢复微程序控制器内容和修改微程序控制器内容时使用，如图 10.12 所示，出厂密码为 666666。

图 10.11　恢复成功界面　　　　　　　　　图 10.12　输入原密码

如果密码错误，将提示"密码错误"；如果密码正确，则提示输入新密码，如图 10.13 所示。

图 10.13　输入新密码

修改密码后请记住密码。

10.2　寄存器与运算器实验

10.2.1　寄存器读写实验

一、实验目的

（1）熟悉寄存器堆的工作方式。

（2）掌握寄存器的读写方法。

二、实验原理

（1）如图 10.14 所示，寄存器采用可编程 CPLD-ISP1016。寄存器堆中包含 4 个寄存器（R_0、R_1、R_2、R_3），RD_0、RD_1 选择从 A 端口读出的寄存器，RS_1、RS_0 选择从 B 端口读出的寄存器，WR_1、WR_0 选择被写入的寄存器。WRD 控制写操作。当 WRD＝0 时，禁止写操作；当 WRD＝1 时，在 T_2 的上升沿将来自 ER 寄存器的数据写入 WR_1、WR_0 选择的寄存器。

（2）寄存器堆 A 端口的数据直接送往操作数寄存器 DR_2，B 端口的数据直接送往操作数寄存器 DR_1，并通过一片缓冲器 LS244 送往数据总线 DBUS。当 RS_BUS＝1 时，允许 B 端口的数据送往数据总线 DBUS 上；当 RS_BUS＝0 时，禁止送往数据总线。

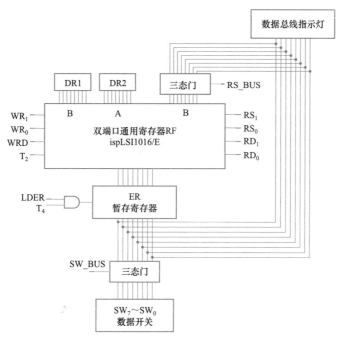

图 10.14 寄存器实验电路

（3）实验所用信号。

① LDER：为 1 时，暂存寄存器 ER 加载。

② WRD：为 1 时，允许对寄存器堆 RF 进行写操作。

③ WR_1、WR_0：选择写入寄存器堆的寄存器号。

④ RS_1、RS_0：选择从 B 口读出的寄存器。

⑤ RD_1、RD_0：选择从 A 口读出的寄存器。

⑥ RS_BUS：为 1 时，将从 B 口读出的寄存器数据送数据总线。

三、实验任务

（1）向寄存器堆中的四个寄存器分别写入数据，使（R_0）= 55H、（R_1）= AAH、（R_2）= 0FH、（R_3）= F0H。

（2）从寄存器堆中分别读出 R_0、R_1、R_2、R_3，验证写入数据的正确性。

四、实验步骤和实验结果

1. 接线

按表 10.5 所示，正确连接寄存器堆与实验台上的电平开关 $K_0 \sim K_8$。

表 10.5 信号引脚与电平开关接线表

信号	IAR_BUS	ALU_BUS	LRW	CEL	LDER
电平开关	GND	GND	GND	GND	VCC

信号	RD$_1$	RD$_0$	RS$_1$	RS$_0$	WR$_1$	WR$_0$	WRD	RS_BUS	SW_BUS
开关	K$_8$	K$_7$	K$_6$	K$_5$	K$_4$	K$_3$	K$_2$	K$_1$	K$_0$

置 ALU_BUS=0，关闭 ALU 向数据总线 DBUS 的输出；置 SW_BUS=1，开启数据开关 SW$_0$～SW$_7$ 向数据总线 DBUS 的输出。注意，对于数据总线 DBUS（或者其他任何总线），在任一时刻，只能有一个数据源向它输出。观察数据指示灯状态是否与数据开关状态一致。

2. 实验步骤

置 DB=0、DZ=0、DP=1，即以单拍方式工作，工作模式开关拨到"脱机"位置。按复位按钮 CLR#，使实验系统处于初始状态。

写寄存器堆，使 R$_0$=55H、R$_1$=AAH、R$_2$=0FH、R$_3$=F0H。

（1）写寄存器 R$_0$=55H。

设置 SW$_7$～SW$_0$ 为 01010101（55H），按表 10.6 设置电平开关 K$_8$～K$_0$ 的值。

表 10.6　写 R$_0$ 信号对应电平开关置值

信号	SW$_7$～SW$_0$	RD$_1$	RD$_0$	RS$_1$	RS$_0$	WR$_1$	WR$_0$	WRD	RS_BUS	SW_BUS
开关	55H	0	0	0	0	0	0	1	0	1

按一次 QD 按钮，将 55H 写入 ER 寄存器；再按一次 QD 按钮，将 ER 寄存器（55H）写入 R0。

（2）写寄存器 R$_1$=AAH。

设置 SW$_7$～SW$_0$ 为 10101010（AAH），按表 10.7 设置电平开关 K$_8$～K$_0$ 的值。

表 10.7　写 R$_1$ 信号对应电平开关置值

信号	SW$_7$～SW$_0$	RD$_1$	RD$_0$	RS$_1$	RS$_0$	WR$_1$	WR$_0$	WRD	RS_BUS	SW_BUS
开关	AAH	0	0	0	0	0	1	1	0	1

按一次 QD 按钮，将 AAH 写入 ER 寄存器；再按一次 QD 按钮，将 ER 寄存器（AAH）写入 R$_1$。

（3）写寄存器 R$_2$=0FH，按表 10.8 设置电平开关 K$_8$～K$_0$ 的值。

表 10.8　写 R$_2$ 信号对应电平开关置值

信号	SW$_7$～SW$_0$	RD$_1$	RD$_0$	RS$_1$	RS$_0$	WR$_1$	WR$_0$	WRD	RS_BUS	SW_BUS
开关	0FH	0	0	0	0	1	0	1	0	1

连续按 2 次 QD 按钮，将 0FH 写入 R$_2$。

（4）写寄存器 R$_3$=F0H，按表 10.9 设置电平开关 K$_8$～K$_0$ 的值。

表 10.9　写 R$_3$ 信号对应电平开关置值

信号	SW$_7$～SW$_0$	RD$_1$	RD$_0$	RS$_1$	RS$_0$	WR$_1$	WR$_0$	WRD	RS_BUS	SW_BUS
开关	F0H	0	0	0	0	1	1	1	0	1

按 2 次 QD 按钮，将 F0H 写入 R_3。

3. 实验结果

（1）读寄存器 R_0，按表 10.10 设置电平开关 $K_8 \sim K_0$ 的值。

表 10.10　读 R_0 信号对应电平开关置值

信号	DBUS	RD_1	RD_0	RS_1	RS_0	WR_1	WR_0	WRD	RS_BUS	SW_BUS
开关	55H	0	0	0	0	0	0	0	1	0

WRD＝0 控制读寄存器，RS_BUS＝1，从 B 口读出 R_0 中数据到数据总线，数据总线指示灯显示为 55H。

（2）读寄存器 R_1，按表 10.11 设置电平开关 $K_8 \sim K_0$ 的值。

表 10.11　读 R_1 信号对应电平开关置值

信号	DBUS	RD_1	RD_0	RS_1	RS_0	WR_1	WR_0	WRD	RS_BUS	SW_BUS
开关	AAH	0	0	0	1	0	0	0	1	0

读出 R_1 中数据到数据总线。

（3）读寄存器 R_2，按表 10.12 设置电平开关 $K_8 \sim K_0$ 的值。

表 10.12　读 R_2 信号对应电平开关置值

信号	DBUS	RD_1	RD_0	RS_1	RS_0	WR_1	WR_0	WRD	RS_BUS	SW_BUS
开关	0FH	0	0	1	0	0	0	0	1	0

读出 R_2 中数据到数据总线。

（4）读寄存器 R_3，按表 10.13 设置电平开关 $K_8 \sim K_0$ 的值。

表 10.13　读 R_3 信号对应电平开关置值

信号	DBUS	RD_1	RD_0	RS_1	RS_0	WR_1	WR_0	WRD	RS_BUS	SW_BUS
开关	F0H	0	0	1	1	0	0	0	1	0

读出 R_3 中数据到数据总线，数据总线指示灯为 F0H。

五、思考题

（1）为什么要将 IAR_BUS、ALU_BUS 接 GND？

（2）LDER 如果不接 VCC 可以吗？怎样操作？

（3）R_0、R_1 的数据能否同时读入 DR_1、DR_2 中？怎样操作？

10.2.2 运算器组成实验

一、实验目的

（1）掌握算术逻辑运算加、减、与等的工作原理。

（2）熟悉简单运算器的数据传送通路。

（3）验证实验台运算器的 8 位加、减、与、直通功能。

（4）按给定数据，完成几种指定的算术和逻辑运算。

二、实验原理

图 10.15 所示为本实验所用的运算器数据通路图。ALU 由 2 片 74LS181 构成。四片 4 位的二选一输入寄存器 74HC298 构成两个操作数寄存器 DR_1 和 DR_2，保存参与运算的数据。DR_1 接 ALU 的 B 数据输入端口，DR_2 接 ALU 的 A 数据输入端口，ALU 的输出通过三态门发送到数据总线 $DBUS_7 \sim DBUS_0$ 上，进位信号 C、Z 在 LDER=1 时，在 T_4 上升沿保存在寄存器中（在脱机实验时，如果需查看标志位，须使 LDER=1，按一次 QD 输出一组节拍，使用 C、Z 保存在寄存器中，输出 C、Z 信号），两个指示灯 C、Z 显示运算器进位信号状态。

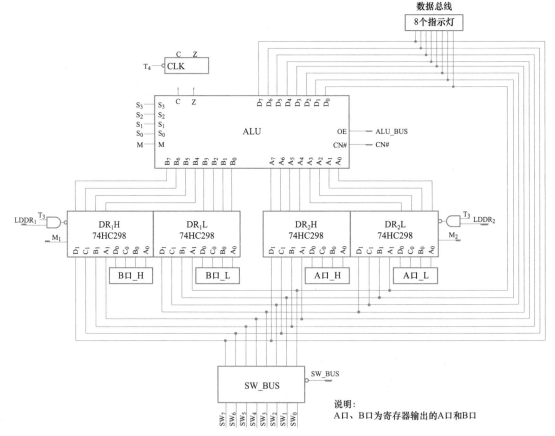

图 10.15 运算器数据通路图

为了在实验中每次只产生一组 T_1、T_2、T_3、T_4 脉冲，需将实验台上的选择开关设置为单拍，每按一次 QD 按钮，则顺序产生 T_1、T_2、T_3、T_4 各一个单脉冲。本实验中采用单脉冲输出。

实验所需信号介绍：

（1）M_1/M_2：运算器操作数寄存器 DR_1/DR_2 选择数据来源。为 0 时，操作数寄存器从寄存器堆 RF 接收数据（DR_2 从 A 口接收，DR_1 从 B 口接收数据）；为 1 时，选择从数据总线 DBUS 接收数据。

（2）$LDDR_1/LDDR_2$：为 1 时，允许对操作数寄存器 DR_1/DR_2 加载。

（3）M：运算器选择逻辑运算还是算术运算。

（4）$S_3 \sim S_0$：运算器功能选择。

（5）ALU_BUS：为 1 时，允许运算器运算结果送往数据总线 DBUS。

当 $M_1=0$ 且 $LDDR_1=1$ 时，在 T_3 的下降沿，DR_1 接收来自寄存器堆 B 端口的数据；当 $M_1=1$ 且 $LDDR_1=1$ 时，在 T_3 的下降沿，DR_1 接收来自数据总线 DBUS 的数据。当 $M_2=0$ 且 $LDDR_2=1$ 时，在 T_3 的下降沿，DR_2 接收来自寄存器堆 A 端口的数据；当 $M_2=1$ 且 $LDDR_2=1$ 时，在 T_3 的下降沿，DR_2 接收来自数据总线 DBUS 的数据。

运算器控制信号作用见表 10.14。

表 10.14　运算器运算类型选择表（*表示移每一位到下一个更高有效位）

选择				高电平作用数据		
				M＝H 逻辑功能	**M＝L 算术运算**	
					CN＝H 无进位	**CN＝L** 有进位
S_3	S_2	S_1	S_0			
0	0	0	0	F＝/A	F＝A	F＝A 加 1
0	0	0	1	F＝/(A＋B)	F＝A＋B	F＝(A＋B)加 1
0	0	1	0	F＝(/A)B	F＝A＋/B	F＝(A＋(/B))加 1
0	0	1	1	F＝0	F＝减 1	F＝0
0	1	0	0	F＝/(AB)	F＝A 加 A(/B)	F＝A 加(A/B)加 1
0	1	0	1	F＝/B	F＝(A＋B)加(A(/B))	F＝(A＋B)加(A(/B))加 1
0	1	1	0	F＝A⊕B	F＝A 减 B 减 1	F＝A 减 B
0	1	1	1	F＝A(/B)	F＝A(/B)减 1	F＝A(/B)
1	0	0	0	F＝/A＋B	F＝A 加 AB	F＝A 加(AB)加 1
1	0	0	1	F＝/(A⊕B)	F＝A 加 B	F＝A 加 B 加 1
1	0	1	0	F＝B	F＝(A＋(/B))加 AB	F＝(A＋/B)加(AB)加 1
1	0	1	1	F＝AB	F＝AB 减 1	F＝AB
1	1	0	0	F＝1	F＝A 加 A*	F＝A 加 A 加 1
1	1	0	1	F＝A＋/B	F＝(A＋B)加 A	F＝(A＋B)加 A 加 1
1	1	1	0	F＝A＋B	F＝(A＋(/B))加 A	F＝(A＋(/B))加 A 加 1
1	1	1	1	F＝A	F＝A 减 1	F＝A

三、实验任务

验证运算器的算术运算和逻辑运算功能。

（1）令 $DR_1=01100011B$，$DR_2=10110100B$，正确选择 S_3、S_2、S_1、S_0，依次进行加、减、与、直通运算实验，记下实验结果（数据和进位），并对结果进行分析。

（2）令 $DR_1=10110100B$，$DR_2=01100011B$，正确选择 S_3、S_2、S_1、S_0，依次进行加、减、与、直通运算实验，记下实验结果（数据和进位），并对结果进行分析。

（3）令 $DR_1=01100011B$，$DR_2=01100011B$，正确选择 S_3、S_2、S_1、S_0，依次进行加、减、与、直通运算实验，记下实验结果（数据和进位），并对结果进行分析。

（4）令 $DR_1=01001100B$，$DR_2=10110011B$，正确选择 S_3、S_2、S_1、S_0，依次进行加、减、与、直通运算实验，记下实验结果（数据和进位），并对结果进行分析。

（5）令 $DR_1=11111111B$，$DR_2=11111111B$，正确选择 S_3、S_2、S_1、S_0，依次进行加、减、与、直通运算实验，记下实验结果（数据和进位），并对结果进行分析。

四、实验步骤和实验结果

请同学们参考前面的实验自行设计接线与实验步骤，将观察到的实验结果填入表 10.15 中，并验证分析，得出结论。

表 10.15 运算器运算结果记录表

工作方式				逻辑运算 M = 1			算术运算 M = 0		
S_3	S_2	S_1	S_0	运算	运算结果	C、Z	运算	运算结果	C、Z
0	0	0	0	F = /A			F = A		
0	0	0	1	F = /(A + B)			F = A + B		
0	0	1	0	F = (/A)B			F = A + /B		
0	0	1	1	F = 0			F = 减 1		
0	1	0	0	F = /(AB)			F = A 加 A(/B)		
0	1	0	1	F = /B			F = (A + B)加(A(/B))		
0	1	1	0	F = A⊕B			F = A 减 B 减 1		
0	1	1	1	F = A(/B)			F = A(/B)减 1		
1	0	0	0	F = /A + B			F = A 加 AB		
1	0	0	1	F = /(A⊕B)			F = A 加 B		
1	0	1	0	F = B			F = (A + (/B))加 AB		
1	0	1	1	F = AB			F = AB 减 1		
1	1	0	0	F = 1			F = A 加 A*		
1	1	0	1	F = A + /B			F = (A + B)加 A		
1	1	1	0	F = A + B			F = (A + (/B))加 A		
1	1	1	1	F = A			F = A 减 1		

五、拓展实验

（1）改变运算寄存器 DR_1、DR_2 的值，观察运算结果和 C、Z 的值。

（2）结合寄存器实验，完成指令 ADD R_2，R_1 的功能（$R_2 + R_1 \rightarrow R_2$），即改变 M_1、M_2 控制信号，从寄存器堆中取数参与运算。

六、思考题

（1）M、M_1、M_2 的作用分别是什么？

（2）运算器是如何完成多种不同的功能的？怎样控制它？

（3）运算结果如何存储到指定的存储单元？

10.3 双端口存储器实验

一、实验目的

（1）了解双端口静态存储器 IDT7132 的工作特性及其使用方法

（2）理解半导体存储器怎样存储和读取数据。

（3）了解双端口存储器怎样并行读写，并分析冲突产生的情况。

二、实验原理

图 10.16 所示为双端口存储器的实验电路，这里使用了一片 IDT7132（U36）（2048×8位），两个端口的地址输入 $A_8 \sim A_{10}$ 引脚接地，因此实际使用存储容量为 256 字节。左端口的数据部分连接数据总线 $DBUS_7 \sim DBUS_0$，右端口的数据部分连接指令总线 $IR_7 \sim IR_0$。一片 GAL22V10（U37）作为左端口的地址寄存器（AR_1），内部具有地址递增的功能（$AR_7 \sim AR_0$ 指示灯）。两片 4 位的 74HC298（U28、U27）作为右端口的地址寄存器（AR_2H、AR_2L），带有选择输入地址源的功能（$PC_7 \sim PC_0$ 指示灯）。写入数据由实验台操作板上的二进制开关 $SW_0 \sim SW_7$ 设置，并经过 SW_BUS 三态门（U38）发送到数据总线 DBUS 上。指令总线 INS 上的指令代码输出到指令寄存器 IR（U20），这是一片 74HC374。

存储器 IDT7132 有 6 个控制引脚：CEL、LRW、OEL、CER、RRW、OER。CEL、LRW、OEL 控制左端口读、写操作，CER、RRW、OER 控制右端口读、写操作。

三、实验任务

（1）向存储器的 00H、10H、20H、30H、40H 单元依次写入不同的数据（00H、10H、20H、30H、40H）。

（2）使用左端口依次读出 00H、10H、20H、30H、40H 单元的内容，再使用右端口把 00H、10H、20H、30H、40H 单元的内容置入 IR 寄存器，观察结果是否与左端口读出的内容相同。

（3）同时选中左、右端口，进行并行访问冲突测试。

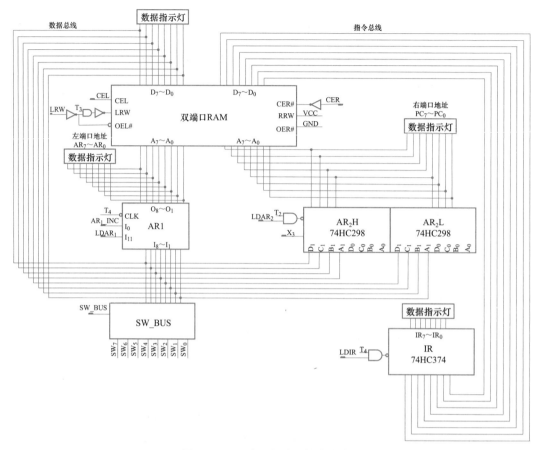

图 10.16　双端口存储器的实验电路

置 CEL＝1 且 CER＝1，使存储器左、右端口同时被选中。当 AR_1 和 AR_2 的地址不相同时，没有访问冲突；如果左、右端口地址相同，则发生冲突。要检测冲突，可以观察指示灯 BUSYL 和 BUSYR（分别是两个端口的"忙"信号输出）。BUSYL 或 BUSYR 亮时不一定发生冲突，但发生冲突时 BUSY 一定亮。当某一个端口（无论是左端口还是右端口）的 BUSYL 或 BUSYR 亮时，对该端口的写操作被 IDT7132 忽略掉。

四、实验步骤及实验结果

实验方法：

（1）用控制台上的逻辑电平开关 $K_0 \sim K_{15}$ 模拟控制存储器操作所需的电位信号，开关上拨对应"1"，表示发出微命令。

（2）通过改变控制台上的数据开关 $SW_0 \sim SW_7$ 来更改数据，依次设置 AR_1 和 AR_2 的值，选择对不同的端口进行读、写操作。

（3）分别对选定的端口进行读写操作，观察指示灯，记录数据，验证数据的一致性。

（4）对左、右端口同一地址同时进行读写操作，观察 BUSYL、BUSYR 灯的变化，归纳冲突情况。

请同学们设计接线与实验步骤，对观察到的实验结果进行验证分析，得出结论。

五、思考题

（1）M$_3$ 的作用是什么？如果 M$_3$ 不接 VCC，该如何操作？

（2）为什么 OEL、RRW 和 OER 信号不接电平开关？

（3）双端口存储器如何处理访问冲突？

（4）如何结合实验 2 将运算器结果存入指定存储单元？

六、拓展实验

请结合运算器组成实验将 ADD 指令的运算结果存入指定存储单元。

10.4　数据通路组成实验

一、实验目的

（1）进一步熟悉计算机的数据通路，熟悉寄存器、运算器、存储器操作及两两之间的数据操作。

（2）将双端口通用寄存器堆和双端口存储器模块连接，构成新的数据通路。

（3）锻炼分析和解决问题的能力，独立分析指令执行的操作步骤，并设计导线连接方法，手动完成指令的执行过程。

二、实验原理

数据通路实验电路图如图 10.17 所示，它是将双端口存储器模块和双端口通用寄存器堆模块连接在一起形成的，存储器的指令端口（右端口）不参与本次实验。由于双端口存储器 RAM 是三态输出，因而可以将它直接连接到数据总线 DBUS 上。此外，DBUS 上还连接着双端口通用寄存器堆。这样，写入存储器的数据可由通用寄存器堆提供，而从存储器 RAM 读出的数据也可送到通用寄存器堆保存。

通过数据通路图可知，双端口寄存器堆 RF 中的 R$_0$～R$_4$ 可以通过 B 口将选中的寄存器的数据传送到 DBUS，然后打入 AR$_1$ 作为要访问存储器的地址，双端口存储器读出的数据经 DBUS 可送入 DR$_1$ 或 DR$_2$ 作为运算器的一个操作数，双端口寄存器堆 RF 中的 R$_0$～R$_4$ 也可以通过 B 或 A 口进入 DR$_1$ 或 DR$_2$ 作为运算器的一个操作数，运算器运算后的结果进入 DBUS，可以写入存储器或者经过 ER 再写入双端口寄存器堆 RF 中的 R$_0$～R$_4$，所以可以实现 RR 型和 RS 型结构类型的指令。

三、实验任务

完成执行指令 ADD R$_0$，（R$_1$）的功能（R$_0$+（R$_1$）→R$_0$），将 R$_0$ 的数据与 R$_1$ 所指定存储单元的数据进行算术加运算，运算结果保存到 R$_0$。

四、实验步骤及结果

实验思路：先准备数据，向 01H 单元写入数据 B4H；然后向寄存器 R$_0$、R$_1$ 中依次写入 63H、01H；最后检查写入是否成功。执行指令的过程如下：

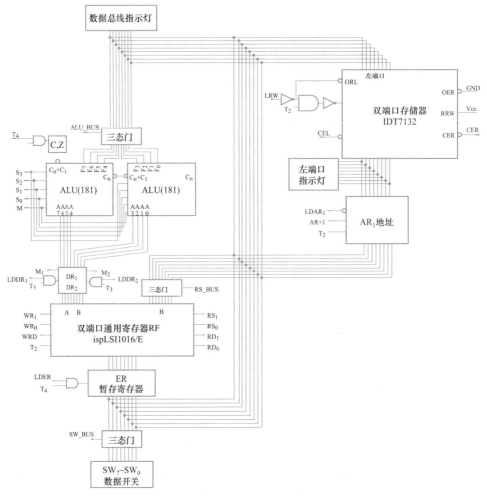

图 10.17　数据通路实验电路

（1）将 R_1 的数据打入 AR_1。

（2）读出 01H 单元的数据打入 DR_2。

（3）将 R_0 的数据打入 DR_1。

（4）控制运算器进行加法运算，即执行 F=A 加 B 的功能，将运算结果存储到 R_0。

（5）读出 R_0 的内容，验证结果是否正确。

请同学们自主设计接线与实验步骤，对观察到的实验结果进行验证分析，得出结论。

五、思考题

（1）请画出 ADD R_0，（R_1）指令周期的操作流程图，并在旁边标注出微操作信号。

（2）你认为计算机是怎样实现连续运行的？

六、拓展实验

完成执行指令 ADD（R_0），R_1 的功能（（R_0）+R_1）→（R_0）），即将 R_0 指定存储单元的数据与 R_1 的数据进行算术加运算，运算结果保存到 R_0 所指定的存储单元。

10.5　微程序控制器实验

一、实验目的

（1）掌握微程序控制器的基本原理。

（2）掌握微指令格式。

（3）掌握微程序流程图与微程序设计方法。

二、实验原理

1. 时序发生器

TEC-9 计算机组成原理实验系统的时序电路采用 2 片 GAL22V10，可产生两级等间隔时序信号 $T_1 \sim T_4$ 及 $W_1 \sim W_4$，微程序控制器只使用时序信号 $T_1 \sim T_4$。T_1 至 T_4 的脉冲宽度为 100 ns。实验台处于任何状态下令 CLR#=0，都会使时序发生器和微程序控制器复位（回到初始状态）；CLR#=1 时，则可以正常运行。复位后时序发生器停在 T_4、W_4 状态，微程序地址为 000000B。建议每次实验仪加电后，先用 CLR#复位一次。控制台上有一个 CLR#按钮，按一次，产生一个 CLR#负脉冲，实验台印制板上已连好控制台 CLR#到时序电路 CLR 的连线。

TJ（停机）是控制器的输出信号之一，连续运行时，如果控制信号 TJ=1，会使机器停机，停止发送时序脉冲 $T_1 \sim T_4$、$W_1 \sim W_4$，时序停在 T_4。

控制台的 DP 开关信号，当 DP=1 时，机器处于单拍运行状态，按一次启动按钮 QD，只发送一条微指令周期的时序信号就停机；利用单拍方式，每次只执行一条微指令，因而可以观察微指令代码和当前微指令的执行结果。DZ（单指）信号是针对微程序控制器的，接控制台开关 DZ 与 P_1 信号配合使用。P_1 是微指令字判断字段中的一个条件信号，从微程序控制器输出。P_1 信号在微程序中每条机器指令执行结束时为 1，用于检测有无中断请求 INTQ，而时序发生器用它来实现单条机器指令停机。在 DB=0 且 DP=0 的前提下，当 DZ=0 时，机器连续运行；当 DZ=1 时，机器处于单指方式，每次只执行一条机器指令。

2. 数据通路

微程序控制器是根据数据通路和指令系统来设计的。这里采用的数据通路是在综合前面各实验模块的基础上，又增加程序计数器 PC、地址加法器 ALU2、地址缓冲寄存器 R4 和中断地址寄存器 IAR（U19），IAR 是一片 74HC374，用于中断时保存断点地址。有关数据通路总体的详细说明请参看 10.1 节内容。

3. 微指令格式与微程序控制器电路

根据给定的 11 条机器指令功能和数据通路总体图的控制信号，采用的微指令格式如图 10.18 所示。微指令字长共 38 位，其中顺序控制部分 10 位，即后继微地址 6 位、判别字段 4 位；操作控制字段 28 位，各位进行直接控制。微指令格式中，信号名为高有效信号。为了适合运算器 LS181，进位信号与其一致，CN#为低时进位/借位。

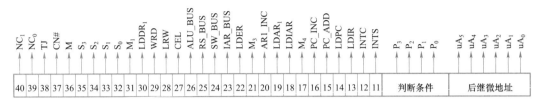

图 10.18　微指令格式

对应微指令格式，微程序控制器的组成如图 10.3 所示。控制存储器采用 5 片 EEPROM 28C64/68C65，E^2PROM 的输出是 $D_0 \sim D_7$，分别与引脚 11、12、13、15、16、17、18、19 相对应，CM_0 是最低字节，CM4 是最高字节。微地址寄存器 6 位，用一片 8D 触发器 74LS273 组成，带有清零端。两级与门、或门构成微地址转移逻辑，用于产生下一微指令的地址。在每个 T_1 上升沿时刻，新的微指令地址会打入微地址寄存器中，控制存储器随即输出相应的微命令代码。微地址转移逻辑生成下一地址，等下一个 T_1 上升沿时打入微地址寄存器。5 片 EEPROM 的地址 A_6（引脚 4）直接与控制台开关 SWC 连接，当 SWC = 1 时，微地址大于或者等于 40H；当 SWC = 0 时，微地址的范围为 00H～3FH。SWC 主要用于实现读寄存器堆的功能。

微地址转移逻辑的多个输入信号中，INTQ 是中断请求，本实验中可以不理会。SWA、SWB 是控制台的两个二进制开关信号，实验台上线已接好。C 是进位信号，$IR_7 \sim IR_4$ 是机器指令代码，由于本次实验不连接数据通路，故这些信号都接到二进制开关 $K_0 \sim K_{15}$ 上。

4. 机器指令与微程序

本实验仪使用 11 条机器指令，均为单字长（8 位）指令。指令功能及格式如表 10.1 所示。指令的高 4 位提供给微程序控制器，低 4 位提供给数据通路。

上述 11 条指令的微程序流程设计如图 10.19 所示，每条微指令可按前述的微指令格式转换成二进制代码，然后写入微程序控制器中。

为了向 RAM 中装入程序和数据，检查写入是否正确，并能启动程序执行，还设计了五个控制台操作微程序，见表 10.3。

存储器写操作（KWE）：按下复位按钮 CLR#后，微地址寄存器状态为全零。此时置 SWC = 0，SWB = 1，SWA = 0，按启动按钮后微指令地址转入 27H，从而可对 RAM 连续进行手动写入。

存储器读操作（KRD）：按下复位按钮 CLR#后，置 SWC = 0，SWB = 0，SWA = 1，按启动按钮后微指令地址转入 17H，从而可对 RAM 连续进行读操作。

写寄存器操作（KLD）：按下复位按钮 CLR#后，置 SWC = 0，SWB = 1，SWA = 1，按启动按钮后微指令地址转入 37H，从而可对寄存器堆中的寄存器连续进行写操作。

读寄存器操作（KRR）：按下复位按钮 CLR#后，置 SWC = 1，SWB = 0，SWA = 0，按启动按钮后微指令地址转入 47H，从而可对寄存器堆中的寄存器连续进行读操作。

启动程序（PR）：按下复位按钮 CLR#后，置 SWC = 0，SWB = 0，SWB = 0，用数据开关 $SW_7 \sim SW_0$ 设置内存中程序的首地址，按启动按钮后微指令地址转入 07H，然后转到"取指"微指令。

应当着重指出，在微指令格式的设计过程中，对数据通路所需的控制信号进行了归并和化简。细心的同学可能已经发现，微程序控制器输出的控制信号远远少于数据通路所需的控制信号。这里提供的微程序流程图，是没有经过归并和化简的。仔细研究一下微程序流程图，就会发现有些信号出现的位置完全一样，这样的信号用其中一个信号就可以代表。

信号 LDPC 和 LDR_4 都在微程序地址 07H、1AH、1FH、26H 出现，而在其他的微程序地址都不出现，因此这两个信号产生的逻辑条件是完全一样的。从逻辑意义上看，这两个信号的作用是产生新的 PC，完全出现在相同的微指令中是很正常的，因此用 LDPC 完全可以代替 LDR_4。

还有另外一些信号，例如 $LDDR_1$ 和 $LDDR_2$，出现的位置基本相同。$LDDR_2$ 和 $LDDR_1$ 的唯一不同是在地址 14H 的微指令中，出现了 LDDR2 信号，但是没有出现 $LDDR_1$ 信号。$LDDR_1$ 和 $LDDR_2$ 是否也可以归并成一个信号呢？答案是肯定的。

微程序流程图中只是指出了在微指令中必须出现的信号，并没有指出出现其他信号行不行，这就要根据具体情况具体分析。在地址 14H 的微指令中，出现 $LDDR_1$ 信号行不行呢？完全可以。在地址 14H 出现的 $LDDR_1$ 是一个无用的信号，同时也是一个无害的信号，它的出现完全没有副作用，因此 $LDDR_1$ 和 $LDDR_2$ 可以归并为一个信号 $LDDR_1$。

根据以上两条原则，可以对下列信号进行归并和化简：

LDIR（CER）：为 1 时，允许对 IR 加载，此信号也可用于作为双端口存储器右端口选择 CER。

LDPC（LDR_4）：为 1 时，允许对程序计数器 PC 加载，此信号也可用于作为 R_4 的加载允许信号 LDR_4。

$LDAR_1$（$LDAR_2$）：为 1 时，允许对地址寄存器 AR_1 加载，此信号也可用于对地址寄存器 AR_2 加载。

$LDDR_1$（$LDDR_2$）：为 1 时，允许对操作数寄存器 DR_1 加载，此信号也可用于对操作数寄存器 DR_2 加载。

M_1（M_2）：当 $M_1=1$ 时，操作数寄存器 DR_1 从数据总线 DBUS 接收数据；当 $M_1=0$ 时，操作数寄存器 DR_1 从寄存器堆 RF 接收数据。此信号也可用于操作数寄存器 DR_2 的数据来源选择信号。

为什么微指令格式可以化简？实验台数据通路的控制信号为什么不进行化简？最主要的原因是前面进行的各个实验的需要，例如 $LDDR_1$ 和 $LDDR_2$ 这两个信号，在做运算器数据通路实验时，是不能设计成一个信号的。还有一个原因是考虑到实验时易于理解，故对某些可以归并的信号也没有予以归并。

5. 微程序流程图

TEC-9 实验系统预置了 11 条机器指令的微程序以及控制台微程序，其操作流程图如图 10.19 所示，这是方框图，一个方框就是一个 CPU 周期，方框内列出了所需的微命令信号，则一个方框就对应着一条微指令，方框右上角标注的数据是该微指令所在控制存储器的微地址，菱形表示判别测试。

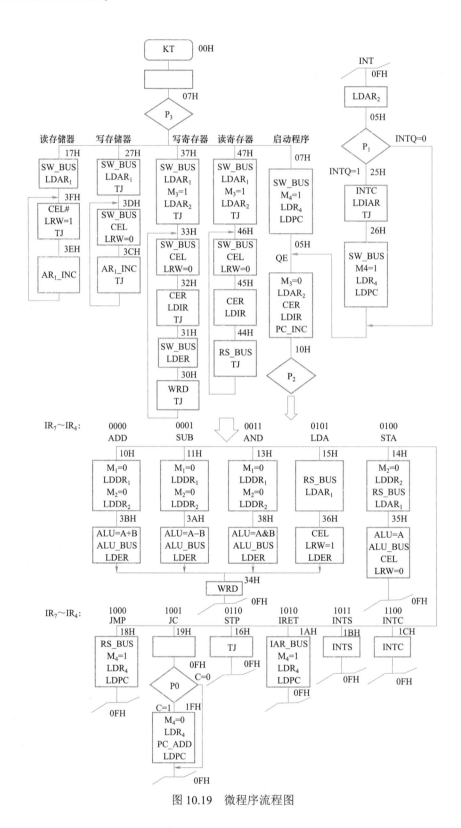

图 10.19　微程序流程图

三、实验任务

读出微程序控制存储器中的微指令，验证 11 条机器指令对应的微程序，主要验证 ADD 指令和 LDA 指令的微程序流程图。

（1）熟习微指令格式的定义，按此定义将控制台指令微程序的 8 条微指令按十六进制编码，列于表 10.16。三种控制台指令的功能由 SWC、SWB、SWA 三个二进制开关的状态来指定（KRD＝001B，KWE＝010B，PR＝000B）。表 10.16 必须在预习时完成。

表 10.16 微指令编码表

微指令地址	微指令编码	微指令地址	微指令编码
00H		3CH	
07H		17H	
27H		3FH	
3DH		3EH	

（2）设置 $IR_7 \sim IR_4$ 的不同组合，用单拍方式执行 ADD 至 STP 九条机器指令微程序，用微地址和 P 字段指示灯跟踪微程序转移和执行情况。记录 ADD、SUB、LDA、STA 四条机器指令的微命令信号，并自行设计表格。

四、实验步骤和实验结果

1. 接线

连接数据通路的接线，请同学们设计信号连接，并填入表 10.17。

表 10.17 信号连接表

信号1										
信号2										

2. 实验步骤

设置单拍状态 DP＝1，DZ＝0，DB＝0，工作模式开关＝"微程序"。

按一下 CLR#，然后通过改变控制台模式记录微程序控制器的状态。微程序的实际下址是由 CM0 给出的下址和 SWC、SWB、SWA、P_3、P_2、P_1、P_0 的信号判断结果组成的。因此 CM0 给出的下址只是微程序实验下地址的一部分。各指令在控制存储器中的信号代码见表 10.18 和表 10.19。

表 10.18 控制存储器代码表（一）

微指	KT	KRD			KEW			KLD					PR	QE	KT1	KRR				STP	INTQ	
微址	00	17	3F	3E	27	3D	3C	37	33	32	31	30	07	05	40	47	46	45	44	16	25	26
下址	07	3F	3E	3F	3D	3C	3D	33	32	31	30	33	05	10	47	46	45	44	46	10	26	05
P_0	0	0	0	0	0	0	0	0	0	0	0	0	0	0	0	0	0	0	0	0	0	0
P_1	0	0	0	0	0	0	0	0	0	0	0	0	0	0	0	0	0	0	0	0	0	0

续表

微指	KT	KRD			KEW			KLD					PR	QE	KT1	KRR				STP	INTQ	
微址	00	17	3F	3E	27	3D	3C	37	33	32	31	30	07	05	40	47	46	45	44	16	25	26
下址	07	3F	3E	3F	3D	3C	3D	33	32	31	30	33	05	10	47	46	45	44	46	10	26	05
P_2	0	0	0	0	0	0	0	0	0	0	0	0	0	1	0	0	0	0	0	0	0	0
P_3	1	0	0	0	0	0	0	0	0	0	0	0	0	0	1	0	0	0	0	0	0	0
INTS	0	0	0	0	0	0	0	0	0	0	0	0	0	0	0	0	0	0	0	0	0	0
INTC	0	0	0	0	0	0	0	0	0	0	0	0	0	0	0	0	0	0	0	0	1	0
LDIR	0	0	0	0	0	0	0	0	0	1	0	0	0	1	0	0	0	1	0	0	0	0
LDPC	0	0	0	0	0	0	0	0	0	0	0	0	1	0	0	0	0	0	0	0	0	1
PCADD	0	0	0	0	0	0	0	0	0	0	0	0	0	0	0	0	0	0	0	0	0	0
PCINC	0	0	0	0	0	0	0	0	0	0	0	0	0	1	0	0	0	0	0	0	0	0
M_4	0	0	0	0	0	0	0	0	0	0	0	0	1	0	0	0	0	0	0	0	0	1
LDIAR	0	0	0	0	0	0	0	0	0	0	0	0	0	0	0	0	0	0	0	0	1	0
LDAR1	0	1	0	0	1	0	0	1	0	0	0	0	0	1	0	1	0	0	0	0	0	0
AR1INC	0	0	0	1	0	0	1	0	0	0	0	0	0	0	0	0	0	0	0	0	0	0
M_3	0	0	0	0	0	0	0	1	0	0	0	0	0	0	0	1	0	0	0	0	0	0
LDER	0	0	0	0	0	0	0	0	0	0	1	0	0	0	0	0	0	0	0	0	0	0
IARBUS	0	0	0	0	0	0	0	0	0	0	0	0	0	0	0	0	0	0	0	0	0	0
SWBUS	0	1	0	0	1	1	0	1	1	0	1	0	1	0	0	1	1	0	0	0	0	1
RSBUS	0	0	0	0	0	0	0	0	0	0	0	0	0	0	0	0	0	0	1	0	0	0
ALUBUS	0	0	0	0	0	0	0	0	0	0	0	0	0	0	1	0	0	0	0	0	0	0
CEL	0	0	1	0	0	1	0	0	1	0	0	0	0	0	0	0	1	0	0	0	0	0
LRW	0	0	1	0	0	0	0	0	0	0	0	0	0	0	0	0	0	0	0	0	0	0
WRD	0	0	0	0	0	0	0	0	0	0	0	1	0	0	0	0	0	0	0	0	0	0
$LDDR_1$	0	0	0	0	0	0	0	0	0	0	0	0	0	0	0	0	0	0	0	0	0	0
M_1	0	0	0	0	0	0	0	0	0	0	0	0	0	0	0	0	0	0	0	0	0	0
S_0	0	0	0	0	0	0	0	0	0	0	0	0	0	0	0	0	0	0	0	0	0	0
S_1	0	0	0	0	0	0	0	0	0	0	0	0	0	0	0	0	0	0	0	0	0	0
S_2	0	0	0	0	0	0	0	0	0	0	0	0	0	0	0	0	0	0	0	0	0	0
S_3	0	0	0	0	0	0	0	0	0	0	0	0	0	0	0	0	0	0	0	0	0	0
M	0	0	0	0	0	0	0	0	0	0	0	0	0	0	0	0	0	0	0	0	0	0
CN#	1	1	1	1	1	1	1	1	1	1	1	1	1	1	1	1	1	1	1	1	1	1
TJ	0	0	1	0	0	0	1	1	0	1	0	1	0	0	0	1	0	0	1	1	0	0

表 10.19　微程序控制器信号表（二）

微指	ADD		SUB		AND		LDA		STA		JMP	JC		STP	IRET	INTS	INTC	WRD	TNT
微址	10	3B	11	3A	13	38	15	36	14	35	18	19	1F	16	1A	1B	1C	34	0F
下址	3B	34	3A	34	38	34	36	34	35	0F	0F	1F/0F	0F	0F	0F	0F	0F	0F	05
P_0	0	0	0	0	0	0	0	0	0	0	0	0	0	0	0	0	0	0	0
P_1	0	0	0	0	0	0	0	0	0	0	0	0	0	0	0	0	0	0	1
P_2	0	0	0	0	0	0	0	0	0	0	0	0	0	0	0	0	0	0	0
P_3	0	0	0	0	0	0	0	0	0	0	0	0	0	0	0	0	0	0	0
INTS	0	0	0	0	0	0	0	0	0	0	0	0	0	0	0	1	0	0	0
INTC	0	0	0	0	0	0	0	0	0	0	0	0	0	0	0	0	1	0	0
LDIR	0	0	0	0	0	0	0	0	0	0	0	0	0	0	0	0	0	0	0
LDPC	0	0	0	0	0	0	0	0	0	0	1	0	1	0	1	0	0	0	0
PCADD	0	0	0	0	0	0	0	0	0	0	0	0	1	0	0	0	0	0	0
PCINC	0	0	0	0	0	0	0	0	0	0	0	0	0	0	0	0	0	0	0
M_4	0	0	0	0	0	0	0	0	0	0	1	0	0	0	1	0	0	0	0
LDIAR	0	0	0	0	0	0	0	0	0	0	0	0	0	0	0	0	0	0	0
$LDAR_1$	0	0	0	0	0	0	1	0	0	0	0	0	0	0	0	0	0	0	1
AR1INC	0	0	0	0	0	0	0	0	0	0	0	0	0	0	0	0	0	0	0
M_3	0	0	0	0	0	0	0	0	0	0	0	0	0	0	0	0	0	0	0
LDER	0	1	0	1	0	1	0	1	0	0	0	0	0	0	0	0	0	0	0
IARBUS	0	0	0	0	0	0	0	0	0	0	0	0	0	0	1	0	0	0	0
SWBUS	0	0	0	0	0	0	0	0	0	0	0	0	0	0	0	0	0	0	0
RSBUS	0	0	0	0	0	0	1	0	1	0	1	0	0	0	0	0	0	0	0
ALUBUS	0	1	0	1	0	1	0	0	0	1	0	0	0	0	0	0	0	1	0
CEL	0	0	0	0	0	0	0	1	0	1	0	0	0	0	0	0	0	0	0
LRW	0	0	0	0	0	0	0	1	0	0	0	0	0	0	0	0	0	0	0
WRD	0	0	0	0	0	0	0	0	0	0	0	0	0	0	0	0	0	1	0
$LDDR_1$	1	0	1	0	1	0	0	0	1	0	0	0	0	0	0	0	0	0	0
M_1	0	0	0	0	0	0	0	0	0	0	0	0	0	0	0	0	0	0	0
S_0	0	1	0	0	0	1	0	0	0	0	0	0	0	0	0	0	0	0	0
S_1	0	0	0	1	0	1	0	0	0	0	0	0	0	0	0	0	0	0	0
S_2	0	0	0	1	0	0	0	0	0	0	0	0	0	0	0	0	0	0	0
S_3	0	1	0	0	0	1	0	0	0	0	0	0	0	0	0	0	0	0	0
M	0	0	0	0	0	0	0	0	0	0	0	0	0	0	0	0	0	0	0
CN#	1	1	1	0	1	0	1	1	1	1	1	1	1	1	1	1	1	1	1
TJ	0	0	0	0	0	0	0	0	0	0	0	0	0	1	0	0	0	0	0

在表 10.19 中，同样将下列信号进行了归并：LDIR 和 CER 归并为 LDIR，M_1 和 M_2 归并为 M_1，LDAR$_1$ 和 LDAR$_2$ 归并为 LDAR$_1$，LDDR$_1$ 和 LDDR$_2$ 归并为 LDDR$_1$，LDPC 和 LDR$_4$ 归并为 LDPC。同样，从表 10.19 中可以很容易发现，M_1 的值为全 0。因此可以将 M_1 固定接 GND，从而从表中删掉 M_1 对应项。

五、思考题

（1）你认为还可以做哪些微信号归并？请提出自己的微程序格式方案。

这里仅对信号的进一步归并提一点参考意见。

① 从微程序格式中去掉 M_1（M_2）信号。在微程序流程图中，只有 M_1（M_2）=0，没有 M_1（M_2）=1，因此只要使 M_1 固定接 GND，M_2 固定接 GND，就可以从微程序格式中去掉 M_1（M_2）信号。

② 从微程序格式中去掉 LDER 信号。暂存寄存器 ER 的唯一作用是作为寄存器堆的数据来源。因此，可将 LDER 固定接 VCC。虽然每条微指令中都有 LDER 出现，有可能改变 ER 的值，但是只有在下一条微指令中含有 WRD 信号时 LDER 信号才起作用。观察微程序流程图可以发现，每条含有 WRD 信号的微指令前面的微指令中均含有 LDER 微指令，因此可以从微程序格式中去掉 LDER 信号。

③ 从微程序格式中去掉 PC_INC 信号，将它与 CER、LDIR 归并为一个 LDIR 信号。

（2）该实验台的微地址转移是怎样实现的？

（3）单拍执行与单指执行有什么不同？

六、拓展实验

改写 ADD 指令：将微程序控制存储器中的指令 ADD　Rd,Rs 的微程序更改为 ADD　Rd，[Rs] 的微程序。

实验方法：

（1）设计出 ADD　Rd，[Rs] 指令格式，画出微程序流程图。

（2）进入"写微程序"模式，将对应微指令代码进行改写。

（3）验证指令执行结果。

10.6　基本模型机实验

一、实验目的

（1）将微程序控制器同执行部件（整个数据通路）联机，组成一台模型计算机。

（2）用微程序控制器控制模型机数据通路。

（3）通过 CPU 运行九条机器指令（排除中断指令）组成的简单程序，掌握机器指令与微指令的关系，牢固建立计算机的整机概念。

二、实验原理

本次实验用到了前面几个实验中的所有电路，包括运算器、存储器、通用寄存器堆、程序计数器、指令寄存器、微程序控制器等，将几个模块组合成为一台简单计算机。因此，在基本实验中，这是最复杂的一个实验。

在前面的实验中，实验者本身作为"控制器"，手动完成数据通路的控制。而在本次实验中，数据通路的控制将由微程序控制器来完成。CPU从内存取出一条机器指令到执行指令结束的一个机器指令周期，是由微指令组成的序列来完成的，即一条机器指令对应一个微程序。

三、实验任务

（1）对机器指令系统组成的简单程序进行译码。将表 10.20 中的程序按指令格式手工汇编成十六进制机器代码，此项任务应在预习时完成。

表 10.20　指令对应机器代码表

地址	指令	机器代码
00H	LDA R_0，〔R_2〕	
01H	LDA R_1，〔R_3〕	
02H	ADD R_0，R_1	
03H	JC＋5	
04H	AND R_2，R_3	
05H	SUB R_3，R_2	
06H	STA R_3，〔R_2〕	
07H	STP	
08H	JMP〔R_1〕	

（2）按照表 10.21 完成信号连线。连线包括控制台、时序部分、数据通路和微程序控制器之间的连接。

表 10.21　信号合并表

信号 1	LDIR	LDPC	LDDR$_1$	M$_1$	LDAR$_1$	IR$_0$	IR$_0$	IR$_1$	IR$_1$	IR$_2$	IR$_3$
信号 2	CER	LDR$_4$	LDDR$_2$	M$_2$	LDAR$_2$	WR$_0$	RD$_0$	WR$_1$	RD$_1$	RS$_0$	RS$_1$

（3）将上述任务（1）中的程序机器代码用控制台操作存入内存中，并根据程序的需要，用数码开关 $SW_7 \sim SW_0$ 设置通用寄存器 R_2、R_3 及内存相关单元的数据。注意：由于设置通用寄存器时会破坏内存单元的数据，因此一般应先设置寄存器的数据，再设置内存数据。此外，也可以使用上端软件或实验台监控系统用 PS2 键盘写入内容。

（4）用单拍（DP）方式执行一遍程序，列表记录通用寄存器堆 RF 中四个寄存器的数据，以及由 STA 指令存入 RAM 中的数据（程序结束后从 RAM 的相应单元中读出），与理论分析值作对比。单拍方式执行时注意观察微地址指示灯、IRBUS 指示灯、DBUS 指示灯、AR_2 指示灯、AR_1 指示灯和判断字段指示灯的值，以跟踪程序中取指令和执行指令的详细过程（可观察到每一条微指令）。

（5）以单指（DZ）方式重新执行程序一遍，注意观察 IR/DBUS 指示灯、AR_2/AR_1 指示灯的值（可观察到每一条机器指令）。执行结束后，记录 RF 中四个寄存器的数据，以及由 STA 指令存入 RAM 中的数据，与理论分析值作对比。注意：单指方式执行程序时，四个通用寄存器和 RAM 中的原始数据与第一遍执行程序的结果有关。

（6）以连续方式（DB、DP、DZ 都设为 0）再次执行程序，这种情况相当于计算机正常运行程序。由于程序中有停机指令 STP，故程序执行到该指令时自动停机。执行结束后，记录 RF 中四个寄存器的数据，以及由 STA 指令存入 RAM 中的数据，与理论分析值作对比。同理，程序执行前的原始数据与第二遍执行结果有关。

四、实验步骤和实验结果

请同学们自主设计实验步骤，并观察记录实验结果。

五、思考题

（1）JC 指令之后，程序跳转到哪个位置？是如何实现跳转的？

（2）如果要设置输入/输出指令，你会如何设计其机器指令格式？假设输入指令 IN 将数据开关设置的数据输入寄存器，输出指令 OUT 将寄存器的内容输出到数据总线上。

六、拓展实验

任务：以数据开关作为输入设备、数据总线指示灯作为输出设备，在原有 11 条指令的基础上增加输入/输出指令 INR/OUTM，请设计输入/输出指令对应的微指令，然后单拍运行以下程序验证结果是否正确。

INR	R_0		；输入数据到 R_0
INR	R_1		；输入数据到 R_1
ADD	R_0,	R_1	；加法运算
STA	R_0,	$[R_1]$	；存储结果
OUTM	$[R_1]$		；输出内存的数据

实验步骤：

（1）先设计机器指令格式，将程序语句代码化。

（2）设计微程序流程和微指令代码，写入控存 CM。

（3）将程序的机器代码写入存储器。

（4）数据开关设置为程序开始位置，启动程序，在相应时间改变数据开关的值（给 R 赋值），观察运行结果。

参 考 文 献

［1］白中英，戴志涛．计算机组成原理立体化教材（第六版）［M］．北京：科学出版社，2019．

［2］张晨曦，王志英，等．计算机系统结构（第 3 版）［M］．北京：高等教育出版社，2022．

［3］谭志虎，秦磊华，等．计算机组成与结构（微课版）［M］．北京：中国工信出版社，2021．

［4］［美］琳达·纳尔（Linda Null），朱莉娅·洛博（Julia Lobur）．计算机组成与体系结构（第 4 版）［M］．张钢，魏继增，等译．北京：机械工业出版社，2019．

［5］［美］吉姆·莱丁（Jim Ledin）．现代计算机组成与体系结构［M］．王党辉，王继禾，等译．北京：机械工业出版社，2022

［6］王志英，张春元，等．计算机体系结构（第 2 版）［M］．北京：清华大学出版社，2015．

［7］胡亚红，朱正东，等．计算机系统结构（第四版）［M］．北京：科学出版社，2015．

［8］桂盛霖，陈爱国，等．计算机组成与结构［M］．北京：电子工业出版社，2016．

［9］陈智勇．计算机系统结构（第 2 版）［M］．北京：电子工业出版社，2012．

［10］王道论坛组．2023 计算机组成原理考研复习指导［M］．北京：电子工业出版社，2021．

［11］张功萱，顾一禾，等．计算机组成原理（修订版）［M］．北京：清华大学出版社，2016．

［12］任国林．计算机组成原理（第 2 版）［M］．北京：电子工业出版社，2018．